老城新做：

镇江市海绵城市建设
探索与实践

吴凡松　蒋礼兵　刘绪为　主编

中国建筑工业出版社

图书在版编目（CIP）数据

老城新做：镇江市海绵城市建设探索与实践 / 吴凡松，蒋礼兵，刘绪为主编 . —北京：中国建筑工业出版社，2021.11

ISBN 978-7-112-26859-7

Ⅰ . ①老…　Ⅱ . ①吴…②蒋…③刘…　Ⅲ . ①城市建设—研究—镇江　Ⅳ . ① TU984.253.3

中国版本图书馆CIP数据核字（2021）第247299号

责任编辑：周方圆　封　毅
责任校对：赵　菲

老城新做：
镇江市海绵城市建设探索与实践
吴凡松　蒋礼兵　刘绪为　主编

*
中国建筑工业出版社出版、发行（北京海淀三里河路9号）
各地新华书店、建筑书店经销
北京点击世代文化传媒有限公司制版
天津图文方嘉印刷有限公司印刷
*
开本：787毫米×1092毫米　1/16　印张：18¾　字数：387千字
2022年1月第一版　2022年1月第一次印刷
定价：198.00元
ISBN 978-7-112-26859-7
（38159）

本书编委会

主 编

吴凡松　蒋礼兵　刘绪为

副主编

陈 永　温 禾　傅 源　李成江　王 阳

指导委员会

谢映霞　胡 坚　胡 军　赵宝康　徐保祥　申 蓁　高迎亮
蒋 平　郑兴灿　刘彦华　穆军伟　诸宇刚　魏保平　朱晓娟
董进波　刘龙志

编写委员会

张文慧　鲁 梅　符荷花　汤 燕　卞英磊　王 燕　方 帅
白永强　曹 直　高飞亚　于中海　王国田　史腾华　汪明辉
袁胜楠　郑 丹　张一航　滕益莉　王艳芳　徐 洁　张英旭
黄意兵　宋晓阳　王 强　温琳苹　孙海波　许怀奥　孟海迎
王浩正　张 磊　李 彤　张 雷　马建彬

编制单位

中国市政工程华北设计研究总院有限公司
亚太建设科技信息研究院有限公司
镇江市海绵城市建设指挥部办公室
镇江市给排水管理处
光大海绵城市发展（镇江）有限责任公司
江苏满江春城市规划设计研究有限责任公司
镇江市规划勘测设计集团有限公司
《中国给水排水》杂志社有限公司

主编简介

吴凡松，中国市政工程华北设计研究总院有限公司总经理、党委副书记，国家城市给水排水工程技术研究中心主任，《中国给水排水》杂志主编，工学博士，教授级高级工程师，享受国务院特殊津贴专家。兼职担任中国城镇供水排水协会城镇水环境专业委员会主任，天津市土木工程学会副理事长，中国土木工程学会水工业分会副理事长，中国勘察设计协会水系统工程与技术分会副理事长等职务。主持多项科研及工程项目，获得省部级设计、科研奖6项，主编标准10余项。

蒋礼兵，江苏省镇江市给排水管理处党委书记、处长，教授级高级工程师，多年从事建设工程管理及给排水和海绵城市建设管理工作。作为主要起草人编写国家规范1部、省级规程3部，参加编写专业教材1部，发表专业论文10多篇；主持或参加国家、省、市级科研项目9项，获得发明专利5项，实用新型专利2项。先后入选镇江市四期、五期、六期学术技术带头人，入选江苏省第四期"333"高层次人才培养工程培养对象，获得"镇江市有突出贡献中青年专家""又红又专好行家"等荣誉称号。

刘绪为，中国市政工程华北设计研究总院有限公司第九设计研究院院长助理、副总工、兼广州分院常务副院长，国家注册公用设备（给水排水）工程师、国家注册咨询工程师、同济大学环境工程专业，硕士研究生，高级工程师，中国建设科技集团领军人才，天津市"131"创新型人才第一层次人选，主持多项科研及工程项目，获得省部级设计、科研奖18项，发表论文25篇，专利及软件著作11项。

序

镇江是一座底蕴深厚、人文荟萃的国家历史文化名城，有着悠久的历史，是长江和京杭大运河唯一交汇枢纽，历史上镇江因依山傍水、风景秀美而闻名遐迩，今天镇江因海绵城市建设的成绩而誉满天下。

镇江是最早引入海绵城市理念并付诸实践的城市。早在海绵试点城市获批前，镇江就开始了系统的海绵城市规划建设工作，包括引进理念先进的国际团队，进行涉水系统的改造、面源污染控制以及典型海绵设施建设等。2015年通过省级、国家级两轮竞争，镇江获得国家第一批海绵城市建设试点的殊荣。获批海绵试点城市后，镇江更是如虎添翼，大刀阔斧地进行海绵城市试点示范工作，取得了骄人的成绩，被住房和城乡建设部、财政部、水利部确定为海绵城市建设试点优秀城市，获得了国家的财政奖励，为全国系统性全域推进海绵城市建设提供了宝贵经验。

本书详细介绍了镇江城市水环境演变的历史和供水排水建设等涉水情况，资料翔实丰富，读者可以从中了解镇江的水历史和水文化；本书特别详细地介绍了镇江作为国家海绵试点城市以来的具体做法，包括问题分析、目标确定、方案设计、计算过程、建设内容和建设成效等。本书全面系统地梳理了镇江海绵城市的建设工作，不仅包括工程建设项目，还涵盖了建设模式创新——包括多渠道筹措资金、科学遴选社会资本、按效付费的绩效考核机制，成本补偿保障机制，费用保障机制等；技术实践创新——包括 TMDL 理念 ❶ 的引进与实践、水质水量耦合模拟、厂网河湖一体化设计、超大口径管道应用和雨水生态处理技术等；以及智慧水务管理创新。为其他城市和地区开展海绵城市建设提供了镇江范本和经验借鉴。

《中共中央关于制定国民经济和社会发展第十四个五年规划和二〇三五年远景目标

---

❶ TMDL（Total Maximum Daily Load，最大日负荷总量）是指"在满足水质标准的条件下，水体能够接受的某种污染物的最大日负荷量，包括点源和非点源的污染负荷分配，同时要考虑安全临界值和季节性的变化，从而采取适当的污染控制措施来保证目标水体达到相应的水质标准。"

的建议》中明确提出了今后"建设海绵城市、韧性城市"的任务，为广大从业者提出了明确的工作目标，根据全国 30 个海绵城市建设的试点经验，住房和城乡建设部部署了系统化全域推进海绵城市建设的工作。当今，坚持生态绿色发展，进行海绵城市建设已成为全社会的共识，本书为读者提供了多种海绵城市建设的经验和做法，对海绵城市相关领域的规划师、设计师、建设者、管理者具有很好的参考价值，故乐意将此书推荐给海绵城市的规划设计人员、工程管理人员和高校师生，特别是一线的工程师们。期待本书在推动海绵城市持续建设和城市更新行动中能够发挥积极的作用。

中国城镇供水排水协会海绵城市建设专家委员会委员
中国城市规划设计研究院教授级高工

2021 年 6 月 22 日

前言

镇江市从 2007 年开始对城市既有排水模式进行思考，通过借鉴国外先进雨洪管理经验，建设了许多低影响开发设施，编制了全国第一个城市面源污染治理规划，并推行给水排水数字化管理模式。2013 年，习近平总书记提出"要建设自然积存、自然渗透、自然净化的海绵城市"后，镇江市于 2015 年获批成为首批国家级海绵城市建设试点城市之一，由此开展了大规模的海绵城市建设探索和实践工作。

镇江市践行海绵城市建设理念，明确控制目标，统筹协调城市开发建设各个环节，以污水系统全面提质增效为核心，统筹水生态、水环境、水安全、水资源、水文化等内容，实现近远期结合与系统治理。试点区建设坚持从源头到末端的系统建设思路，建设了包括老旧小区改造、管网建设、CSO 大口径管网等多种类型项目，致力于构建"人水和谐"的城市生态。

本书展示了镇江市海绵城市试点建设的规划设计、工程实践、特色经验、试点成效以及可持续发展等方面的内容。其中，系统阐释了在人口密集的老城区开展系统设计的探索和不同类型的工程实践；深入总结了镇江市海绵城市建设模式、规划设计、智慧管理的经验。这些经验将为镇江市海绵城市建设的全域推广提供支撑，同时也能够对我国其他城市和地区开展海绵城市建设提供借鉴。本书内容详实，图文并茂，可为海绵城市建设领域工程技术人员、研究机构及管理部门提供参考。囿于技术水平及编制时间有限，本书难免仍有不足之处，敬请指正。

镇江市的海绵城市建设，从申报试点到通过验收，从工程设计到经验总结，蕴含了大量政府部门、工程技术、研究者的智慧与汗水。在此，对陈浩东、何伶俊两位领导在镇江市海绵城市建设过程及本书编写过程中的关心与指导表示由衷的感谢，对参加镇江海绵城市建设的佘年、陈慧、张晓梅等许多同志表示感谢。

海绵城市建设是一项任重道远的城市建设事业，作为这项事业的建设者与有荣焉，谨以本书以飨读者。

目录

第 1 章　建设背景

　　1.1　镇江城市基本概况　　　　　　　　　　　　　　002

　　1.2　镇江城市水环境演变　　　　　　　　　　　　　003

　　1.3　镇江城市供水排水概况　　　　　　　　　　　　010

　　1.4　镇江海绵城市建设基础　　　　　　　　　　　　016

　　1.5　镇江海绵城市建设问题与困难　　　　　　　　　018

第 2 章　规划布局

　　2.1　镇江市海绵城市建设总体技术路线　　　　　　　022

　　2.2　镇江市海绵城市建设规划　　　　　　　　　　　022

　　2.3　镇江市海绵城市建设布局　　　　　　　　　　　026

　　2.4　镇江市海绵城市建设试点区选择　　　　　　　　031

第 3 章　系统设计

　　3.1　试点区基本情况　　　　　　　　　　　　　　　034

　　3.2　试点区现状问题　　　　　　　　　　　　　　　040

　　3.3　试点区建设目标　　　　　　　　　　　　　　　045

　　3.4　试点区系统性顶层设计思路　　　　　　　　　　048

　　3.5　试点区海绵城市建设系统性顶层设计方案　　　　049

第4章　工程实践

4.1　源头减排——小区 LID 改造工程　122

4.2　源头减排——道路 LID 改造工程　139

4.3　过程控制——边检站调蓄池工程　155

4.4　系统治理——镇江市海绵公园建设工程　158

4.5　系统治理——小米山路及虹桥港源头治理　165

4.6　系统治理——孟家湾水库及玉带河综合治理工程　171

4.7　系统治理——沿金山湖多功能大口径管道系统工程　176

第5章　特色经验

5.1　建设模式经验　188

5.2　规划设计经验　190

5.3　工程技术经验　212

5.4　智慧管理经验　227

第6章　试点成效

6.1　综合效益　250

6.2　目标指标完成情况　260

6.3　建设进度及完成度　262

6.4　机制建设情况　267

6.5　奖励情况　279

第7章　持续发展

7.1　持续性推进的工作　282

7.2　发展趋势与展望　285

第1章
建设背景

1.1 镇江城市基本概况

1.1.1 城市区位

镇江市是江苏省省辖市，位于东经 118° 58′ ～ 119° 588′，北纬 31° 378′ ～ 32° 198′，地处长江三角洲地区的西端、江苏省西南部、长江下游南岸，长江与京杭大运河在此交汇。

镇江市域西邻南京，东南接常州，北滨长江，与扬州、泰州隔江相望，区位优势突出。镇江全市总面积 3 848km²，下辖丹阳、句容、扬中三个县级市和京口区、润州区、丹徒区、镇江新区、镇江高新区。中心城区常住人口 130 万人，用地面积为 128km²，2020 年地区生产总值 4 220 亿元。

镇江市是国家历史名城，临江近海，水陆交通极为便利，为国家级水路主枢纽和省级公路主枢纽城市，世界闻名的"黄金水道"——长江和京杭大运河在此交汇。多年来的发展，镇江已初步成为沪宁工业走廊中具有港城一体和历史文化名城特色，以高新技术和外向型经济为主要特征，形成沿江经济技术开发带和以建材、化工、造纸、船舶为支柱工业基地的多功能中心城市，和经济繁荣、科教发达、生活富裕、法制健全、环境优美、社会文明的现代化港口、工贸、风景旅游城市。

镇江属低山丘陵地带，地貌大势为南高北低，西高东低，西、南多低山，东、北多平原。境内山脉错落有致，河湖水系纵横，真山真水，地形地貌独特。

镇江是国家生态城市、国家环保模范城市、国家园林城市、国家低碳试点城市、国家节水型城市、2013 年中国城市竞争力蓝皮书之宜居城市十强市，荣获中国人居环境奖等多项荣誉。海绵城市建设与镇江城市发展的战略定位、目标理念高度一致。

1.1.2 地形地貌

镇江市地形为西高东低，南高北低，呈波状起伏之势；沿江为长江冲积圩区，腹部以丘陵岗地为主。宁镇山脉大致呈东西走向，为沿江水系与秦淮河水系、太湖湖西水系的分水岭；茅山山脉作南北走向，为秦淮河水系与太湖湖西水系的分水岭。市区内分布着金山、焦山、北固山、云台山、象山等高度低于 100m 的孤丘，总体上形成"一水横陈、连岗三面"的独特地貌和真山真水的独特风貌，一向以"天下第一江山"而名闻四方。金山之绮丽，焦山之雄秀（体会山裹寺的美景），北固山之险峻，丰姿各异，人称"京口三山甲东南"；南郊的鹤林、竹林和招隐三寺，山岭环抱，林木幽深，又延伸入城，被誉为"城市山林"。

1.1.3 气象水文

镇江市地处北亚热带季风气候区，四季分明，温暖湿润，热量丰富，雨量充沛，气候复杂。根据镇江市 1951 年以来的气象观测资料，常年平均降水量为 1 106.0mm，汛期（5—9 月）常年平均降水量为 686.9mm。镇江市多年平均蒸发量 879.7mm，常年平均相对湿度76%,平均日照时数为1 996.8小时,平均气温15.7℃,全年无霜期为228天。

1.1.4 河湖水系

镇江市位于长江中下游感潮河段中段。根据长江镇江站水位资料统计,警戒水位为7.0m,有记载最高水位8.82m(2020年7月20日),最低潮水位1.24m(1959年1月22日)。长江镇扬段实测最大流量92 600m³/s(大通站资料,1954年8月),最小流量4 620m³/s(1979年1月31日),三峡工程蓄水后年径流量变化不大,断面平均最大流速1.33m/s,最小流速0.51m/s。

镇江市城区内地表水系发达,河网交织,主要包括运粮河、沿江、虹桥港、古运河、高资、大港、中心河等七大水系。

(1)运粮河水系,主要包括运粮河、跃进河、御桥港、金山大圩圩区河网等。

(2)沿江水系,主要包括丹徒闸引河、抽水站引河、谏壁闸引河、城区段大运河和京口区象山圩区内河网。

(3)虹桥港水系,主要包括虹桥港、纺工河等。

(4)古运河水系,主要包括古运河及主要支流黎明沟、周家河、四明河、丁卯团结河、玉带河等。

(5)高资水系,主要包括高资港、便民河、分洪河、马家港、黄泥桥港、马步桥港、沙土港等河道。

(6)大港水系,主要包括太平河(孩溪河)、太平河(丁岗团结河)、黄岗河、北山河、大港河、捆山河、沙腰河、大港跃进河、大港东方河等。

(7)中心河水系,主要包括团结河、胜利河、张露河、朝阳河、丹徒跃进河等。

1.2 镇江城市水环境演变

通过分析镇江市城区江湖水系历史演变过程,通过航拍图解译,对现状进行溯源,揭示城市水系格局存在的问题,有利于后续提出合理的规划措施。

1.2.1 历史水系演变

1. 长江历史演变

数千年以前,长江的入海口在镇江、扬州以下不远,河型具有河口段特点,泥沙淤积成众多沙洲,河槽宽浅,分叉分流,江宽达20多公里,古"京江潮"比美今"钱塘潮"。随着长江河口向东延伸,江面逐渐束窄,河道南北摆动。秦汉时江流南移,三国时又向北移;南北朝时,江中沙洲环列,古瓜州初现;隋唐时江流又复南移,北岸大量淤涨,唐中期瓜州与北岸相连,江面宽度缩小为9km,由唐至宋,南侧金山均在江中;至明末,江面宽度仅为4km,南岸淤涨,至清朝,原在江中的金山登陆,与南岸相连,形成"骑驴上金山"地方俗语;清同治三年(公元1864年)瓜州城全部塌落江中,今瓜州镇已位于原瓜州城以北数公里。至20世纪80年代,镇江港逐步淤积,港口被迫迁址上游高资和下游大港镇。至 21 世纪，利用引航道和内港清淤，形成北湖——今金山湖（图 1.2-1 ~ 图 1.2-3）。

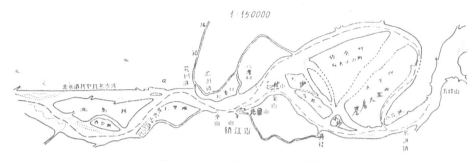

图 1.2-1　1865 年镇江段长江岸线图

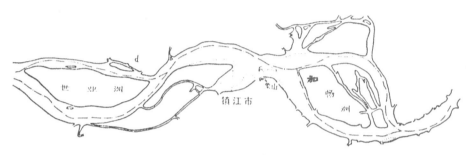

图 1.2-2　1951 年镇江段长江岸线

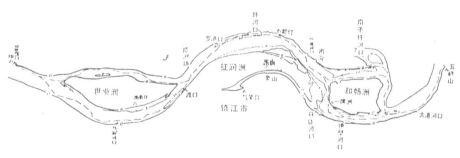

图 1.2-3　1982 年镇江段长江岸线图

2. 运河镇江段历史演变

镇江是京杭运河江南段的入江口和连接南北段的枢纽，大江南北舟楫往来之要冲，也是交通运输集散中转的重地，地理位置得天独厚，水运发达，有"九省通衢""漕运咽喉"之称。

2200 多年前，秦始皇于公元前 210 年开凿的丹徒水道，又称徒阳运河，南起云阳（今丹阳），北由丹徒入江。南朝刘桢《京口记》记载："秦王东观，亲见形势，云此有天子气，使赭衣徒凿湖中长冈，使断，因改名丹徒，令水北注江也。"不仅开凿了水道，也开凿了入江口，缩短了与扬州邗沟的距离。

公元208年，孙权筑铁瓮城，续开了秦始皇开凿的河道，先向西再向北，从北固山东侧入江，京口河穿城而过，入江口时称甘露口。便利的交通使镇江从军事城堡变为商业都会。

隋炀帝大业六年（610年），开凿江南河，与六朝京口河的线路有所不同，在镇江城区段河道穿城而过，在京口闸遗址处与长江交汇，史称大京口（图1.2-4）。此后历唐、宋、元，大运河线路基本稳定，又被称为漕河、漕渠。

北宋时期，为克服漕运日益繁忙，入江口船只拥堵，在京口港东侧开凿了新河，入江口称新港，也称小京口（图1.2-5）。

图1.2-4　大京口遗址东闸体（钱兴　摄）

图1.2-5　小京口——古运河与长江交汇处（陈大经　摄）

明初，城西、南两面的城壕与漕河连通了起来，充当漕河支流，就是今日镇江城区古运河的重要段落（小京口到南水桥）。明代中期，穿城运河成为百姓生活的水路干道，偶尔分流漕船，而西、南城壕成为漕河的主流，称为转城运河，成就了明清漕运的繁荣。

随着海运兴起，铁路开通，镇江古运河段的漕运功能基本结束，转为防汛排涝为主要功能。民国初期，京口港及其河道逐渐被填平，1929年修筑成中华路，穿城而过的关河也在1928年后逐渐淤塞，少数河道段落延续到在20世纪五六十年代（图1.2-6）。

1958年建造京口闸水利枢纽和谏壁节制闸后，古运河终于完成了历史使命，不再有大型船只经过，运河的入江口东移到谏壁口。1980年谏壁船闸正式投入使用，成为江南第一闸。沿江自西向东的大京口、小京口、甘露口、丹徒口和谏壁口共五个运河入江口中。大京口与甘露口已消失不见，小京口由于长江主航道北移，入江水域已成为金山湖。丹徒口建有丹徒闸，已不再通航，至此，从京口闸经丹徒闸至谏壁为古运河段，长16.69km，已失去航运功能。

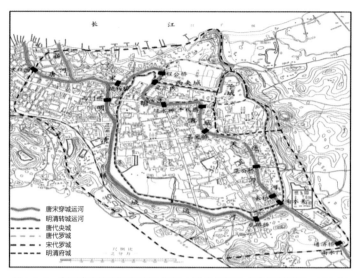

图 1.2-6 唐宋漕渠和明清运河比较图（摘自刘建国《守望天下第一江山》）

3. 运粮河历史演变

运粮河是便民河最东端的一段。便民河为避长江黄天荡急流之险，乾隆四十五年（1780 年）沿长江南岸浚开，历时 3 年时间通航。全长约 60km。是历史上镇江至南京第三条水运航道，乾隆四十九年（1784 年），乾隆皇帝第六次南巡，赐便民河名为"便民港"。

运粮河是便民河东端入江口至高资段。清末，高资马桥口便民河河段坍江，便民河分为东西两段，东段九摆渡江口至新河入江口全长 12.8km，称为运粮河。民国期间，九摆渡，十摆渡坍江。运粮河从八摆渡入江口至东入江口（镇江老港），长 9.95km。

运粮河东入江口，自开凿后历经了三次变化：一为簰湾师、二为金山河、再为新开河，后称新河。

1.2.2　近期水系演变

城市河湖总体格局已基本形成，运粮河和古运河构成东西向骨干水系，便民河、高资港、沙渚港、马步桥港、太平河、大港河、捆山河等主要南北向河道和长江连通。其中太平河两端通江，御桥港连接上游山丘区和运粮河；江南运河和翻水河连通长江和太湖流域；西麓水库、回龙山水库、友谊水库等主要水库在 20 世纪六七十年代已建成。总体而言，当时镇江市城市水系格局依托天然地貌形态，区域内鱼塘、泯沟众多，主要用于附近农田灌溉和生活取水。从图 1.2-6 各时期的河湖水系变化可以看出，1984 年至今，镇江市水系演变重要体现以下几个方面：

1. 长江河势变化

由于泥沙沉积，京口区焦南区域和长江焦北滩面积不断扩大，长江河势演变仍未完全得到控制。

2. 金山湖水域变化

金山湖由长江水体调整为城区内湖，并成为镇江市重要的水景观和应急水源。1987年镇江市建成引航道及其枢纽工程，引长江水源造内江水体流动，2007年焦南闸建成，焦南闸和引航道枢纽、运粮河闸形成封闭控制圈，金山湖开始蓄水，2012年金山湖水面已基本达到现状6.72km²。小金山湖包括塔影湖和映山湖，原为镇江城区内湖，面积较小，仅有现状的塔影湖范围，2008年后与金山湖连通，水面面积逐步扩大。

3. 城区河道由"无序"变"整齐"

由于城市化的进展，农村用地转变为城市居民、商业、工业等用地，原有的、无序的泯沟、鱼塘随之也调整为有序的河网，尤其以运粮河以北和一夜河以北两块区域最为明显，1996年前者包含众多不规则小河道，河道周围为各类住户，后者多为鱼塘和养殖用地，现状均为居住用地，原先杂乱水系改造为纵横垂直相交的河网。此外，1984年以来，古运河南侧支流周家河、四明河、丁卯团结河的干流河道形态和现状无太大差异，但河道无堤防，岸线杂乱，上中游断面较小，2000年以后，这些河道相继实施整治，河道断面规整，在稳定河势的同时提高了防洪能力。

4. 小型水库数量增多

根据《镇江市水利志》统计，1990年规划范围内小型水库仅有回龙山水库、西麓水库和友谊水库，但随着社会对水资源供给要求的不断提高，枣林水库、九华山水库、潘家水库、八公洞水库等一批小型水库相继建设，众多小型水库也为镇江市水景观提升创造了更丰富的条件。综上所述，镇江市城区近30年河湖水系演变主要受到人类活动的影响，随着建设用地范围的增加，本地区在始终维持水系总体格局、保持骨干河道功能的基础上，填埋无序分布的鱼塘泯沟，建设适应社会发展需求的河道、水库。

1.2.3 近期洪涝灾害

镇江城区洪水威胁主要来自两个方面。一是长江客洪。城区长江为镇扬河段与扬中河段，属感潮河段，汛期长江洪峰常与天文大潮相遇，导致水位暴涨。若遇台风影响，形成"洪、潮、风"三碰头严峻防洪形势。二是南部山洪。南部山洪和城区地面径流经多条通江河港北排入江。若遭遇长江高水位时，山洪北排受阻，形成"南有山洪倾泻，北受江潮顶托"的险峻形势，致使排洪河道水位陡升，带来山洪水灾。鉴于本地区洪水特征，镇江市采取"挡、蓄、疏"并举的防洪格局，用堤防挡住长江洪水，用水库和湖泊滞蓄南部山洪，减缓山洪汇流入城，疏通区内通江河道，排山洪入江。

镇江城市地形十分特殊。主城区北部沿江为洲滩及冲积平原，地面高程4.0～5.0m，沿江分布有面积相对较大的金山大圩和象山圩，降雨靠泵站抽排；主城区中部为丘陵区，间或分布着金山、云台山、北固山、焦山、京砚山、象山、汝山等相对孤立的山区，降雨以自流排水入河为主；主城南部为宁镇山脉，降雨以山洪形式快速向城区汇集，南部山洪、区内涝水共用主要河道古运河和运粮河，排泄出江，呈现"洪涝不分家"

的特殊情形。城市大部分地区以自排为主，可通过管、渠就近排入河湖，部分低洼地段靠泵站抽排入河，排涝规划范围为防洪片区内无法自排的区域，面积总计 41.28km²，长江为所有洪涝水的最终承纳水体（图 1.2-7、图 1.2-8）。

<table>
<tr><td>图 1.2-7　马步桥入江口</td><td>图 1.2-8　润扬大桥下江堤</td></tr>
</table>

长江流域性大洪水灾害发生在 1998 年，该年长江发生全流域洪水，自 6 月 23 日起，长江北固山水位超警戒水位 6.80m，直至 9 月 25 日水位回落至警戒水位以下，持续时间达 95 天之久，全市 7 月 27 日宣布进入紧急防汛期，至 9 月 16 日结束。全市防汛共动用军警 4 000 人、民工 10 万人，耗用物资价值千万余元；农作物受灾面积 13 345hm²，成灾面积 7 046hm²，绝收面积 3 790hm²，受灾人口 30.5 万，成灾人口 22.6 万，转移安置 12 411 人，因灾伤病人员 164 人，倒塌房屋 856 间，损坏房屋 2 068 间，死亡牲畜 165 头，直接经济损失 8 794 万元。

2020 年 7 月 18—20 日期间，长江流域发生了超过 1998 年规模的大洪水，镇江汽渡站最高水位达到 8.70m，持续超过设计水位 8.59m，高资镇、润州区西侧等多处江段出现险情。

最近一次较大山洪灾害发生在 2003 年，镇江市遭遇特大暴雨袭击，7 月 4 日至 5 日的 24 小时，全市面均雨量达 239.8mm。特大的强降雨对镇江城区造成了严重洪涝灾害，受灾面积达 75.33km²，受灾人口达 18.02 万人，紧急转移人口达 1 238 人，住宅受淹 0.45 万户，损坏倒塌房屋 1 300 间，积水道路长 75km，积水深 0.50m 以上，直接经济损失 7 357 万元（图 1.2-9）。

图 1.2-9　2003 年镇江特大暴雨

1.2.4 水环境状况

1.水功能要求

镇江市河道、湖泊、水库等水系水体水环境功能和水质目标按《江苏省地表水（环境）功能区划》和《地表水环境质量标准》GB 3838 执行。

地表水环境功能区划：镇江市饮用水水源保护区，包括长江镇江征润洲饮用水水源区、长江江心洲丹阳饮用水水源区及金山湖应急备用水源区（图 1.2-10）。饮用水水源一、二级保护区内禁止新建、扩建与供水设施和保护水源无关的建设项目，区域内现有可能污染该水域水质的生产活动，必须按市政府的要求进行调整。在生活饮用水地表水源二级保护区内改建项目，必须削减污染物排放量。水环境质量状况主要包括城市水体（河道、湖泊）水质、黑臭水体分布、排污口分布、水源地分布等情况。

图 1.2-10　水功能区划

江苏省政府批复的《江苏省地表水（环境）功能区划》（苏政复〔2003〕29 号），镇江市监测省级水功能区共 121 个，包括 1 个保护区、4 个保留区、2 个过渡区、饮用水源区 30 个、工业用水区 33 个、农业用水区 27 个、渔业用水区 17 个、景观用水区 7 个。累计监测断面 131 个。根据《镇江市水功能区划报告》，镇江城市范围内共 27 处主要水体列入水功能区划，其中长江水域 10 个水功能区、水库 3 个水功能区、内河 11 条划为 14 个水功能区。

2.污染来源比重

（1）城市生活污染源、城市面源是规划片区内主要污染来源。生活污染源对于 4 个指标（COD、NH_3-N、TP、TN）的贡献率都很高，城市面源在汛期时表现非常突出，规划区域内以城市生活污染源为主，而在汛期受到城市面源污染的影响很大；

（2）工业污染源对于各污染物的贡献主要表现在NH_3-N方面，占比相对稳定，COD与TP两个指标均保持在10%以内；

（3）农村面源及养殖面源在汛期对TN与TP有一定的贡献，其他污染指标相对占比较小，且随城市发展不断减少；

（4）底泥内源污染中，NH_3-N和TP有一定的贡献率，占比在5%~10%之间，须采取相应措施进行控制。

3. 污染源空间分布

根据污染来源的不同，可将污染源类型分为以下7种：城市生活污染源（包括污水厂尾水）、工业污染源、城市面源、农业面源、农业养殖、底泥内源和其他区域内源污染源。COD、NH_3-N和TP污染负荷占比较高的前三个区块均是古运河片区 > 运粮河片区 > 大港片区，这三个区块COD占比之和高达67%、NH_3-N占比高达59%、TP占比高达64%。古运河、运粮河和沿江片区属于镇江市主城区范围，主城区范围内污染负荷总和超过总体负荷的一半以上，由于人口密集且有些老城区管网系统不健全，因此产生了较高的污染负荷（图1.2-11）。

镇江城区的城市面源污染约需削减56.4%，才能明显改善城区水环境质量，各水体才能达到规划确定的水质目标。

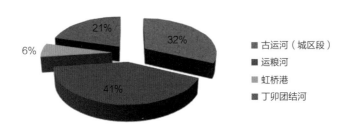

图1.2-11　城区各流域面源污染占比

1.3　镇江城市供水排水概况

1.3.1　供水设施现状

1. 供水厂现状

截至2020年，镇江市市区现状共有供水厂7座，其中城区水厂3座（金西水厂、金山水厂、大港水厂）、丹徒区乡镇水厂3座、化工区工业水厂1座，总供水能力为79万 m³/d（表1.3-1）。

（1）金西水厂和金山水厂

金西水厂和金山水厂设计总供水能力为60万 m³/d，其中金山水厂现状供水规模为20万 m³/d，金西水厂现状供水规模为30万 m³/d，总服务人口约116万人，供水范围包括镇江市京口区、润州区、丹徒区（不含世业洲、江心洲和高桥镇）、镇江新区和镇江高新区以及句容市下蜀镇。

（2）大港水厂

大港水厂取水口设于长江江心洲丹阳水源地，水厂一期工程实现 20 万 m^3/d 深度处理能力，于 2020 年 7 月开始投入使用。远期规划供水能力 40 万 m^3/d。

（3）化工区自来水厂

化工区自来水厂位于大港化工园区，规划设计供水能力 9 万 m^3/d，现状设计规模为 9 万 m^3/d。

（4）丹徒区乡镇水厂

丹徒区乡镇有世业洲、高桥、江心洲水厂 3 座，世业洲水厂水源地位于长江世业洲北汊，九龙大沟下游 1km，水厂靠近取水口，设计供水能力为 1.0 万 m^3/d，实际供水量 0.2 万 m^3/d。高桥、江心洲水厂取水口均位于长江江心洲水源地，高桥水厂设计供水能力为 1.0 万 m^3/d，江心洲水厂位于五墩村，设计供水能力为 0.3 万 m^3/d。三座乡镇水厂总生产能力为 2.3 万 m^3/d，实际供水量为 0.8 万 m^3/d。

		镇江中心城区水厂情况一览表		表 1.3-1
序号	水厂名称	水源地	取水水质	2020 年现状供水规模（万 m^3/d）
1	金山水厂	长江征润洲	地表水Ⅲ类标准	20
2	金西水厂	长江征润洲	地表水Ⅲ类标准	30
3	大港水厂	长江江心洲	地表水Ⅲ类标准	20
4	大港化工区水厂	长江江心洲	地表水Ⅲ类标准	9
合计				79

2. 取水口现状

（1）征润洲取水口

取水口位于征润洲境内，建于 1985 年，设计取水规模 60 万 m^3/d，分别供给金西水厂和金山水厂，取水水质良好，取水口水质均达到《地表水环境质量标准》GB 3838—2002 Ⅲ类标准，全年达标率为 100%。

（2）世业、江心取水口

丹徒区世业洲、高桥及江心洲水厂均在长江内取水，源水水质良好。

（3）其他自备工业取水口

2019 年工业自备取水量为 5 662 万 m^3/年，其中：金东纸业取水量为 2 079 万 m^3/年，索普集团取水量为 1 069 万 m^3/年，其他工业企业自备取水量为 2 514 万 m^3/年。

（4）地下水

镇江地区地下水不丰富，开采量不大，仅有少量单位使用地下水，2019 年地下水源供水量 30.73 万 m³，占总供水量的 0.01%。

（5）备用水源

镇江中心城区的水源均为长江，应急水源为金山湖。金山湖应急水源地由原塔影湖和金山风景区周边经退渔还湖整治工程后形成，是由征润洲路、长江路、环湖路包围的人工湖水域，水面面积约 0.9km²，蓄水量 329 万 m³，可供水量 216 万 m³，可基本满足城区 7 天生活用水量，目前还未划分保护区。镇江市金山湖应急备用水源地为在建项目，主体工程已基本完成，2020 年前按要求完成相关达标建设及校准等工作。

1.3.2 雨水排水系统

2010 年以前，镇江市主城区一般区域及重要干道、地区的现状雨水管道设计暴雨重现期基本为 1 ~ 2 年，2010 年以后新建管渠暴雨重现期基本为 2 年及以上。排水现状为雨污合流制与雨污分流制并存，老城区地下排水管网部分为截流制，在遭遇强降雨时，部分道路及低洼地区易积水。截至 2019 年底，主城区雨水排水管道长度约为 1 376.14km（其中雨水管道长 1 331.35km，合流制管道长约 44.78km），建成区排水管道服务面积覆盖率达到 86% 以上。雨水管渠统计情况详见表 1.3-2。

雨水管渠统计情况

表 1.3-2

区域	管道性质	长度（km）	占总长度（%）	检查井（座）	占总量（%）
雨水管	雨水	1 331.35	96.75	29 299	93.9
	合流	44.78	3.25	1 903	6.1
	小计	1 376.14	100	31 202	100

镇江市基本建成了完善的防洪排涝体系，主要排涝泵站均已建成。截至 2019 年，主城和东翼、西翼主要雨水排水（排涝）泵站有 48 座，其中双向引排两用泵站 3 座、立交排水泵站 4 座。

1.3.3 污水收集处理系统

1.3.3.1 污水收集处理分区

镇江市城区污水收集处理系统分为高资、征润洲、丁卯、谷阳、谏壁、大港六大污水分区。排水体制以分流制为主，老城区保留部分合流制系统（图 1.3-1）。

1.3.3.2 污水排放情况及水质特性

1. 生活污水排放情况

根据《2020 年镇江市统计年鉴》，包括中心城区的润州区、京口区、新区和丹徒区的部分区域，用于计算的常住人口数为 119 万人，区域内生活污水共 7 753 万 m³/年（21.24 万 m³/d）。

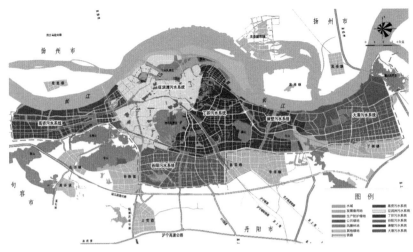

图 1.3-1　现状污水收集处理分区

镇江市各污水处理分区生活污水量统计表　　　　　　表 1.3-3

污水处理分区	服务面积 （km²）	服务现状人口 （万人）	生活污水量 （万 m³/d）	生活污水量 （万 m³/ 年）
大港污水系统	113.3	15.27	2.73	995
征润洲污水系统	76.7	35.73	6.38	2328
丁卯系统	66.1	29.33	5.24	1911
谏壁系统	49.7	12.33	2.20	803
高资系统	41.1	5.20	0.93	339
谷阳系统	72.3	21.14	3.77	1377
合计	419.2	119	21.25	7753

2. 工业废水排放情况

根据工业企业污染排放监控相关资料，规划区主要排污企业共 173 家，按行政分区划分，润州区 4 家、京口区 20 家、丹徒区 13 家、镇江高新区 8 家、镇江新区 128 家，工业废水年排放量为 4 125 万 m³/ 年，企业自行处理达标排放量为 1 595 万 m³。工业废水水质类型主要分为酸碱废水、综合废水、含悬浮物废水、含盐废水、有机废水、含磷废水及其他废水等。大部分工业企业废水处理排出厂区后主要通过市政管网排入污水处理厂，部分企业废水处理达标后直接排入河道，污水厂尾水排放成为外排工业废水污染物的统一来源。

3. 污水排放总量分析

2019 年，镇江市城区污水、废水排放总量为 13 660 万 m³，其中生活污水排放量约为 7 753 万 m³，工业废水排放量约为 4 125 万 m³，地下水入渗量为 1 782 万 m³。城市污水处理厂集中处理达标排放的有 10 936 万 m³，企业自行处理达标排放的为 1 595 万 m³，污水处理率为 91.7%，城市污水处理厂集中处理率为 80.1%。

4. 污水水质特性

镇江市生活污水占比约为 65.3%，工业废水占比约为 34.7%，污水水质特性主要由生活污水、工业废水组成比例决定的，还与渗入污水系统地下水的量和雨、污水混接程度有关。

工业废水排放量在落实节水循环经济措施的有效作用下，呈逐年下降的趋势，但生活污水排放量仍然呈上升趋势。

2019 年镇江市各污水处理厂进水水质状况见表 1.3-4。

2019 年各污水处理厂进水水质一览表　　　　　　　　　　　　　　　表 1.3-4

指标（mg/L）	征润洲厂	京口厂	谏壁厂	丹徒厂	东区污水厂	新区二污厂
COD	143.6	228.6	188	226.6	207	298
BOD	66	110	60	122	101	68
NH$_3$-N	15.8	28	12.6	27	21	16.3

从表 1.3-4 中数据可以看出，BOD$_5$ 偏低，反映出雨水、污水管混接、地下水渗入比较多，污水被稀释是主因；工业废水经处理后，污染物指标偏低，排入城市污水处理厂影响了进厂水质。

镇江市工业废水主要集中在造纸及纸制品业、化学原料及化学制品制造业、金属制品业三个行业，污染物主要有 COD、NH$_3$-N、石油类、挥发酚、氰化物、六价铬和砷等。其中，化工企业主要是石油、苯系物含量较高，钛白粉厂污染以酸性为主。

1.3.3.3　污水处理设施

镇江市现有城市污水处理厂 7 座，分别是高资污水处理厂、征润洲污水处理厂、京口污水处理厂、丹徒污水处理厂、谏壁污水处理厂、东区污水处理厂和新区第二污水处理厂。

（1）高资污水处理厂

高资污水处理系统服务范围为高资分区，服务面积 41.1km^2，占地 90 亩。高资污水处理厂一期规模 1.5 万 m^3/d，采用 A^2/O 工艺，自 2010 年 7 月建成后，进水量偏低，无法正常运行，多次受省住房和城乡建设厅、环境保护厅的批评。根据《关于暂时停运镇江市高资污水处理厂的请示》（镇政建〔2016〕52 号），高资污水处理厂于 2016 年 7 月暂时停运，2020 年底恢复运行。

（2）征润洲污水处理厂

征润洲污水处理厂位于镇江市内江北岸的征润洲，厂区占地 315 亩，服务面积为 76.7km^2，污水收集管网 300 多公里，主要收集主城区的生活污水。征润洲污水处理厂一期工程处理能力为 10 万 m^3/d，于 2003 年 6 月 1 日全面投入运行；2006 年扩建改造后处理规模达到 14.5 万 m^3/d；2017 年再次改扩建，处理规模达到了 20 万 m^3/d。征润洲污水处理厂采用 A^2/O 处理工艺，处理后的水质达到国家《城镇污水处理厂污染物排放标准》GB 18918—2002 一级 A 标准，尾水排入长江。

（3）京口污水处理厂

服务面积为 66.1km²，占地 180 亩，一期建设规模为 4.0 万 m^3/d，采用 UCT 处理工艺。京口污水处理厂于 2009 年 7 月 1 日开始正式投入运行，处理后的水质达到国家《城镇污水处理厂污染物排放标准》GB 18918—2002 一级 A 标准，尾水排入长江。运行半年后，经检测出水水质达到《城市污水再生利用 景观环境用水水质》GB/T 18921—2019 中的观赏性景观环境用水标准（河道类），决定向江苏大学提供中水，用于补充校内玉带河景观水以及绿化灌溉用水。为了进一步提高中水水质，2010 年 8 月先后对中水系统进行了改造，新增了混凝沉淀系统、二氧化氯消毒系统和转盘过滤系统，2016 年将二氧化氯消毒系统改为次氯酸钠消毒。

（4）丹徒污水处理厂

丹徒污水处理厂位于丹徒新区，服务面积为 72.3km²，占地面积 60 亩。一期工程分两期实施，前期完成土建 2 万 m^3/d，设备安装 1 万 m^3/d，于 2009 年 3 月全面投入试运行；一期完善及提标工程于 2015 年 3 月完工，达到 2 万 m^3/d 的处理规模。丹徒污水处理厂一期工程采用 BIOLAK 工艺，处理后的水质达到国家《城镇污水处理厂污染物排放标准》GB 18918—2002 一级 A 标准，尾水排入胜利河。

（5）谏壁污水处理厂

谏壁污水处理厂服务面积为 49.7km²，现状处理规模为 2.0 万 m^3/d。工程分两步实施：第一步，完成土建 2.0 万 m^3/d，设备安装 1.0 万 m^3/d，于 2009 年 7 月投入运行；第二步，工程实施设备安装 1.0 万 m^3/d，于 2017 年 12 月完工，规模达到 2.0 万 m^3/d。谏壁污水处理厂采用 UCT 工艺，处理后的水质达到国家《城镇污水处理厂污染物排放标准》GB 18918—2002 一级 A 标准，尾水排入京杭运河。

（6）东区污水处理厂

东区污水处理厂是城市总体规划 2017 年修编后增加的污水处理设施，取代位于大港新区中心区域的大港污水处理厂。污水厂位于新区滨江路附近，占地 180 亩，服务面积为 84.5km²。一期工程 4 万 m^3/d，于 2015 年 10 月投入试运行。采用多模式 A^2/O 工艺，出厂水质达到国家《城镇污水处理厂污染物排放标准》GB 18918—2002 一级 A 标准，尾水排入北港河。

（7）新区第二污水处理厂

新区第二污水处理厂以处理化工废水为主，处理规模 4 万 m^3/d。目前厂外配套污水输送泵站 3 座，污水收集池 4 座，收集管网 82km，其中"一企一管"管网 51km，服务范围主要包括新材料产业园、新能源产业园、中小企业创业园等，服务面积为 28.8km²。

新区第二污水处理厂入网企业进厂水质符合《污水排入城镇下水道水质标准》GB/T 31962—2015 和《污水综合排放标准》GB 8978—1996 三级标准。一期（2 万 m³/d）采用以"水解酸化—A²/O 池生化池—混凝沉淀池—转盘过滤—次钠消毒"为核心的处理工艺。二期（2 万 m³/d）采用"水解酸化—A²/O 池生化池—磁混凝沉淀池—次钠消毒"为核心的处理工艺。整套工艺针对污水进水水质波动大、可生化性低、难降解 COD_{Cr} 浓度高等特点，有效地保证了在充分降解有机物同时实现脱氮除磷，保证了出水稳定达到《化学工业水污染物排放标准》DB 32/939—2020 中的集中式工业污水处理厂一级标准。

1.3.3.4　污水处理厂水量情况

根据 2019 年以来镇江各污水厂报表显示，除高资污水处理厂暂停运行外，其他污水处理厂均运行正常，污水现状处理规模 37.5 万 m³/d，现状污水平均进水总量为 31.5 万 m³/d，各污水厂进水量与处理能力基本合理，但存在局部缺口，如京口污水处理厂、丹徒污水处理厂已满负荷运行，东区污水处理厂进水量接近设计能力，均需考虑扩建（表 1.3–5）。

1.4　镇江海绵城市建设基础

镇江市以 2007 年金山湖溢流污染事件为起点，通过对既有城市排水模式的反思，开启了生态化排水的思考与探索，并逐步将视野拓展到国际范围，向西方雨洪管理的先进经验学习借鉴。

2010 年，着手修订镇江市暴雨强度公式，修编镇江市城市排水规划。根据江苏大学《合流制管网系统动力学研究（2011）》，镇江市雨水径流水质与地面的清洁程度、地面材料、汇水区域性质等因素相关，当固体污染物越多，降雨量和降雨强度越大，对地面冲刷越彻底，进入地面雨水径流的污染物越多，相应的表征污染物多少的各个指标也就越高。

2011 年，开展市区 21 个区域 7—8 月降雨 0、5、10、15、20、30、40、50、60、75、90、120min 水质监测，对合流制截流系统下面源污染水质资料进行收集和分析，监测为 pH、COD、NH_3-N、TP、TSS 等指标。

2011 年，推进给排水数字化项目，构建具有新颖性、先进性、实用性、可扩展性的镇江市给排水数字化管理模式，为镇江市实现给排水领域的行业监管、资产管理、生产调度、在线监测、管网 GIS、水力建模、办公自动化等业务系统的建设和集成，为后期海绵城市试点模型提供了基础数据。

2012 年，开展《镇江市城市面源污染治理规划（2012—2020）》编制。2013 年，

表 1.3—5

城市污水处理厂一览表

序号	项目名称	上版规划处理规模（万 m³/d）	现状处理规模（万 m³/d）	现状污水厂进水量（万 m³/d）	位置	主要工艺	配套管网（km）	处理深度	设计出水水质	受纳水体	污泥最终出路
1	高资处理厂	3.0	1.5	—	高资片区长江路步桥路路口	A²/O 工艺	47	三级	一级 A	马步桥港	—
2	征润洲处理厂	20.0	20.0	16.5	金山湖（原北湖）北岸征润洲江滩	A²/O 工艺	300	三级	一级 A	长江	餐厨协同处置 / 焚烧
3	京口处理厂	8.0	4.0	4.0	谷阳路禹山路附近	UCT 处理工艺	172	三级	一级 A	长江	餐厨协同处置
4	谏壁处理厂	3.0	2.0	1.4	金阜路蔡家路附近	UCT 处理工艺	43	三级	一级 A	京杭运河	焚烧
5	丹徒处理厂	6.0	2.0	2.0	丹徒新区	BIOLAK 工艺	205	三级	一级 A	胜利河	餐厨协同处置 / 焚烧
6	东区处理厂	6.0	4.0	3.6	新区滨江路附近	多模式 A²/O 工艺	178	三级	一级 A	长江	焚烧
7	新区第二厂	4.0	4.0（工业废水）	4.0	北山路荞麦山路	水解酸化 - A²/O 工艺	103	二级 + 强化处理	工业出水一级标准	北山河	生化污泥焚烧、物化污泥填埋
	小计	50	37.5	31.5			1 048				

镇江市在全国率先编制完成了《镇江市城市面源污染治理专项规划（2011—2020）》，该规划是全国第一个以城市整体为对象的面源污染治理规划，其编制方法和内容具有独创性，受到住房和城乡建设部城建司的高度重视，专家组给出了"在全国具有引领和示范作用"的评价。

2012 年，开展征润洲湿地研究，探索合流截流体制下调蓄和湿地生态修复的可行性，建设 5 万 t/d 热水袋式（浮动盖 HDPE 防渗膜）调蓄池，进行湿地生态处理试验。

2013—2014 年，实施金山湖路、官塘路源头 LID 工程探索，建设雨水花园、透水人行道（透水砖）、传输性草沟、湿塘低影响开发设施等。

2014 年，开展 3.8km² 的生态排水改造试点区域性研究，对区域内城市下垫面进行分析研究，在汇水区范畴内进行理论研究。

2014 年，开展虹桥港下段生态修复工程，利用聚生毯生物吸附和湿地处理、河道内循环综合技术，进行河道黑臭水体治理的工程探索。

2014 年开展了对镇江市面源污染和雨水调蓄池建设方式、方法的调研。了解不同降雨类型下不同功能区地表径流水质及污染物在合流制管道输运过程中的变化规律，掌握镇江市城市面源污染时空分布；调查镇江市古运河、内江、运粮河沿线主要污染排放口雨天的溢流污染状况，根据面源污染的时空分布和雨天排放总量，结合古运河、内江、运粮河沿线各主要污染排放口的实际情况和基础条件，调查雨水调蓄池建设的方式与方法，结合泵站、管道及污水处理厂的实际情况和运行条件，提出不同区域内的调蓄池建设的合理方式，为科学决策提供技术支撑。

2015 年，国家海绵城市建设试点的实践，镇江市通过省、国家的两次申报，获得国家第一批海绵试点城市资格，使镇江市真正走上了"人水和谐"的城市发展道路。

1.5　镇江海绵城市建设问题与困难

1. 山水生态特征对水安全影响

镇江北临长江，南有宁镇山脉丘陵环绕，形成"一水横陈，连岗三面"的独特城市地貌特征，自古便有"城市山林"之称。镇江整体地势南高北低，南部山水逐级汇流后，通过"三河一湖"——运粮河、虹桥港、古运河和金山湖，最终汇入长江。

南山北水的地貌特征使镇江遭遇江洪、山洪的南北夹击，北部江洪绕城而下，南部山洪穿城入江，加上城区局部地势低洼、排水不畅导致形成 36 个积水区（点），影响市民正常生产生活。

2. 城市水环境质量较差

试点区 80% 面积位于高密度老城区，城市排水管网合流截流制体系造成 CSO 和初雨污染的叠加，以及河道缺乏生态基流、水动力不足、水环境容量低等问题，导致城市总体水环境质量较差。

（1）管网空白区较大

海绵城市试点前，镇江城区还存在排水管网未覆盖的空白区域和断头路、断头管网现象。管网未覆盖区域主要集中在丹徒、谏壁、蒋乔乔家门等区域，面积约 20km²；断头路、断头管网主要为解放湾路、桃西路、长江路（润州路—天平路）、润州路南段、宗泽路北段，管网尚未建设到位，使得雨污水无序排放。

（2）清污不分、管网错漏乱接、清雨不分

一是清污不分。通过管网排查发现，城区部分城中村截流不彻底、地表水和地下水侵入管网等原因导致城区仍存在"清（河水、地下水和山体来水）污（污水）不分"的现象。试点前主城区古运河、玉带河、四明河、丁卯团结河、周家河、西团结河等 45 条河流约 700 多个排口中，共发现晴天污水下河排口 218 个。

二是管网错漏乱接。镇江主城区排水管网存在大量雨污水管网混接错接、餐饮无隔油池、小区南侧无污水立管等问题。历次管网普查共排查城市主次干道管网 1 000 多公里，共发现雨污混接点 1 800 多处。

三是清雨不分。镇江城区外围以及主城区内零散分布的山丘植被茂盛，含蓄水能力强，清水释放周期长。降雨时山洪通过市区内部的云台山路、宝盖路、铁路三线以及南山地区的黎明河、张王庙沟、孩儿河、周家河进入城区，最终汇入长江。以张王庙沟、周家河为例，原为南山附近天然山洪下泄通道，城市建设过程中两条河道被覆盖，由明渠变成雨污水暗涵，又未针对山洪另设下泄通道，造成降雨时清水（山体来水）与雨水混流。

3. 污水截流系统的 CSO 综合治理任重道远

镇江以 2007 年金山湖溢流污染事件为起点，通过对既有城市化模式的反思，开启了现代雨洪管理探索之路，特别是国家海绵城市建设试点的实践，使镇江真正走上了人水和谐的城市发展道路。

（1）合流制溢流污染（CSO）

主城区合流制管网整体建设标准偏低，发生超标准降雨时易发生溢流，使得管道内沉积污染物直接进入水体造成污染。根据管网普查，主城合流制管网主要集中在金山湖沿线，通过模型进行现状 CSO 频次模拟，共有合流制溢流口 12 处，SS 年均溢流量 935.48t/ 年，COD 年均溢流量为 647.84t/ 年。

（2）初雨污染

城镇化进程使得不透水下垫面增加，降雨时地表累积污染物随着排水管网或地表径流进入水体造成初雨径流污染。镇江城市建成区的金山湖、古运河、运粮河三大流域中，古运河流域初雨污染最为严重。

4. 缺乏法律法规支撑

海绵城市建设是城市建设的新理念，是一个新生事物，在投资、建设及运营等方面缺少相关的法律法规。致使在推进过程中存在一定困难，缺乏依据和手段，需要尽快形成一整套海绵城市建设的法律法规体系，确保海绵城市建设工作有法可依、有效开展。

5. 缺乏长效管理保障

海绵城市建设既是建设的过程，更是管理的过程，而且管理的过程更是长期的。如果管理的手段得不到有效落实，建成的海绵设施得不到有效维护，海绵城市建设的成果将大打折扣。因此，需要对海绵设施的运营养护提供更加有力的政策支持，更加具体的技术指导，更加明确的资金保障。

第 2 章
规划布局

2.1　镇江市海绵城市建设总体技术路线

镇江市海绵城市建设统筹协调城市开发建设各个环节。在城市各层级、各相关规划中遵循低影响开发理念，明确低影响开发控制目标，结合城市开发区域或项目特点确定相应的规划控制指标，落实低影响开发设施建设的主要内容。设计阶段应对不同低影响开发设施及其组合进行科学合理的平面与竖向设计，在建筑与小区、城市道路、绿地与广场、水系等规划建设中，应统筹考虑景观水体、滨水带等开放空间，建设低影响开发设施，构建低影响开发雨水系统。低影响开发雨水系统的构建与所在区域的规划控制目标、水文、气象、土地利用条件等关系密切，选择低影响开发雨水系统的流程、单项设施或其组合系统时，应进行技术经济分析和比较，优化设计方案。低影响开发设施建成后应明确维护管理责任单位，落实设施管理人员，细化日常维护管理内容，确保低影响开发设施运行正常。镇江海绵城市建设总体技术路线如图 2.1-1 所示。

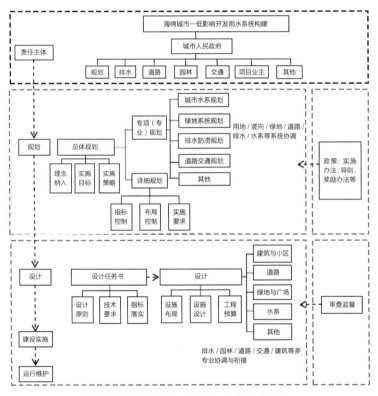

图 2.1-1　镇江市海绵城市建设总体技术路线

2.2　镇江市海绵城市建设规划

镇江市在城市各层级、各相关专业规划以及后续的建设程序中，充分落实海绵城市建设、低影响开发雨水系统构建的内容，先规划后建设。总体规划中增加了海绵城市相关内容，贯彻海绵城市理念；专项规划中明确海绵城市建设目标、建设项目。形成城市总体规划、专项规划、城市控规的海绵城市建设规划体系，为海绵城市建设提供坚实保障。

2.2.1　镇江市总体规划

《镇江市城市总体规划（2002—2020）》于2012年获住房和城乡建设部批准同意修编，在修编中，将生态文明、生态保育、LID理念放到首要位置，严格划定四区界线，合理确定城市空间增长边界，提倡集约型开发模式，保障城市生态空间。结合城市水环境现状、公共绿地建设标准和城市组团隔离带需要，明确城市规划建成区的水域面积控制率、绿化率、生态用地保有比率，做到"少填湖""少毁林"。并制定量化的雨洪管理目标，根据规划区的实际情况引导设置各类工程设施，并制定导向性政策。

新一轮城市总体规划《镇江市国土空间总体规划（2020—2035）》仍处于编制过程中（至2021年6月），新一轮总体规划的初步成果总结如下：

1. 城市定位

规划将镇江市定位为省域副中心，创新创业福地，山水花园名城。

2. 城市格局

城市空间结构包含："一主一副、三向融合、多轴并进"。"一主一副"分别指主城区（含老城、南徐、官塘、丁卯、丹徒、高新区、高资、高校园区、韦岗）和镇江新区（含镇江新区、谏壁、辛丰）；"三向融合"是指向西密切对接南京、跨江联动扬州、向南推进镇丹一体；"多轴并进"是指形成沿江转型发展轴、宁镇生活服务轴、G312创新制造聚合轴等多条轴线，串联城市中心和重点功能区。

3. 中心城区范围

从布局完整性、功能合理性上统筹考虑，规划中心城区范围628km²。

4. 建设用地

2035年市区城镇开发边界规模控制在408～438km²以内，其中中心城区控制在344km²。

5. 人口预测

规划至2035年全市人口规模为380万人，市区人口规模约170万。

2.2.2　镇江市海绵城市建设专项规划（2015—2030）

2.2.2.1　规划范围期限

《镇江市海城市建设专项规划（2015—2030）》规划范围与《镇江市城市总体规划（2002—2020）》中心城区范围一致，约360km²。重点研究主城区范围为西起戴家门路，东至上陧路，南起312国道，北临长江，包括主城核心分区、南徐分区、南山风景区与丁卯分区。规划期限为2015—2030年。其中，规划近期为2015—2017年，中期为2018—2020年，远期为2021—2030年。

2.2.2.2 海绵城市建设规划目标

1.总体目标

以海绵城市建设理念引领镇江市城市发展，促进生态保护、经济社会发展和文化传承，以生态、安全、活力的海绵建设塑造镇江城市新形象，实现"水清岸绿、鱼虾洄游、环境优美"的发展战略，建设河畅岸绿、人水和谐、江南特色的海绵镇江。

2.近中远期目标

（1）近期目标

建设海绵试点区，面积为22km²。2017年实现试点区年径流总量控制率达到75%，生态岸线比例达到65%以上，城市内涝标准实现30年一遇，地表水体达到Ⅳ类标准，城市面源污染控制率（以SS计）达到50%，雨水资源利用率达到5%。

（2）中期目标

海绵建设目标为26km²。2020年实现目标范围内年径流总量控制率达到75%，生态岸线比例达到70%以上，城市内涝标准实现30年一遇，地表水体达到Ⅳ类标准，城市面源污染控制率（以SS计）达到60%，雨水资源利用率达到6%。

（3）远期目标

2030年实现海绵建设区为128km²，范围内年径流总量控制率达到75%，生态岸线比例达到80%以上，城市内涝标准实现30年一遇，地表水体达到Ⅳ类标准，城市面源污染控制率（以SS计）达到65%，雨水资源利用率达到8%。

3.分类目标

（1）水生态

镇江市年径流总量控制率为75%，设计降雨量为25.5mm。规划到2020年，生态岸线比例应达到70%以上；到2030年生态岸线比例达到80%以上，实现镇江市水面率达到10%。

（2）水安全

镇江市内涝防治标准为：内涝防治设计重现期30年一遇，城市防洪标准为50年一遇。

（3）水环境

镇江市河道水质达到Ⅳ类水体要求，分期水质目标要求如下：近期规划范围内的主要水体古运河、运粮河、虹桥港、丁卯团结河、大港河、丁岗团结河达到Ⅳ类，远期古运河、运粮河、虹桥港、大港河达到Ⅳ类，丁卯团结河达到Ⅲ类。

雨水径流污染、合流制管渠溢流污染得到有效控制。城市面源污染控制按SS计，到2020年削减率达到60%以上；到2030年达到65%以上。多年平均溢流频次小于10次。

（4）水资源

提升城市雨水集蓄利用能力，使雨水成为市政用水的良好补充。主要考虑雨水资源化利用指标。镇江市雨水资源化利用率2020年达到6%以上，2030年达到8%以上。

2.2.2.3 中心城区城市海绵系统构建

1.管控分区划分

《镇江市海绵城市建设专项规划（2015—2030）》结合规划区地形图、水系规划、排水（雨水）防涝综合规划以及路网结构等资料，将规划区划分为43个海绵城市建设管控分区。

2.水生态体系构建

水生态体系分为径流控制工程和河流生态治理两部分。径流控制工程通过构建低影响开发雨水系统，在场地开发过程中采用源头、分散式措施维持场地开发前的水文特征，达到75%的径流总量控制目标；河流生态治理工程通过对规划区内有条件改造的河湖水系的硬质化驳岸进行改造，达到生态岸线恢复90%的控制目标。规划将海绵城市建设管控分区分为旧城改造区、新城建设区和工业园区三大类。这三类区域的径流控制标准如下：以旧城改造为主的分区，其低影响开发措施以滞、蓄为主，年径流总量控制率目标为60%；以新城建设为主的分区严格按照海绵城市建设标准进行建设和改造，低影响开发措施以滞、蓄、净为主，年径流总量控制率目标为75%以上；工业园区为主的分区采用以净化为主的低影响开发措施，年径流总量控制率目标达到70%。

3.水安全体系构建

基于低影响开发源头、过程和末端径流控制工程，结合镇江市防洪排涝规划管网规划和示范区控制性详细规划，分析提取规划管网拓扑关系和规划用地数据，通过构建一维模型对管网能力进行模拟评估，对比实施低影响开发措施前后，分析其对管网能力的影响，即管网重现期提升标准。若存在管网能力不足，根据模拟结果对规划管网方案进行优化调整，完成对小排水系统的优化；再次，通过构建二维模型对示范区内涝风险评估，根据模拟结果，对出现内涝点的位置进行系统优化，针对积水点周边适合的场地规划行泄通道提出对应标准，优化大排水系统；最终，通过提高河道防洪标准完善河道防洪体系。

4.水环境体系构建

（1）针对镇江污水直排、点源污染严重的问题，规划增加污水处理能力，完善污水管网建设，提高污水收集处理率；

（2）针对镇江市合流制普遍、合流制溢流污染的问题，规划对没有完成截污的河道铺设截污管道，杜绝污水直排现象；在合流制比例较高的区域，建设CSO调蓄池控制溢流污染；同时对现有截流堰进行改造；多管齐下控制合流制溢流污染问题，将合流制溢流频率控制在10次以内；

（3）面源污染控制通过源头（绿色屋顶、透水铺装、下凹式绿地）、过程（生态滞留池、植草沟）以及末端（人工湿地、调蓄池）相结合的系统化工程，削减径流污染物，达到面源污染物削减要求，减轻地表水环境压力；

（4）针对部分河道淤积、内源污染严重的问题，通过清淤疏浚工程，对河道内淤积的污染物和垃圾进行清理，并加强河道卫生管理，解决内源污染问题；

（5）提高水环境安全管理能力，构建流域水质在线监测系统，打造全防全控的环境安全应急体系。

5. 水资源体系构建

在城市建设区充分利用湖、塘、库、池等空间滞蓄雨洪水，与城市中水回用系统互相补充，用于城市景观、工业、农业和生态用水等方面，可有效缓解镇江市水资源缺乏的现实问题。在建筑和小区建设雨水调蓄池和雨水罐，在集中式绿地建设湿塘，强化景观水体调蓄功能，将调节和储存收集到的雨水，回用于绿化浇灌、道路清洗或景观水体补水。

2.3 镇江市海绵城市建设布局

镇江市海绵城市建设布局分为城市建成区内和建成区外建设布局。

2.3.1 城市建成区内建设布局

建成区内海绵城市建设包括 $29.28km^2$ 试点区海绵建设及试点区外海绵建设。

2.3.1.1 试点区海绵城市建设

试点区内建设各类海绵项目共计 158 项，包括"渗、滞、蓄、用、净、排"工程。

1. "渗、滞、蓄、用"工程

（1）渗

试点区内"渗"相关的工程有绿色屋顶、可渗透路面、砂石地面、自然地面及透水性停车场和广场等，控制年径流总量、削减面源污染。

（2）滞

试点区内"滞"相关的工程有下凹式绿地、广场，植草沟、绿地滞留设施等，有效滞留雨水，削减面源污染。

（3）蓄

试点区内"蓄"相关的工程有保护、恢复和改造河湖水域、湿地并加以利用，因地制宜地建设雨水收集调蓄设施等。

（4）用

试点区内"用"相关的工程包括雨水利用设施、污水再生利用设施的建设及对老旧管网的改造等，提高雨污水的再生利用率，减小公共供水管网漏损率，缓解水资源压力。

2. "净"工程

试点区内"净"相关的工程具体包括：污水处理设施及管网建设、人工湿地建设、不透水的硬质铺砌河道改造及沿岸生态缓坡建设等，减少对水生态环境的影响，保护、恢复原有水生态系统。

旧城区结合道路及小区改造，加快推进雨污分流，完善污水管网及处理设施建设；新、改建一律采用雨污分流制，结合道路和区域建设，同步建设污水管网及处理设施，减少对水体的污染。同时根据河道污染情况，采取综合方法进行针对性的修复，主要包括滨岸带的生态化改造、河道水质处理、底泥疏浚和生物修复等。

新开发地块建设过程中，不能破坏现状水生态环境，建设生态化驳岸，构建具有雨水径流集中调蓄、净化功能的景观水体；在潜在的污染源与受纳水体之间选择性地建造植草缓冲带，在雨水管道入河口建设生态湿地，湿地位置结合雨水排水管道规划和区域水域绿地系统规划确定，充分利用雨水排放口周围的景观湿地、生态绿地等严格控制区域雨水径流污染。在道路和地块建设的同时，同步建设污水管网及污水处理设施。

3. "排"工程

建成区内"排"相关的工程包括：河道清淤、拓宽河道；旧城区加快推进雨污分流改造，高标准建设雨水管网，新建及改造区域严格实施雨污分流管网建设；易涝立交桥区、低洼积水点的排水设施提标改造，提高城市防洪排涝减灾能力。

2.3.1.2 试点区外海绵城市建设

试点区外的主要工程包括 LID 改造、水利及生态修复工程、管网建设、补水活水、污水厂改扩建、水源地保障、公园绿地等。其中 LID 工程总计有 84 项（其中建筑红线内包括居住小区、政府安置房、公租房等 29 项，道路包括北汽大道、百花路、杨家圩路等 55 项），水利及生态修复工程 12 项，泵站建设工程 6 项，管网建设 2 项，水源地保护工程 1 项，污水处理厂改扩建工程 2 项（建成区外），公园绿地建设 8 项，湿地建设 1 项。

试点区外水利工程主要通过防洪（堤防、闸、站）工程、山洪防治工程、水系优化（改建、新建自然型水系）工程、生态护岸工程、生态清淤工程等全面提高镇江市防洪和内涝防治的能力。尊重水系自然形态、历史形态，保留、沟通、拓宽为主，开挖、拓浚为辅，系统优化水系（河道、湖泊、湿地）；完善防洪、排涝工程设施建设，加强山洪防治，分期、分批进行河道清淤，与城市雨水管渠系统和超标雨水径流排放系统有效衔接，提高防洪排涝能力；加强初期雨水污染防治，在水系及周边地块实施低影响开发，从生态护岸、滨水绿化、生态湿地、活性底泥、水生动植物等多方面促进河、湖生态良性发展，建设水质改善、补水活水工程作为辅助措施，改善水生态环境。

通过七摆渡闸（建成区外）、运粮河整治（二摆渡闸—金山桥，试点区内）及内江（金山湖）清淤二期（建成区外）等工程的建设，完善金山湖及运粮河流域的水利工程，显著提高防洪和调蓄能力。

通过南山北入口清泉截流工程，引南山清泉入周家河，同时避免雨后山水持续流入下游污水截流系统，提高城市污水处理效率。

通过西团结河、四明河、丁卯团结河和高校园区河道的水系整治、生态修复、景观工程等显著提升城市山洪防治能力。

通过金山圩区、周家河、四明河等补水活水工程，沟通主城各主要水系，增加水体流动性，提升城市整体水环境质量。

试点区外水系及水生态修复工程汇总见表2.3-1。

试点区外水系及水生态修复工程 表2.3-1

序号	项目	区域
1	经十二路至丹徒闸段运河整治工程	建成区
2	金山圩区水系整治	
3	西团结河水系整治	
4	四明河景观与雨水收集	
5	南山北入口清泉截流工程	
6	金山圩区补水活水工程	
7	周家河、四明河补水活水工程	
8	高校园区河道改造工程	建成区外
9	丁卯团结河生态修复（含湿地建设）	
10	镇江市运粮河七摆渡闸站工程	
11	内江（金山湖）清淤二期及周边整治工程	
12	焦北滩湿地保护区建设工程	

为改善和保护水环境，改、扩建污水处理厂2座：征润洲污水处理厂和京口污水处理厂；同步建设丹徒区污水管道及泵站，并在高校园区等新建区域的建设中构建LID绿色雨水系统，见表2.3-2。

泵站及管道建设工程项目 表2.3-2

序号	项目	类别
1	金山湖北污水管网建设（应急水源保护）	管网建设
2	新建八大家泵站	泵站建设
3	改造六摆渡泵站	
4	污水泵站建设	
5	丹徒新区南部泵站建设	
6	御桥村、长江村雨水泵站建设	
7	新建三摆渡泵站	

对现状及规划的城市公园和绿地，综合考虑其所处地区、地形地貌、景观功能，对建成区外的具备生态缓坡、下凹式绿地、内涝蓄滞等功能的公园绿地建设工程提出建设要求，见表2.3-3。

公园绿地建设工程项目　　　　　　　　　　　　　　　　　表2.3-3

序号	项目
1	白龙湖公园
2	核心湖南湖公园
3	征润洲南侧风光带建设
4	高校园区滨河湖绿地及水系、备用地
5	大桥生态园一期
6	南山北入口景区建设
7	盛岗路水景公园
8	街头绿地建设

2.3.2 城市建成区外建设布局

城市建成区外海绵城市建设主要进行防洪、水源地建设与保护和水源涵养工程。

1. 防洪

防洪大包围工程实施后，长江堤防能力提升是城市防洪的关键，针对镇江市海绵城市建设，防洪主要是南部山区的山洪防治和北部滨水区的蓄洪工程。

（1）南部山洪防治工程

以保护现状坑塘、水库、沟渠等水系为主，根据城市建设要求整治提高防山洪能力，保障城市防洪安全，同时保持其水生态功能。

主要工程有高校园区河道、水库、泄洪通道改造，西团结河整治等工程，山洪防治按50年一遇设计，100年一遇校核。

其余河道全面整治清淤，行洪能力提高到30年一遇标准；对建成区外其余水库进行全面水下地形检测，分析各水库的淤积状况，全面进行清淤扩容，以提高水库的调蓄能力，减轻下游城市的防洪压力。

（2）滨水区水利工程

完善以金山湖为核心的调蓄、行洪工程，确保防洪排涝能力达到50年一遇的标准，为此需整治拓浚运粮河从二摆渡闸到金山段河道（此工程位于建成区内），古运河经十二路至丹徒闸段整治工程（大部位于建成区内），建设七摆渡闸，疏浚金山湖（内江清淤二期及周边整治工程）。

2.水源地建设与保护

为确保城市供水安全，具体提出加强水源地保护及应急备用水源地建设等工程。

（1）划定三级保护区管理。

根据江苏省政府苏政复〔2009〕2号文件，征润洲水源地划定一级、二级、三级水域与陆域保护范围，设立保护区界桩及公告牌，设立禁捕、禁航、禁靠标志，完成一级保护区的绿化工程，对水源地一级保护区设置围栏进行封闭管理。

（2）设置外引河两道拦污坝。

（3）建立水源地一级保护区陆域巡查工作机制，并制定相关规章制度。设有专人24小时值守，对一级保护区内（陆域）24小时巡查。

（4）建立原水化验室，配备原水水质在线检测仪表（包含浊度、电导率、pH、DO、COD_{Mn}、NH_3-N、挥发酚等），实现原水24小时人工/在线仪表双重水质监测系统。

（5）每年对内、外引河进行清淤，并对取水口水位进行实时监控，确保取水安全。

（6）建设征润洲水源地水质安全保障工程。

为应对长江污染多发的严峻状况，投资约0.6亿元建设征润洲水源地原水水质安全保障工程（原水调蓄工程）项目。通过建设长江取水涵闸、长江取水泵房（双向流泵房）、原水调蓄池、原水水质监测设备、应急处理设备、导试水厂等设施，大幅度延长长江原水在水源地的停留时间，为原水检测提供充足时间，并配备相应的预警、预处理和污染水快速排空等装置，规避污染江水，确保原水水质和出厂水水质可控。

（7）加大金山湖（小）备用水源地保护

金山湖(小)周边城市建设用地地表径流不得流入金山湖(小)内，杜绝一切排水口。金山湖(小)公园范围内严格控制建设开发，现有公园设施按照LID要求改造，全部入渗，不设雨水排口。金山公园水系采取措施实现金山湖（小）水系隔离，疏通排往西部圩区河道泄洪通道。金山公园内改造污水管，采用LID要求改造雨水排水系统，控制地表径流，2年一遇暴雨必须全部入渗。必须设雨水管时尽可能把雨水向南引入外部水系，严格保护备用水源地。

3.水源涵养工程

（1）水源涵养林

水源涵养林建设包括镇江市区的三山风景名胜区、南山风景名胜区建设，禹山、彭公山、四平山、嶂山、圌山和零山生态公益林，丹徒区的巢皇山、横山、五洲山、十里长山生态公益林，沪宁城际铁路、扬溧高速、沪宁高速丹徒段生态公益林。

（2）湿地

湿地包括沿江重要湿地和湖库重要湿地。除自然湿地保护外，还包括焦北滩湿地、丁卯团结河生态修复工程的城市中心湿地等人工湿地建设。

（3）水土流失综合整治

镇江水源来自长江，自身无水土流失风险。从生态隔离、自然景观保护等角度，以资源底线为前提，将水源涵养林、湿地等水生态敏感区纳入城市规划区中的非建设用地（禁建区、限建区）范围，并与海绵城市工程建设相衔接涵养水源，减少水土流失。大禹山、南山风情区等综合整治根据景区建设情况同步开展。

2.4 镇江市海绵城市建设试点区选择

镇江市从区域代表性、问题典型性等方面对试点区选择进行了对比论证，选择了主城区 29.28km² 的区域作为海绵试点区。试点区位于城市主城区，人口 27.6 万，是具有历史文化和现代文明交相辉映的城市主中心，其功能定位是集合商业、金融、文化、旅游等于一体的城市综合区域。试点区选择依据论述如下：

1. 地貌地形的代表性与广泛性

试点区为镇江老城区，地形为南高北低，地貌特征为南山北水，形成"一水横陈，连岗三面"的独特城市地貌特征。

镇江南部主要为丘陵地形，地势相对较高，高程坡降大，河流自南山发源呈枝状排往北部金山湖、运粮河、古运河等水系，最终汇入长江，山下有防山洪要求。北部滨水区，地势低洼平坦，水网纵横，地下水位高，东西圩区排水依靠泵站蓄排，为江南河流冲积平原，以防内涝为主。

镇江海绵城市试点区多种复杂地貌地形并存，具有广泛的代表性和示范性。

2. 高密度老城区的典型性与迫切性

试点区面积大，总人口多，人口密度约 9 400 人 /km²。除江苏大学和东部圩区等新建区条件较好外，大部分为老住宅区、棚户区及部分商业区，建筑密集、管网老旧、标准偏低，部分城中村环境较差。

高密度老城区水环境与水安全的协同解决，是镇江市乃至全国老城区的难题，借助海绵城市建设，实现高密度老城区的水安全保障、水环境提升，具有重要的典型性与示范性。

此外，试点区位于高密度老城区，人口密度大、建筑物密集、绿化率低等，将海绵城市建设与老城区的积水点整治、街巷整治、屋面渗漏、小区环境综合治理等群众诉求相结合，实现老旧城区有序修补和有机更新，具有强烈的迫切性（图 2.4-1）。

3. 与城市建设同步实施，探索"海绵 +"模式的经济合理性

选择老旧城区为海绵城市建设试点区，结合政府棚户区征收拆迁、城中村改造项目建设，将海绵城市 LID 建设理念同步植入，较为经济合理。在试点区内的一夜河、虹桥港、玉带河、会莲庵街等项目建设中，将棚户区、城中村改造与海绵城市建设有机结合，根本解决群众居住的脏乱差环境，在完成海绵城市建设任务的同时，大幅度

提升开发建设的生态品质，实现棚改等城市建设和海绵城市协同，探索"海绵+"模式的经济合理性。

图 2.4-1　试点区内老城区

第3章
系统设计

3.1 试点区基本情况

3.1.1 试点区概况

镇江市海绵城市试点区下垫面硬化率较高。试点区内有运粮河、古运河以及虹桥港三大主要水系，三大水系最终汇入金山湖（图 3.1–1）。

图 3.1–1 镇江市试点区区位图

3.1.2 汇水分区划分

根据地形地貌及排水管网系统，采用高程（Digital Elevation Model，DEM）空间分析法与龟壳法组合进行汇水区划分，将试点区划分为 11 个汇水分区，如表 3.1–1、图 3.1–2 所示。

试点区汇水分区 表 3.1–1

序号	汇水分区名称	面积（hm²）	类型
1	金山湖风景区汇水区	167.91	风景区
2	头摆渡汇水区	228.1	老城区
3	黎明河汇水区	103.34	老城区
4	运粮河汇水区	160.5	连片老城区
5	古运河汇水区	306.9	连片老城区
6	解放路汇水区	132.37	连片老城区
7	绿竹巷汇水区	65.48	连片老城区
8	江滨汇水区	209.93	连片老城区
9	虹桥港汇水区	509.19	老城区

序号	汇水分区名称	面积（hm²）	类型
10	玉带河汇水区	392.39	老城区
11	焦东汇水区	651.47	待开发区
合计		2 927.58	

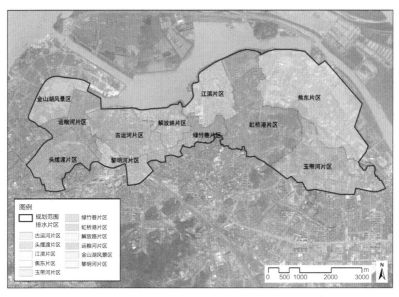

图 3.1-2　试点区汇水分区分布图

3.1.3　试点区本底情况

1. 气候特征

镇江市属北亚热带季风气候，四季分明，温暖湿润，热量丰富，雨量充沛，无霜期长。市区全年主导风向夏天为东南风，冬天为东北风，常年平均风速 3.4m/s，年平均无霜期 239 天，年平均湿度 76%。常年平均日照时数 2 051.7h，年平均气温 15.4℃。年最大蒸发量 1 755.9mm，年最小蒸发量 847mm，年平均蒸发量 1 276.7mm，最大积雪深度 14cm，最大冻结深度 9cm。

2. 降雨特征

（1）年均降雨量情况

根据镇江市 1980—2014 年的日均降雨量资料，统计分析镇江市近 35 年年均降雨量和逐月降雨量降雨次数，如图 3.1-3 和图 3.1-4 所示，近 35 年年均降雨量 1 102mm，年平均降雨天数 116 天。除部分年份外，镇江市年降雨量年际变化差异较小，年降雨量整体上呈平稳态势，无显著增加或减小趋势。

镇江市降水量季节分配较为不均，6—8 月月降雨量较大，3 个月降雨量总和约为全年降雨量的 50%，其余各月降雨量分布则较为均匀，如图 3.1-4 所示。

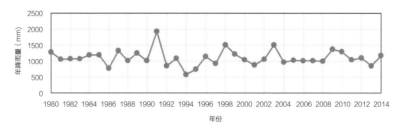

图 3.1-3　镇江市 1980—2014 年年均降雨量统计图

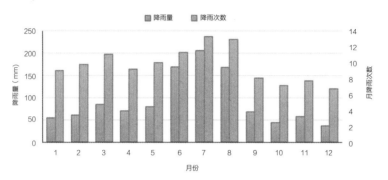

图 3.1-4　1980—2014 年镇江市逐月平均降雨概况统计

镇江市主要以中小型降雨为主，小于 20mm 降雨次数占全年降雨次数的 87%，如图 3.1-5 所示，有利于通过海绵城市措施对雨水径流进行管控。

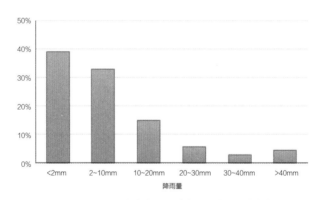

图 3.1-5　镇江市单次降雨不同降雨量降雨概率分析

（2）设计降雨

1）暴雨强度公式

短历时（历时 ≤ 120min）：$q = \dfrac{6406.5 \times (1 + 1.017 \lg P)}{(t + 19.1377)^{0.975}}$ 　　　　（3.1-1）

长历时（120min < 历时 ≤ 1440min）：$q = \dfrac{2097.45 \times (1 + 1.17 \lg P)}{(t + 10.6421)^{0.743\,6}}$ 　　（3.1-2）

式中 q ——设计暴雨强度〔L/（$hm^2 \cdot s$）〕；

　　　t ——降雨历时（min）；

　　　P ——设计重现期（年）。

2）雨型选择

设计典型暴雨是排水系统水文/水质分析不可或缺的基本要素。常用的降雨量时程分布（即雨型）有均匀雨型、Keifer & Chu 雨型（芝加哥雨型，简称 K.C. 雨型）、SCS 雨型、Huff 雨型、Pilgrim & Cordery 雨型、Yen 和 Chow 雨型（三角形雨型）、同频率分析方法等。不同雨型对工程设计、投资建设具有一定的影响，针对不同工况情景应合理选择不同雨型。

①年径流总量控制及径流污染控制降雨雨型选择

合成雨型多应用于场次降雨，年径流总量计算及污染负荷计算需考虑长期蒸发、下渗、设施存蓄等跨场次连续数值模拟，因此将年连续降雨过程线作为年径流量及污染负荷分析雨型，可更接近实际的降雨径流过程进行模拟分析。镇江系统模型采用 2007—2016 年这 10 年的降雨数据进行水量水质长期模拟，如图 3.1-6 所示。

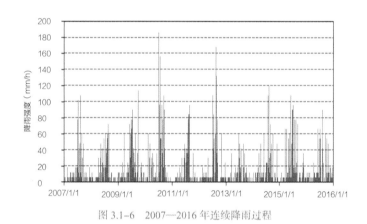

图 3.1-6　2007—2016 年连续降雨过程

②管道能力评估降雨雨型选择

对于城市排水系统管网设计或排水管网系统能力评估，只需确定峰值流量，镇江市城区由于区域小、汇流快，汇流时间一般不会超过 120 分钟，设计暴雨历时可采用短历时（120 分钟）。

K.C. 雨型（芝加哥雨型）是暴雨强度公式推得而来，推算过程较为简单，是各降雨历时暴雨强度再分配，情况极端，较为保守，适用于城市管道及防洪排涝设施设计及风险评估。根据历史降雨数据统计分析结果，短历时雨峰位置位于第 9 序位，雨峰系数为 0.354。镇江不同降雨重现期（1 年一遇、2 年一遇、3 年一遇、5 年一遇）24×5 分钟 K.C. 雨型如图 3.1-7 所示。

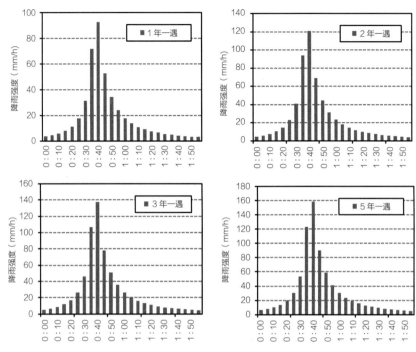

图 3.1-7 不同降雨重现期对应 K.C. 雨型

③内涝评估降雨雨型

根据《镇江市暴雨雨型研究报告》，结合镇江的城市特点，其防涝重现期一般在 30～50 年。K.C. 法成果当防涝重现期 30 年时，相对差为 0.33%～3.07%；50 年时相对差仅为 1.58%～5.19%，吻合度较好，精度很高。通过降雨量时程分配，同频率法成果与水文图集成果吻合度一般，精度较差。K.C. 法成果与水文图集成果吻合度好，精度高，成果合理。推荐采用 K.C. 法成果作为镇江市 24h 设计暴雨雨型。内涝评估雨型采用 30 年一遇 288×5minK.C. 雨型，如图 3.1-8 所示。根据《镇江市城市设计暴雨雨型研究及应用》中，镇江长历时为 0.78。

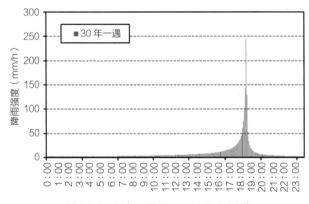

图 3.1-8　30 年一遇 288×5minK.C. 雨型

3）年径流总量控制率

根据镇江市 1980—2014 年降雨数据，研究年径流总量控制率目标与日降雨强度之间的关系，如图 3.1-9 所示。其中，75% 的年径流总量控制率对应的日降雨量为25.5mm。

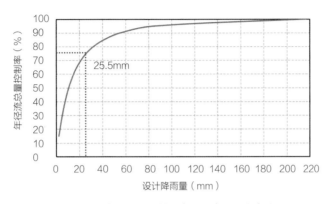

图 3.1-9　年径流总量控制率与日降雨强度关系

3. 下垫面及用地

试点区内老城区所占比例较高，建筑密度较大，硬质路面较多，绿地率较低，雨水自然渗透、滞留、存蓄能力不高，下垫面解析如图 3.1-10 和表 3.1-2 所示。

试点区下垫面解析　　　　　　　　　　　　　　　　　　　　　　　表 3.1-2

类型	绿地	道路	屋面	水面	非车行硬地
占比	34.7%	11.8%	19.1%	6.4%	28%

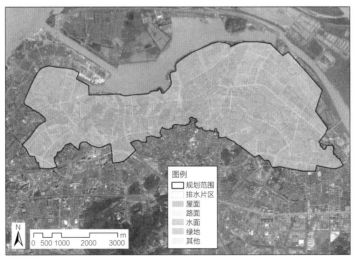

图 3.1-10　试点区下垫面解析图

4. 坡度及高程

通过下垫面解译和 GIS 表面分析进行试点区坡度及高程分析，如图 3.1-11 和图 3.1-12 所示。试点区整体南高北低，黎明河片区、古运河片区和虹桥港片区坡度较大，汛期山水汇流速度快，易形成山洪。

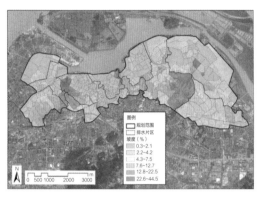

图 3.1-11　试点区坡度分析　　　　　　图 3.1-12　试点区高程分析

3.2　试点区现状问题

3.2.1　水安全问题

试点区内现状管网排水能力较低、内涝积水严重,对居民生活和交通造成严重影响。

1. 管网排水能力不足

试点区内大部分为老城高密度居住区、棚户区，管网排水系统建立较早，部分管道老化堵塞导致过水断面不足，管网排水能力低，部分管网设计标准偏低，管网总体排水能力不足。

通过 SWMM 模型模拟分析试点区在不同降雨重现期下管道排水能力（1 年一遇，3 年一遇，5 年一遇，10 年一遇），统计管道超载空间分布及检查井溢流量（图 3.2-1）。模拟结果表明，1 年一遇降雨重现期下，管道超载比例即达到 34.4%，试点区排水管网能力较低。

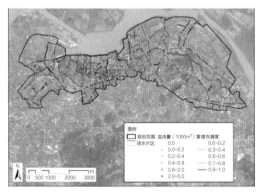
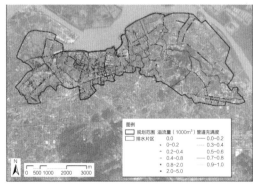

图 3.2-1　不同降雨重现期下管道超载及溢流点分布情况（一）

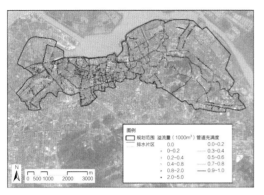

图 3.2–1　不同降雨重现期下管道超载及溢流点分布情况（二）

2. 内涝风险高

根据城市暴雨内涝积水深度等级（表 3.2–1），就溢流冒水点进行管道溢流淹水风险分析（表 3.2–2），得出试点区整体内涝风险情况，积水易涝点主要位于头摆渡片区、江滨片区、虹桥港片区、玉带河片区等片区。

水深度与淹水风险关系　　　　　　　　　　　　　　　　　　　　　　表 3.2–1

积水深度	说明	淹水风险
≤ 0.15m	小于等于道路缘石高，符合《室外排水设计规范》GB 50014—2006 内涝防治标准	无风险
0.15 ~ 0.3m	车辆可能熄火，妨碍人员与车辆进出	低风险
0.3 ~ 0.6m	车辆容易熄火，造成部分财产损失	中风险
> 0.6m	超过儿童涉水深度，有严重生命损失威胁，与严重财产损失	高风险

不同重现期积水点淹水风险统计　　　　　　　　　　　　　　　　　　表 3.2–2

重现期	积水点数	无风险	低风险	中风险	高风险
1 年一遇	358	283	45	27	3
2 年一遇	695	488	93	95	19
3 年一遇	986	668	173	103	42
5 年一遇	1 288	771	258	167	92
10 年一遇	1 690	936	350	247	157

3.2.2　水环境问题

1. 部分水体水质不达标，有待改善

试点区内主要河道有运粮河、古运河、虹桥港、玉带河、一夜河、跃进河，最终汇入金山湖。试点前一夜河和虹桥港为黑臭水体，运粮河、古运河、玉带河、跃进河为劣Ⅴ类，水环境质量差。运粮河的御桥港及古运河的团结河、周家河、御带河等支流，河

水时有黑臭现象，河道垃圾、漂浮物随处可见，严重影响城市景观。虹桥港上游有工业颜料废水排入，河水色度较高。金山湖水质汛期较好，枯水期较差。金山湖与长江相通，在汛期大量长江水进入金山湖，由于稀释作用，金山湖水质较好，基本能达到Ⅲ类水标准；到枯水期，由于水量减少，而进入金山湖的污染负荷并未减少，因此水质恶化，降为Ⅴ类，在局部区域甚至为劣Ⅴ类，蓝藻现象也时有发生（图3.2-2）。

2. 初期雨水污染严重

根据试点区模型分析结果，试点区初期雨水污染分布较广，除头摆渡片区、解放路片区、绿竹巷片区外，其他8个汇水分区均存在初雨污染（表3.2-3）。

图3.2-2　试点前河道水质

各汇水区初雨污染 表3.2-3

序号	片区名称	TSS（t/a）	NH₃-N（t/a）	COD（t/a）	TP（t/a）
1	金山湖风景区	187.2	3.01	89.66	0.68
2	头摆渡片区	0	0	0	0
3	黎明河片区	12.31	0.19	5.99	0.04
4	运粮河片区	69.29	0.89	33.55	0.25
5	古运河片区	17.03	0.28	9.44	0.07
6	解放路片区	0	0	0	0
7	绿竹巷片区	0	0	0	0
8	江滨片区	101.3	1.39	48.86	0.39
9	虹桥港片区	506.5	8.47	263.44	1.88

序号	片区名称	TSS（t/a）	NH$_3$-N（t/a）	COD（t/a）	TP（t/a）
10	玉带河片区	589.7	9.67	282.29	2.03
11	焦东片区	912.3	12.48	439.23	3.38
合计		2 395.63	36.38	1 172.46	8.72

3. 合流制溢流污染严重

根据试点区模型评估结果，试点区合流制管渠分布较多，合流制溢流污染不容忽视，除金山湖风景区和玉带河片区外，其他几个汇水分区均存在合流制溢流污染情况（图 3.2-3）。

通过模型对试点区内合流制片区进行溢流频次分析，得出现状试点区合流制溢流情况（表 3.2-4）。

图 3.2-3　合流制溢流污染

试点区合流制溢流频次　　　　　　　　　　　　　　　　表 3.2-4

序号	片区名称	现状合流制溢流频次（次 / 年）
1	头摆渡片区	43
2	运粮河片区	45
3	黎明河片区	49
4	古运河片区	47
5	解放路片区	52
6	绿竹巷片区	52
7	江滨片区	41
8	虹桥港片区	22

3.2.3　水生态问题

试点区水生态方面存在年径流总量控制率偏低、生态岸线硬质化、水域面积保持率低等问题，水生态系统需要进一步修复和完善。

1. 年径流总量控制率较低

试点区内老城区所占比例较高，建筑密度较大，硬质路面较多，绿地率较低，并且存在绿地标高高于路面、土壤渗透性低的情况，导致雨水渗透、滞留、存蓄能力减弱，雨水的径流量增大。根据试点区现状地块径流模拟结果，整个试点区现状年径流总量控制率为51%，与年径流总量控制率目标78%存在一定差距，需要进一步进行海绵城市建设，提高年径流总量控制率。

2. 生态岸线硬质化

河道岸线作为水陆生态系统的交互地带，是维护河流生态健康的重要组成部分，试点区内河道护坡大多为硬质化护坡，生态功能较弱，景观效果不佳，同时存在侵占河道岸线等现象，河流水生态系统严重退化。

3. 水面率低

镇江市海绵城市试点区面积共29.28km²，试点区内水系面积为1.25km²，水面率（水系面积比区域总面积）仅为4.27%。

3.2.4 水资源问题

1. 水资源利用效率低，水质性缺水现象日趋严重

镇江市本地水资源相对缺乏，过境水资源丰富，每年利用过境水量约占总需水量的60%。镇江市工农业耗水量较大，万元工业增加值耗水量为30m³，远高于水利现代化目标（22m³），灌溉水利用系数为0.57，水资源利用效率相对较低。

2. 非常规水资源利用率低

试点区现状非常规水资源仅有再生水，再生水厂包含征润洲和京口污水处理厂两套再生水设施，海绵城市建设前试点区再生水利用率为1.7%。此外再生水的用途单一，景观河道换水占90%以上，用于工业冷却和城市市政环卫、绿化景观浇洒用水尚处于起步阶段。

3.2.5 水文化问题

京杭大运河镇江段流经试点区，水文化历史悠久，但是原有水文化设施没有得到很好的保护和宣传，同时部分新建工程与水文化建设结合不够紧密，水文化逐步流失，水文化建设有待加强。

回顾镇江市发展历史，镇江有着丰富的历史文化和生态景观，水漫金山、甘露招亲、北固怀古、文新雕龙、梦溪笔谈等千古佳话给予镇江无限的魅力。金山湖是镇江金山、焦山、北固山"三山"名胜景区的核心所在，以城市为广阔背景，以山镇水，以水衬山，江山交辉，形成了独特的人文山水文化。

但随着城市的快速建设开发，内河内湖的水环境质量变差，直接影响到人文山水文化的进一步延续与拓展。通过海绵城市水工程水景观建设，加强历史文化名城

的保护和自然景观的开发利用，延续拓展镇江市山水历史文脉，是需要不断深入思考的问题。

3.3 试点区建设目标

3.3.1 试点区海绵城市建设总体目标

试点区海绵城市建设整体目标为：通过试点区海绵城市建设，解决试点区"整体水环境质量较差、金山湖受到蓝藻威胁、老城区内涝频发、核心水文化水景观面临威胁"等问题，改善整体水环境质量，系统提升试点区内涝防治能力，提升老百姓的获得感和幸福感。

3.3.2 试点区海绵城市建设指标体系

为实现试点区海绵城市建设总体目标，制定了海绵城市建设具体指标，涵盖水安全、水环境、水生态、水资源、水文化五个方面，具体如表3.3-1所示。

试点区海绵城市建设指标体系   表3.3-1

类别	分项指标	目标值
水安全	防洪标准	50年一遇
	防洪堤达标率	100%
	内涝防治标准	30年一遇
水环境	地表水体水质达标率	75%达到地表水Ⅳ类标准以上
	径流污染控制率	60%
水生态	年径流总量控制率	75%（25.5mm）
	生态岸线恢复	1.2km
	天然水域面积保持度	6.2%
水资源	雨水资源利用率	4.7%
	污水再生利用率	—
水文化	水文化	试点区域海绵城市景观文化提升

通过SWMM模型评估工具，将年径流总量控制率和径流污染控制率目标分解至11个汇水分区，如表3.3-2所示。

年径流总量控制率及径流污染控制率目标分解   表3.3-2

排水片区	面积（hm²）	年径流总量控制率目标分解值（%）	径流污染控制率目标分解值（%）
金山湖风景区	167.91	83.6	50
头摆渡片区	228.1	75	70
黎明河片区	103.34	75	60

排水片区	面积（hm²）	年径流总量控制率目标分解值（%）	径流污染控制率目标分解值（%）
运粮河片区	160.5	70	50
古运河片区	306.9	70	75
解放路片区	132.37	70	60
绿竹巷片区	65.48	70	60
江滨片区	209.93	75	60
虹桥港片区	509.19	75	60
玉带河片区	392.39	75	65
焦东片区	651.47	80	55
总计	2 927.58	75	60.5

3.3.3 试点区海绵城市建设指标量化方法

3.3.3.1 内涝防治能力计算

内涝防治标准为易涝点消除、排水防涝能力达到国家标准要求。内涝防治能力可采用双排水系统模型法进行评估，其要点主要有：

（1）绘制阻隔层。利用最新地形数据，考虑建、构筑物等对水流的阻挡作用。

（2）绘制边界层。划分道路、河道及其他硬地或绿地等，设置不同糙率及二维网格类型。

（3）创建二维网格及地表漫流明渠。利用边界层、阻隔层、河道与道路中心线以及地表高程数据创建二维网格及地表漫流明渠。

（4）一维、二维耦合。通过地表雨水口构建地表漫流与排水管网关联关系，用于管网冒水漫溢及内涝退水行泄模拟。

（5）利用内涝分析模拟进行降雨径流及内涝模拟。

（6）利用输出结果进行特定降雨条件下现状内涝分析评估，绘制淹没范围及淹没深度分布图。

（7）利用现状内涝评估结果，提出内涝解决方法，进行方案后反复模拟，直至满足设定内涝标准。

根据《室外排水设计规范》GB 50014—2006（2016年版）要求，可通过对淹没水深的统计和分析进行内涝风险评估，区划可参照表3.1-1。

3.3.3.2 常规排水管渠能力计算

管渠能力可通过传统暴雨强度公式法和排水模型法进行计算评估。其中，排水模型法是指通过排水模型软件中动态波演算方法得到排水管网中管道的充满度，根据管道是否满流、检查井是否溢流来判断其排水能力。

在雨水重力管渠中，形成压力流但尚未溢流造成洪灾的水力状态定义为超载。当处于超载状态时，可认为管道流量超过设计能力。故评估过程中，若管道出现超载状态，则视为该段雨水管道的排水能力不满足相应重现期标准。

3.3.3.3 径流污染控制率计算

径流污染控制率可通过模型法和经验公式法进行计算确定。

1. 模型法计算要点

采用累积冲刷模型，通过下垫面解析、各下垫面监测数据参数进行区块径流污染负荷年连续模拟计算，得出不同汇水区的污染负荷量，同时结合合流制管网旱季入流量及入流浓度模拟分析得出各合流制排口溢流污染量。

2. 经验公式法计算要点

城市径流污染物中 SS 与其他污染物指标具有一定的相关性，因此可采用 SS 去除率作为径流污染控制指标，可采用式 3.3-1 方法进行计算：

$$M=(A_1 M_1 + A_2 M_2 + A_3 M_3)/A \qquad (3.3\text{-}1)$$

式中，M —径流污染削减率，%；A —径流污染总量（以 SS 计），kg；M_i —设施污染削减率，%；A_i —径流污染物控制量（以 SS 计），kg（i=1，表示源头设施；i=2，表示过程设施；i=3，表示末端设施）。

3.3.3.4 年径流总量控制率计算

年径流总量控制率是《海绵城市建设技术指南——低影响开发雨水系统构建》（以下简称《指南》）中提出的核心指标，该指标可通过容积法或模型法进行计算。

1. 容积法计算要点

（1）《指南》中明确"低影响开发设施以径流总量和径流污染为控制目标时，设施调蓄一般应满足单位面积控制容积的指标要求"。设计调蓄容积一般采用容积法计算。

$$V = 10H\varphi F \qquad (3.3\text{-}2)$$

式中，V —设计调蓄容积，m³；H —设计降雨量，mm；φ —综合雨量径流系数，建议采用模型模拟的径流系数值；F —汇水面积，hm²。

（2）通过汇水区落地工程系统性方案中源头、过程及末端控制措施的设施调蓄规模的累加，可求得该汇水区总调蓄容积，亦可反求出该汇水区的实际年径流总量控制率。假设汇水区的调蓄量为 Q，则有：

$$Q = A_1 B_1 + A_2 B_2 + A_3 B_3 + A_4 B_4 \qquad (3.3\text{-}3)$$

式中，A_1B_1—自然下渗控制量；A_2B_2—源头 LID 设施实际控制量；A_3B_3—过程管网调蓄量；A_4B_4—末端设施处理量。

根据式 3.3-3 求出的总调蓄量 Q，即可反推出实际控制降雨量 H，进而求得实际径流总量控制率。

2. 模型法计算要点

在有条件的地区，结合自身水文条件，采用分布式数学模型划分汇水分区、构建城市排水管网及河道拓扑关系、输入典型年或多年的实际降雨数据进行水文水力学模拟，输出各汇水区、管道及河道节点时空连续降雨径流数据，以此推求地块年径流总量控制率。

3.3.3.5 非常规水资源利用率计算

非常规水资源利用包括污水再生利用、雨水利用和其他非常规水资源的利用。

非常规水资源利用率可采用式 3.3-4 进行计算。

$$q = q_1 + q_2 + q_3 \tag{3.3-4}$$

式中，q_1—污水再生利用率；q_2—雨水利用率；q_3—其他非常规水资源利用率。

其中，污水再生利用率指污水再生利用后用于河道生态补水、景观、市政杂用、工业等的量与城镇污水处理量的比例。计算公式为：

$$q_1 = （城市污水再生利用量 / 城市污水厂处理量）\times 100\% \tag{3.3-5}$$

雨水利用率是指全年雨水资源利用总量占全年降雨总量的比例，将雨水收集净化并用于道路浇洒、园林绿地灌溉、市政杂用、工农业生产、冷却、景观、河道补水等的雨水总量（按年计算），与年均降雨量的比值。计算公式为：

$$q_2 = （雨水年利用总量 / 汇集该部分雨水的区域面积）/ 年均降雨量 \tag{3.3-6}$$

3.4 试点区系统性顶层设计思路

海绵城市建设工程是一项综合性工程，需要用系统性的思维去解决问题，贯穿"识别问题—明确目标—统筹及优化工程—解决问题"的主线，实现目标要求。通过现状问题分析和建设目标的明确及具体量化，制定包括源头 LID 工程、过程管网工程和末端处理工程的系统性建设方案。各汇水分区结合自身特点及源头、过程、末端设施特点，因地制宜地选择各类工程措施，合理组合。根据工程方案进行目标可达性分析，确保实现海绵城市建设目标（图 3.4-1）。

分析问题包括历史发生资料、现场调研结果以及现状本底分析，分析方法包含统计法、容积法、模型法以及调查问卷法。多方位地反映现状条件下存在的问题，定性、定量地反映本底值的缺失程度，为工程设计提供依据。

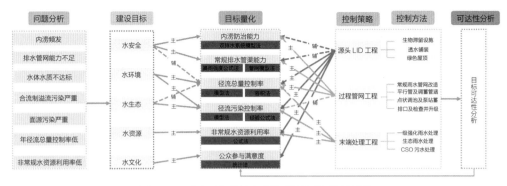

图 3.4-1 试点区海绵城市建设系统性顶层设计思路

海绵城市目标可分为水安全、水环境、水生态、水资源和水文化五个方面。从多重目标衍生出相对应的具体指标，有内涝防治能力、常规排水管渠能力、径流污染控制率、年径流总量控制率、非常规水资源利用率和公众参与满意度。不同的控制指标有其相应的计算方法，包括模型法、容积法、经验公式法等。当水安全为实现目标时，其主要控制指标为内涝防治能力和常规排水管渠能力，辅助控制指标为年径流总量控制率；针对水环境目标的主要控制指标为径流污染控制率和径流总量控制率；针对水生态目标的主要控制指标为年径流总量控制率；针对水资源目标的主要控制指标为水资源利用率。

针对控制指标，通过源头 LID 工程、过程管网工程和末端处理工程的系统性控制策略可实现指标控制，进而实现海绵城市建设目标。其中，源头 LID 工程可采用生物滞留设施、透水铺装、绿色屋顶等措施实现雨水的源头储存、净化。过程管网控制包括常规雨水管渠改造、建设平行管、点状调蓄池及泵站、排口及检查井升级等。末端处理工程控制方法有人工湿地等生态处理措施、一级强化等灰色处理手段。

3.5　试点区海绵城市建设系统性顶层设计方案

海绵城市建设目标包括实现水安全、水环境、水生态、水资源和水文化等的多重目标，不是解决单一的目标。通过单一类型的工程难以实现多重目标，必须依靠系统性的工程来解决，同样，每一项工程都不是孤立的工程，需有机结合，共同实现多个目标。

镇江市试点区划分为 11 个汇水分区，各汇水区根据不同的现状条件，结合自身特点，采用侧重点不同的系统性方案，包括源头型系统性方案、排水系统改造型方案、均衡型方案以及末端为主系统兼顾型方案。

1.源头型系统性方案

源头型系统性方案主要是以源头工程建设为主，进行 LID 改造的方案，具体措施可选用绿色屋顶、雨水花园、透水铺装等设施。

LID工程是通过分散、多样、小规模的源头技术措施，使得区域的水文状态尽量接近于开发建设前。源头LID工程对年径流总量控制率、径流污染削减率和水资源利用率指标的实现具有重要作用。

2. 排水系统改造型方案

排水系统改造型方案主要是以排水系统改造为主的方案，包括常规雨水管渠的升级改造、平行管道的敷设以及调蓄池的建设等。

该方案通过对现状排水管渠进行升级改造，或新建平行管道、深层管道等，对现状排水系统进行补充和提升，该方案对内涝点消除和常规雨水管渠能力提升具有重要作用。

3. 均衡型方案

均衡型方案是指主要兼顾源头工程和排水系统改造的方案，包括源头LID工程建设和现状排水系统的升级改造。

该方案对年径流总量控制率、径流污染控制率指标的实现、常规雨水管渠排水能力提升和内涝防治能力提升具有一定作用。

4. 末端为主系统兼顾型方案

末端为主系统兼顾型方案是指近期通过适当建设源头LID工程及排水管网升级改造，结合末端排口整治、河道修复综合系统性治理；远期随着城市发展建设进一步进行源头区块及排水管网的逐步升级型方案。

该方案近期通过源头LID设施建设及排水管网改造，以末端排口整治、河道修复综合系统治理为主。根据片区的实际情况因地制宜地建设LID设施，低密度的LID设施主要解决一部分年径流总量控制率和径流污染控制率，在此基础上，结合汇水区内涝点消除和常规雨水管渠能力提升，进行排水管网改造，同时进行末端排口整治、河道修复综合系统性治理。随着城市逐步建设发展，远期进行源头区块及排水系统的逐步升级。

末端为主的系统兼顾型方案具有落地性可靠的优势，并且还具有较强的环境效益和社会效益，对于用地紧张的高密度城区具有较强的针对性。镇江海绵城市试点区以末端为主系统兼顾型方案为主，各汇水区系统性方案类型如表3.5-1所示。

各汇水区系统性方案类型   表3.5-1

编号	汇水区名称	说明	方案类型
1	金山湖风景区	自然风景保护区，自然生态下垫面为主，开发程度较低	源头型方案
2	头摆渡	高密度区域，开发程度较高，用地紧张	末端为主系统兼顾型方案
3	黎明河	高密度区域，开发程度较高，用地紧张	末端为主系统兼顾型方案
4	运粮河	高密度区域，开发程度较高，用地紧张	末端为主系统兼顾型方案

编号	汇水区名称	说明	方案类型
5	古运河	高密度区域，开发程度较高，用地紧张	末端为主系统兼顾型方案
6	解放路	高密度区域，开发程度较高，用地紧张	末端为主系统兼顾型方案
7	绿竹巷	高密度区域，开发程度较高，用地紧张	末端为主系统兼顾型方案
8	江滨	高密度区域，开发程度较高，用地紧张	末端为主系统兼顾型方案
9	虹桥港	高密度区域，开发程度较高，用地紧张	末端为主系统兼顾型方案
10	玉带河	低密度区域，开发程度较低，水面率较高	均衡型方案
11	焦东	正在开发区域，充分结合低影响手段建设	源头型方案

3.5.1 金山湖风景区系统性方案设计

1. 概况及现状指标

（1）概况

金山湖风景区位于环湖路东南侧，长江路北侧，征润洲路西侧，总面积为167.91hm²，其中水域面积84.3hm²，水面率达50.5%。

金山湖风景区为镇江市旅游景点区，著名的金山寺景区位于该汇水区，此外，还包含塔影湖和小金山湖，小金山湖与金山湖相连通，水体自净能力强，水质较好。金山湖风景区的区位如图3.5-1所示。

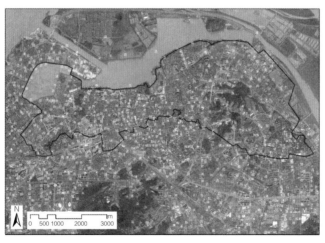

图 3.5-1　金山湖风景区汇水区区位图

金山湖风景区汇水区地势较为平坦，汇水区中部为小金山湖。无居民小区，主要为风景保护区，主要包括金山寺风景区、塔影湖与小金山湖，现状环境较好，水质良好（图3.5-2）。

图 3.5-2　金山湖风景区现状

（2）现状及目标指标

根据模型模拟及数据统计等结果，金山湖风景区汇水区现状及目标指标如表 3.5-2 所示。

金山湖风景区汇水区现状及目标指标表　　　　　　　　　　表 3.5-2

序号	指标名称	现状指标	现状数据来源	目标指标
1	防涝能力	无具体评估数据，因本汇水区为非单独流域，管道系统处于流域上游。	—	30 年一遇
2	现状常规雨水管网排水能力	结合年鉴记载，金山湖风景区不会产生内涝，因为小金山湖为该汇水区提供了足够的蓄水空间	—	3 年一遇
3	径流污染控制率	50%	模拟结果	50%
4	径流总量控制率	83.6%	模拟结果	70%
5	非常规水资源利用率	1.7%	数据统计	4.7%

2. 结论

金山湖风景区汇水区由于自身水面率较高，对径流污染有较高的控制能力，年径流总量控制率和径流污染控制率均达到目标值，因此不需要进行海绵改造。

3.5.2　头摆渡汇水区系统性方案设计

1. 概况及现状指标

（1）概况

头摆渡汇水区位于试点区西南侧，总面积为 228.1hm²，头摆渡汇水区与运粮河汇水区以运粮河为界，东侧以中山北路为界。该汇水区的主要河流为运粮河，汇水区雨水排入运粮河，并最终汇入金山湖，头摆渡汇水区的区位如图 3.5-3 所示。

头摆渡汇水区开发强度较高，主要为已建居住用地，东南侧部分为跑马山，植被覆盖率高，坡度较大，易形成山洪。该汇水区地势东高西低，南高北低，汇水区雨水径流都通过雨水管网排入运粮河内，综合径流系数为 0.45 ~ 0.55，现状有一座排河泵站头摆渡泵站，规模为 9.3m³/s。

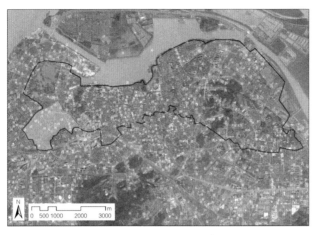

图 3.5-3 头摆渡汇水区区位图

头摆渡汇水区为合流制、分流制共存的排水体制,雨水及合流制排水收集排至运粮河,污水进入污水处理厂。

该汇水区内主要受纳水体为运粮河,由于属于老城区,存在合流制排口,均排向运粮河,试点前水质为劣 V 类。

(2)现状及目标指标

根据模型模拟及数据统计等结果,头摆渡汇水区现状及目标指标如表 3.5-3 所示。

头摆渡汇水区现状及目标指标表   表 3.5-3

序号	指标名称	现状指标	现状数据来源	目标指标
1	防涝能力	2 年一遇	模拟结果	30 年一遇
2	现状常规雨水管网排水能力	1 年一遇	模拟结果	3 年一遇
3	径流污染控制率	12.9%	模拟结果	70%
4	径流总量控制率	53.3%	模拟结果	75%
5	非常规水资源利用率	1.7%	数据统计	4.7%

2.方案设计

结合头摆渡汇水区的自身特点因地制宜地进行改造,主要包括汇水区内的小区、公建及管网,重点考虑汇水区系统性海绵治理、汇水区易积水点的控制以及径流污染的控制,充分运用海绵城市建设理念,对既有建筑与小区的源头改造,提升景观与居住品质的同时兼顾雨水净化、滞蓄等功能,同时对管网系统进行改造,系统性综合治理达到试点区海绵城市目标。

(1)绿色源头工程方案

头摆渡汇水区属于老城区,建筑密度较为密集,汇水区以老旧小区为主。主要居住小区包括了三茅宫一区、三茅宫二区、三茅宫三区、月亮湾雅苑、馨兰苑、天元一品、三茅宫北花苑、春色江南丝竹苑、三茅宫市场、西南侧居民区及航运新村，该汇水区基本为老旧小区，建筑立面建筑外墙陈旧破损、安全性较差，建筑门庭、楼梯间陈旧，小区景观类型比较单调，部分小区内植被配置缺乏立体感，基础设施欠缺，铺装道路存在破碎严重现象，整体景观品质相对较差。公建项目有镇江市实验学校、润州区民政局、镇江市交通工程建设管理处及三茅宫邮电局。由于该汇水区公共建筑，整体环境较好，绿化景观较为丰富，所以只是进行了轻微改造，主要以提升景观环境为主。

针对该汇水区的特点，居民小区主要进行绿色源头 LID 重改造，通过雨水系统整改，实现雨污分流；增加景观元素，提升小区的整体环境。对于公建项目，主要以增设雨水回用设施、提升景观环境为主。头摆渡汇水区绿色源头 LID 工程布置如图 3.5-4 所示。头摆渡汇水区绿色源头 LID 项目近期项目 13 个，远期项目 1 个，既包括居民小区和公共建筑，也涵盖重改造和轻改造工程，头摆渡汇水区绿色源头 LID 的近期调蓄量为 8 693m³，远期可达 12 813m³。

根据头摆渡汇水区绿色源头 LID 工程布置图可以看出，汇水区的 LID 项目较为集中，无法覆盖汇水区的全部范围，需要考虑灰色管网及末端处理设施。

（2）过程管网修复工程

头摆渡汇水区灰色管网工程主要用于缓解现状浅层系统的排水压力，降低内涝风险，解决局部内涝点，同时兼具调蓄功能。

朱方路、桃西路和航运新村同属头摆渡泵站流域，朱方路雨水管是接往桃西路箱涵，再连接头摆渡泵站排入运粮河；航运新村雨水管则接入头摆渡泵站，朱方路、桃西路和航运新村具有上下游关系，因此，在朱方路敷设 DN1 500 ~ DN2 200 的雨水管道，航运路敷设 DN1 000 ~ DN1 500 雨水管道，并且扩大头摆渡泵站规模至 15m³/s，模拟结果显示，可以有效地缓解头摆渡汇水区的积水情况。头摆渡南侧积水主要通过在行知路及太平路下敷设 DN1 200 的雨水管道排至运粮河。

头摆渡汇水区紧邻运粮河流域，该汇水区的溢流污染会极大地影响运粮河流域的水质，为了提升运粮河水质，在航运路敷设 DN3 000 的调蓄管道，接纳运粮河沿岸的合流制排水。头摆渡汇水区灰色管网工程布置如图 3.5-4 所示。

根据头摆渡汇水区灰色管网工程图可以看出，管网覆盖了汇水区的主要干道及河岸，发挥了转输兼调蓄的功能。

（3）末端处理工程

头摆渡汇水区末端控制采用集中处理方式，超标雨水及合流制排水将通过航运路沿线敷设的 DN3 000 的管道进行调蓄，同时，通过运粮河河滨公园在线或离线方式来处理调蓄管道的雨水，可有效减轻对运粮河水质的影响。超标雨水通过现有西线的污水管道排至征润洲污水处理厂。头摆渡汇水区末端处理设施布置见图 3.5-4。

（4）工程一览表

头摆渡汇水区通过绿色源头 LID 工程、灰色管网工程及末端处理设施，可以实现海绵城市的目标要求。头摆渡汇水区综合整治工程量如表 3.5-4 所示。

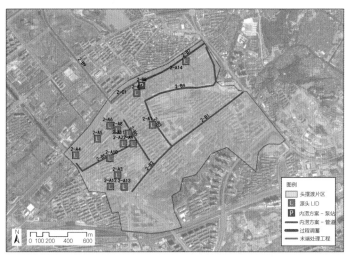

图 3.5-4　头摆渡汇水区绿色源头、过程管网和末端处理工程布置图

头摆渡汇水区工程一览表

表 3.5-4

序号	工程内容	规模	数量	功能
1	三茅宫一区、三茅宫二区、三茅宫三区、月亮湾雅苑、馨兰苑、天元一品、三茅宫北花苑、春色江南丝竹苑及三茅宫市场及西南侧居民区 LID 工程	调蓄容积 8 693m³	13 个	径流控制
2	朱方路（桃西路以东）管道改造工程	DN1 800 ~ DN2 200	900m	转输
3	朱方路（桃西路以西）管道改造工程	DN1 500 ~ DN2 000	640m	转输
4	桃西路合流箱涵改造工程	埋深、坡度加大	560m	转输
5	航运新村管道改造工程	DN1 000 ~ DN1 500	1 120m	转输
6	行知路雨水管道改造工程	DN1 200	660m	转输
7	太平路雨水管道改造工程	DN1 200	490m	转输
8	航运路雨水管道改造工程	DN3 000	850m	转输、调蓄
9	头摆渡泵站改造工程	10m³/s 扩至 15m³/s		转输、快排
10	河滨公园建设工程	1.2 万 m³/d	1 座	处理、净化

3. 目标可达性分析

头摆渡汇水区通过源头 LID 改造工程、过程管网修复工程、末端处理工程综合作用，防治内涝能力、常规雨水管渠排水能力、径流污染控制率、年径流总量控制率、非常规水资源利用率都有较大提升，可达到试点区海绵城市建设目标要求，通过容积法和

模型法复核分析如下。

（1）防涝能力

根据头摆渡汇水区系统性方案后模拟结果，采取的防涝措施可以大幅降低积涝现状，后续可通过源头控制设施的继续完善以及配合城市规划与建设等，使头摆渡汇水区完全达到30年一遇内涝防治目标。头摆渡汇水区方案实施后积水情况模拟如图3.5-5所示。

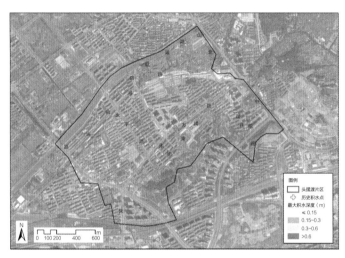

图3.5-5　头摆渡汇水区方案实施后积涝情况模拟结果

（2）常规雨水管渠排水能力

通过SWMM模拟系统方案实施后该汇水区雨水管网系统的超载管道比例、检查井溢流量及检查井溢流数量，结果如表3.5-5所示。

头摆渡汇水区方案前后管道及检查井对比情况　　　　　　　　　表3.5-5

重现期	管道超载长度比例		检查井溢流量（m³）		溢流检查井个数（个）	
	现状	方案	现状	方案	现状	方案
1年一遇	48.6%	32.31%	5 089	963	84	14
2年一遇	56.1%	41.56%	12 601	1 266	125	21
3年一遇	61.4%	51.43%	18 860	1 554	144	23
5年一遇	63.2%	53.40%	28 751	1 978	169	25
10年一遇	68.0%	64.15%	43 897	4 275	183	32

管道超载比例及冒水点都明显减少，雨水管网排水能力有较大的提升。

（3）径流污染控制率

通过容积法和模型法计算头摆渡汇水区径流污染控制率，结果如下。

1）容积法

根据容积法计算结果，头摆渡汇水区系统方案实施后径流污染控制率为71.11%，满足海绵城市目标要求，结果如表3.5-6所示。

头摆渡汇水区径流污染物控制复核表——容积法　　　　表3.5-6

水质控制参数		
名称	数值	备注
雨水污染物浓度 TSS（mg/L）	200	估算值
70% 径流污染控制目标值 TSS（kg）	3 990.154	
径流污染总量（kg）	5 700.22	
源头 TSS 削减量（kg）	1 043.16	
过程调蓄 TSS 削减量（kg）	1 810.27	
汇水区末端分散处理设施 TSS 削减量（kg）	1 200.00	
合流制 TSS 削减量（kg）	640	
末端集中灰色设施 TSS 削减量（kg）	0	
末端集中绿色设施 TSS 削减量（kg）	0	
合计 TSS 削减量（kg）	4 053.43	
实际 TSS 削减率（%）	71.11	

2）模型法

根据模型法计算结果，头摆渡汇水区系统方案实施后径流污染控制率为72.81%，满足海绵城市目标要求，详见表3.5-7。

头摆渡汇水区径流污染物控制复核表——模型法　　　　表3.5-7

指标	数值
年均面源污染产生量（t）	161.93
年均面源污染源头减排量（t）	26.89
年均面源污染合流制转输量（t）	91.01
年均面源污染入河量（t）	44.03
径流污染控制率（%）	72.81

（4）年径流总量控制率

通过容积法和模型法计算头摆渡汇水区年径流总量控制率，结果如下。

1）容积法

根据容积法计算结果，头摆渡汇水区系统方案实施后年径流总量控制率为76.2%，满足目标要求，详见表3.5-8。

水量控制参数		
名称	数值	备注
汇水面积（hm²）	228.10	
综合径流系数	0.49	根据 SWMM 模型读取
径流控制目标（mm）	25.5	75% 控制率
年径流控制总量目标值（m³）	58 165.50	
源头自然入渗量（m³）	29 664.41	
源头 LID 控制量（m³）	8 693.00	
源头 LID 控制量（m³）	12 813.00	远期绿色 LID
过程调蓄控制量——二级管道及调蓄池（m³）	6 005.00	
过程调蓄控制量——大口径管道（m³）	0	
汇水区末端分散处理设施处理（m³）	12 000.00	汇水区末端排口
合流制转输控制量（m³）	4 000	污水处理厂（西线污水管道）
末端集中灰色设施控制量（m³）	0	大口径集中转输
末端集中绿色设施控制量（m³）	0	大口径集中转输
合计控制量（m³）	60 362.41	
实际年径流总量控制率（%）	76.20	

2）模型法

根据模型法计算结果，头摆渡汇水区系统方案实施后年径流总量控制率为 74.71%，满足海绵城市目标要求，详见图 3.5-6、表 3.5-9。

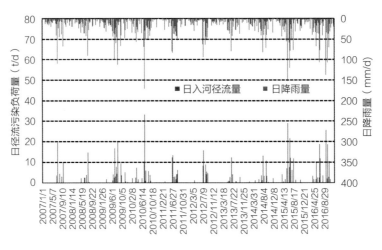

图 3.5-6 头摆渡片区方案 2007—2016 年降雨径流过程线

头摆渡汇水区径流总量控制复核表——模型法	表 3.5-9
指标	数据
年均降雨量（万 m³）	277.84
年均蒸发量（万 m³）	40.63
年均下渗量（万 m³）	80.15
年均径流量（万 m³）	70.27
年均合流制转输量（万 m³）	86.79
年径流总量控制率（%）	74.71

（5）非常规水资源利用率

头摆渡汇水区采用末端河滨公园的重力流湿地对雨水进行处理、净化，作为景观水体补充用水，达到雨水资源利用的作用。雨水资源利用率为12.3%，再生水利用率为1.7%，非常规水资源利用率为14.0%，达到目标要求。

4. 结论

头摆渡汇水区通过13项源头改造工程、7项过程灰色管网改造工程、1项泵站改造工程及1项末端处理设施的综合治理，防涝能力、常规雨水管渠排水能力、径流污染控制率、年径流总量控制率、非常规水资源利用率均显著提升，详见表3.5-10，可以达到海绵城市的建设目标，头摆渡汇水区系统性方案具有可落地性、目标可达性。

	头摆渡汇水区目标可达性汇总表				表 3.5-10
序号	指标	计算方法	现状值	目标值	工程实施预期值
1	防涝能力	模型法	2 年一遇	30 年一遇	30 年一遇
2	常规雨水管渠排水能力	模型法	1 年一遇	3 年一遇	3 年一遇
3	径流污染 TSS 控制率（%）	容积法	—	70	71.11
		模型法	12.9	70	72.81
4	年径流总量控制率（%）	容积法	53.3	75	76.20
		模型法	53.3	75	74.71
5	非常规水资源利用率（%）	统计计算	1.7	4.7	14.0

3.5.3 黎明河汇水区系统性方案设计

1. 概况及现状指标

（1）概况

黎明河汇水区总面积103.34hm²，位于跑马山东侧、古运河西侧。开发强度较高，主要为已建居住用地，建筑密度较大，商业楼较多，西北侧太古山汇水区为拆迁在建用地。地势西高东低，南高北低。降雨径流主要通过黎明大沟自排进入古运河，东侧部分降雨径流通过北府路的雨水管道排入古运河，综合径流系数为0.45 ~ 0.5（图3.5-7）。

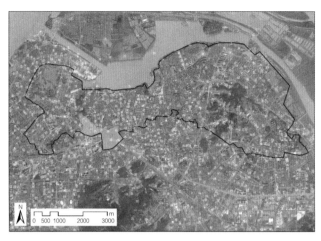

图 3.5-7 黎明河汇水区区位图

现状有两处主要历史积涝点，一处为黄山天桥铁路下穿，一处为北府路铁路下穿及其周边，主要积水原因是地势低洼、管道能力不足。

黎明河汇水区为合流制、分流制共存的排水体制，雨水及合流制排水收集排至古运河，污水进入污水处理厂。古运河在该汇水区内设有雨污混合排口，排口处水质较差，旱季依旧有污水溢出。

（2）现状及目标指标

根据模型模拟及数据统计等结果，黎明河汇水区现状及目标指标如表 3.5-11 所示。

黎明河汇水区现状及目标指标表 表 3.5-11

序号	指标名称	现状指标	现状数据来源	目标指标
1	防涝能力	2 年一遇	模拟结果	30 年一遇
2	现状常规雨水管网排水能力	1 年一遇	模拟结果	3 年一遇
3	径流污染控制率（%）	9.3	模拟结果	60
4	年径流总量控制率（%）	57.1	模拟结果	75
5	非常规水资源利用率（%）	1.7	数据统计	4.7

2. 方案设计

黎明河汇水区排口集中于古运河，重点考虑汇水区系统性海绵治理、汇水区易积水点的控制以及径流污染的控制，充分运用海绵城市建设理念，对既有管网系统改造，新增末端处理设施，提高管网排水能力同时兼顾雨水滞蓄功能，同时辅以绿色源头 LID 改造工程，系统性综合治理，以达到试点区海绵城市目标。

（1）绿色源头工程方案

黎明河汇水区主要为商业圈，居民区以高层住宅为主，所以绿色源头 LID 集中于公共建筑，公建项目有兴业银行、宝盖山南侧地块、协信太古城及原恒顺酱醋厂等。对不具备重改造条件的已有公共建筑，进行轻改造；对正在建设的工程，进行 LID 重改造。黎明河汇水区绿色源头 LID 项目近期 2 个（兴业银行和宝盖山南侧地块），远期 2 个（协信太古城和原恒顺酱醋厂），涵盖重改造和轻改造工程，黎明河汇水区绿色源头 LID 的近期调蓄量为 7 199m³，远期可达 10 502m³。

黎明河汇水区绿色源头 LID 工程布置如图 3.5-8 所示。

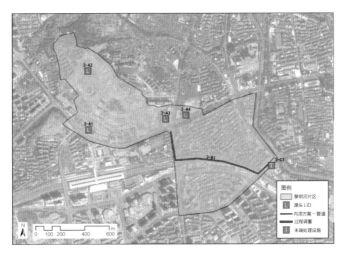

图 3.5-8 黎明河汇水绿色源头、过程管网和末端处理工程布置图

（2）过程管网修复工程

黎明河汇水区灰色管网工程主要用于面源污染控制及内涝控制，通过收集该汇水区雨水，利用现有的雨水管网系统，接入铁路线北侧增加的雨水调蓄管道，最终通过末端的雨水调蓄处理设施处理排放。黎明河汇水区灰色管网工程布置如图 3.5-8 所示。

（3）末端处理工程

黎明河汇水区末端建立 1 座处理量 8 000m³/d 雨水处理站，采用沉砂池加高密池工艺。雨水通过铁路线北侧敷设的管网系统，转输至雨水处理站进行集中处理，再排放至古运河，超标雨水溢流至古运河。黎明河汇水区末端处理设施布置如图 3.5-8 所示。

（4）工程一览表

黎明河汇水区通过绿色源头 LID 工程、灰色管网工程及末端处理设施，可以实现海绵城市的目标要求。黎明河汇水区综合整治的工程量见表 3.5-12 和图 3.5-8。

黎明河汇水区末端处理工程项目一览表　　　　　　　　表 3.5-12

序号	工程内容	规模	数量	功能
1	兴业银行、宝盖山南侧地块源头 LID 工程	调蓄体积 7 199m³	2 个	径流控制

序号	工程内容	规模	数量	功能
2	铁路线北侧管道改造工程	$DN2\,000 \sim DN2\,500$	1 120m	调蓄、转输
3	雨水处理站建设工程	8 000m³/d	1 座	净化、处理

3. 目标可达性分析

黎明河汇水区通过源头 LID 改造工程、过程管网修复工程、末端处理工程综合作用，防治内涝能力、常规雨水管渠排水能力、径流污染控制率、年径流总量控制率、非常规水资源利用率都有较大提升，达到试点区海绵城市建设目标要求，通过容积法和模型法复核分析如下。

（1）防涝能力

根据黎明河汇水区系统性方案后模拟结果，两处内涝积水问题显著改善，小区内部由于局部地势低洼仍有小范围内涝积水状况，建议改善小区内雨水管网，在低洼处设置雨水篦口，使黎明河汇水区完全达到 30 年一遇内涝防治目标（图 3.5-9）。

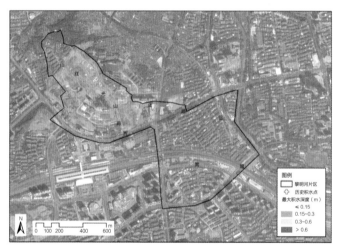

图 3.5-9　黎明河片区方案积涝情况

（2）常规雨水管渠排水能力

通过 SWMM 模拟系统性方案实施后该汇水区雨水管网系统的超载管道比例、检查井溢流量及检查井溢流数量，结果见表 3.5-13。

黎明河汇水区方案前后管道及检查井对比情况　　　　　　表 3.5-13

重现期	管道超载长度比例（%）		检查井溢流量（m³）		溢流检查井个数（个）	
	现状	方案	现状	方案	现状	方案
1 年一遇	28.7	11.98	937	429	6	2

重现期	管道超载长度比例（%）		检查井溢流量（m³）		溢流检查井个数（个）	
	现状	方案	现状	方案	现状	方案
2 年一遇	53.5	44.68	12 417	1 894	61	23
3 年一遇	57.2	49.29	23 157	6 005	108	55
5 年一遇	62.0	56.51	38 307	14 971	137	89
10 年一遇	71.2	63.89	59 548	28 560	155	125

管道超载比例及冒水点都明显减少，雨水管网能力有较大的提升。

（3）径流污染物控制能力

通过容积法和模型法计算黎明河汇水区径流污染控制率，结果如下。

1）容积法

根据容积法计算结果，黎明河汇水区系统方案实施后径流污染控制率为61.21%，满足海绵城市目标要求，详见表3.5-14。

黎明河汇水区径流污染物控制复核表——容积法　　　　表 3.5-14

水质控制参数		
名称	数值	备注
雨水污染物浓度 TSS（mg/L）	200	估算值
60% 径流污染控制目标值 TSS（kg）	1 897.32	
径流污染总量（kg）	3 162.20	
源头 TSS 削减量（kg）	863.88	
过程调蓄 TSS 削减量（kg）	549.50	
汇水区末端分散处理设施削减量（kg）	1 120.00	
合流制 TSS 削减量（kg）	0	
末端集中灰色设施削减量（kg）	0	
末端集中绿色设施削减量（kg）	0	
合计 TSS 削减量（kg）	2 533.38	
实际 TSS 削减率（%）	61.21	

2）模型法

根据模型法计算结果，黎明河汇水区系统方案实施后径流污染控制率为61.87%，满足海绵城市的目标要求，详见表3.5-15。

黎明河汇水区径流污染物控制复核表——模型法	表 3.5-15

指标	数值
年均面源污染产生量（t）	102.23
年均面源污染源头减排量（t）	8.51
年均面源污染合流制转输量（t）	41.79
年均末端设施处理量（t）	12.95
年均面源污染入河量（t）	38.98
径流污染控制率（%）	61.87

（4）年径流总量控制率

通过容积法和模型法计算黎明河汇水区年径流总量控制率，结果如表 3.5-16 所示。

1）容积法

根据容积法计算结果，黎明河汇水区系统方案实施后的年径流总量控制率为 78.6%，满足海绵城市的目标要求，详见表 3.5-16。

黎明河汇水区年径流总量控制率复核表——容积法		表 3.5-16
水量控制参数		
名称	数值	备注
汇水面积（hm²）	103.34	
综合径流系数	0.60	根据 SWMM 模型读取
径流控制目标（mm）	25.5	75% 控制率
年径流控制总量目标值（m³）	26 351.70	
源头自然入渗量（m³）	10 540.68	
源头 LID 控制量（m³）	7 199.00	
源头 LID 控制量（m³）	10 502.00	远期绿色 LID
过程调蓄控制量 – 二级管道及调蓄池（m³）	5 495.00	
过程调蓄控制量 – 大口径管道（m³）	0	
汇水区末端分散处理设施处理（m³）	8 000.00	汇水区末端排口
合流制转输控制量（m³）	0	污水处理厂
末端集中灰色设施控制量（m³）	0	大口径集中转输
末端集中绿色设施控制量（m³）	0	大口径集中转输
合计控制量（m³）	31 234.68	
实际年径流总量控制率（%）	78.6	

2）模型法

根据模型法计算结果，黎明河汇水区系统方案实施后的年径流总量控制率为 75.38%，满足海绵城市的目标要求，详见图 3.5-10、表 3.5-17。

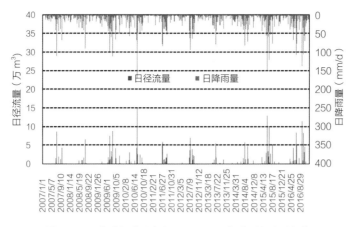

图 3.5-10　黎明河片区方案 2007—2016 年降雨径流过程线

黎明河汇水区径流总量控制复核表——模型法　　　　表 3.5-17

指标	数值
年均降雨量（万 m³）	125.93
年均蒸发量（万 m³）	16.51
年均下渗量（万 m³）	25.17
年均径流量（万 m³）	31
年均合流制转输量（万 m³）	33.72
年均末端设施处理量（万 m³）	19.53
年径流总量控制率（%）	75.38

（5）非常规水资源利用率

黎明河汇水区采用末端的雨水处理站对雨水进行处理、净化，作为景观水体补充用水，达到雨水资源利用的作用。经过计算，雨水资源利用率为 14.6%，再生水利用率为 1.7%，非常规水资源利用率为 16.3%。

4. 结论

黎明河汇水区通过 2 项源头改造工程、1 项过程灰色管网改造及 1 项末端雨水处理站的综合治理，内涝能力、年径流总量控制率、面源污染控制率、非常规水资源利用率、常规雨水管渠排水能力均显著提升，详见表 3.5-18，可以达到海绵城市的建设目标，黎明河汇水区系统性方案具有可落地性、目标可达性。

黎明河汇水区目标可达性汇总表　　　　表 3.5-18

序号	指标	计算方法	现状值	目标值	工程实施预期值
1	防涝能力	模型法	2 年一遇	30 年一遇	30 年一遇
2	常规雨水管渠排水能力	模型法	1 年一遇	3 年一遇	3 年一遇

序号	指标	计算方法	现状值	目标值	工程实施预期值
3	径流污染 TSS 削减率（%）	容积法	—	60	61.21
		模型法	9.3	60	61.87
4	年径流总量控制率（%）	容积法	57.1	75	78.6
		模型法	57.1	75	75.38
5	非常规水资源利用率（%）	统计计算	1.7	4.7	16.3

3.5.4 运粮河汇水区系统性方案设计

1. 概况及现状指标

（1）概况

运粮河汇水区位于试点区西侧，总面积为 160.5hm²，北临征润洲路，东临云台山路，南侧为航运路及中山北路，西侧为桃西路。地势为东高西低、南高北低。镇江市沿江主干道长江路自西向东贯穿其中，汇水区的主要水系为运粮河，运粮河贯穿该汇水区，雨水管网收集后排入运粮河（图 3.5-11）。

汇水区内小区较多，部分老旧小区基础设施欠缺，铺装道路存在破碎严重现象，整体景观品质相对较差，需要重改造。公建整体环境好，只进行轻微改造，以提升景观环境为主。

运粮河汇水区为合流制、分流制共存的排水体制，雨水及合流制排水收集排至运粮河，污水进入污水处理厂。运粮河两岸为生活居住区，设有雨污混合排口，排口处水质较差，旱季依旧有污水溢出，试点前运粮河水质劣 V 类。

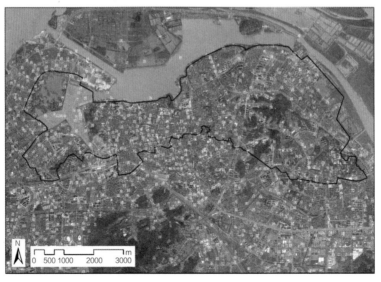

图 3.5-11　运粮河汇水区区位图

（2）现状及目标指标

根据模型模拟及数据统计等结果，运粮河汇水区现状及目标指标如表3.5-19所示。

运粮河汇水区现状及目标指标表   表 3.5-19

序号	指标名称	现状指标	现状数据来源	目标指标
1	防涝能力	2 年一遇	模拟结果	30 年一遇
2	现状常规雨水管网排水能力	1 年一遇	模拟结果	3 年一遇
3	径流污染控制率（%）	14.5	模拟结果	50
4	年径流总量控制率（%）	45.5	模拟结果	70
5	非常规水资源利用率（%）	1.7	数据统计	4.7

2. 方案设计

结合运粮河汇水区的自身特点进行因地制宜地改造，主要包括汇水区内的小区、公建、管网及受纳水体边缘，重点考虑汇水区系统性海绵治理、汇水区易积水点的控制以及径流污染的控制，充分运用海绵城市建设理念，对既有建筑与小区的源头改造，提升景观与居住品质的同时兼顾雨水净化、滞蓄等功能，同时对管网系统进行改造，结合末端处理设施系统性地综合治理，达到试点区海绵城市目标。

（1）绿色源头工程方案

运粮河汇水区建筑密度较为密集，汇水区兼有新建小区与老旧小区。针对老旧小区主要进行重改造，通过完善雨水系统，布置 LID 设施，增加景观效果的手段提升小区的整体环境。而对于新建小区，主要以新增雨水回用设施，提高小区雨水回用率为主。运粮河汇水区绿色源头 LID 项目近期 12 个，远期 2 个，既包括居民小区和公共建筑，也涵盖重改造和轻改造工程，运粮河汇水区绿色源头 LID 的近期调蓄量为 10 742m³，远期可达 13 217m³。运粮河汇水区绿色源头 LID 工程布置如图 3.5-12 所示。

（2）过程管网修复工程

运粮河汇水区灰色管网工程主要用于面源污染控制，截流沿运粮河沿线雨水排口以及泵站溢流口的初期雨水进行调蓄并转输至多功能大口径管道，另外，解决运粮河汇水区新河桥、中山北路及桃西路处的积水问题。

新河桥二级管道位于运粮河下游西侧，拟建 DN1 600 管道，用于收集新河桥泵站服务区域以及新河桥西侧雨水排口对应服务区域的初期雨水，通过新河桥泵站新建 DN1 000 的压力管道，接入 DN1 600 的调蓄管道里，并转输至大口径管道。

通过桃园泵站附近敷设 DN1 000 ~ DN1 200 雨水管道，解决桃西路处积水问题；新河路敷设 DN1 000 的雨水管道，解决新河路处的积水问题。此外，还需通过扩大桃园泵站及新河桥泵站的规模来匹配升级的雨水管网系统。

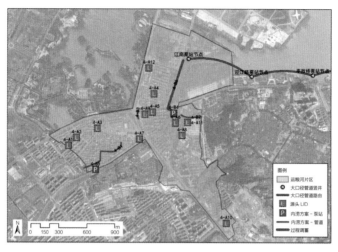

图 3.5-12　运粮河汇水区绿色源头、过程管网和末端处理工程布置图

运粮河汇水区的灰色管网工程布置如图 3.5-12 所示,管网工程主要是分布在低洼点处,解决积水点问题。

（3）末端处理工程

运粮河汇水区末端控制采用集中处理方式,超标雨水及合流制排水将通过大口径管网系统转输至征润洲现状污水厂及末端雨水处理设施进行集中处理。

（4）工程一览表

运粮河汇水区通过绿色源头 LID 工程、灰色管网工程及末端处理设施,可以实现海绵城市的目标要求。运粮河汇水区综合整治的工程量如表 3.5-20 和图 3.5-12 所示。

运粮河汇水区工程一览表　　　　　　　　　　　　　　　表 3.5-20

序号	工程内容	规模	数量	功能
1	逸景园、郎香园、江南新村、金西花园、新河桥泵站南侧地块、运粮河花园、翠堤春晓、第六中学、运粮河花园、金山小学、中国人民银行镇江市中心支行 LID 工程	调蓄容积 13 217m³	12 个	径流控制
2	中山北路长江路路口管道改造工程	DN600	90m	转输
3	新河桥管道改造工程	DN1 000	190m	转输
4	桃园新村管道改造工程	DN1 000 ~ DN2 000	480m	转输
5	运粮河下游西侧管道改造工程	DN1 600	550m	转输、调蓄
6	桃园泵站管道改造工程	2.4m³/s 扩至 10m³/s	1 座	转输、快排
7	新河桥泵站管道改造工程	3.66m³/s 扩至 5.66m³/s	1 座	转输、快排

3. 目标可达性分析

运粮河汇水区通过源头 LID 改造工程、过程管网修复工程、末端处理工程综合作用,防治内涝能力、常规雨水管渠排水能力、径流污染控制率、年径流总量控制率、非常规水资源利用率都有较大提升，通过容积法和模型法复核分析如下。

（1）防涝能力

根据运粮河汇水区系统性方案实施后内涝模拟结果（图3.5-13），防涝措施能大幅降低积涝现状，后续可通过源头控制设施的完善以及配合城市规划与建设等，使运粮河汇水区完全达到30年一遇内涝防治目标。

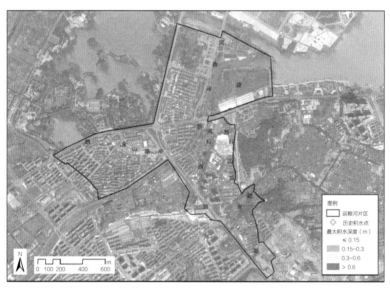

图3.5-13　运粮河汇水区方案实施后积涝情况模拟结果

（2）常规雨水管渠排水能力

通过SWMM模拟系统性方案实施后该汇水区雨水管网系统的超载管道比例、检查井溢流量及检查井溢流数量，结果见表3.5-21。

运粮河汇水区方案前后管道及检查井对比情况　　　　　　　　　表3.5-21

重现期	管道超载长度比例（%）		检查井溢流量（m³）		溢流检查井个数（个）	
	现状	方案	现状	方案	现状	方案
1年一遇	53.5	29.92	2 975	2 890	30	20
2年一遇	67.8	53.25	4 796	3 796	78	24
3年一遇	74.1	61.42	6 707	4 662	93	31
5年一遇	80.4	73.25	9 897	5 935	114	39
10年一遇	85.8	79.50	15 025	14 020	163	70

管道超载比例及冒水点都明显减少，雨水管网排水能力有较大的提升。

（3）径流污染控制

通过容积法和模型法计算运粮河汇水区径流污染控制率，结果如下。

1）容积法

根据容积法计算结果，运粮河汇水区系统方案实施后径流污染控制率为52.9%，满足海绵城市的目标要求，详见表3.5-22。

运粮河汇水区径流污染物控制复核表——容积法　　　　表3.5-22

水质控制参数		
名称	数值	备注
雨水污染物浓度 TSS（mg/L）	200	估算值
50% 径流污染控制目标值 TSS（kg）	8 010.56	
径流污染总量（kg）	16 021.11	
源头 TSS 削减量（kg）	1 289.04	
过程调蓄 TSS 削减量（kg）	2 114.70	
汇水区末端分散处理设施削减量（kg）	0	
合流制 TSS 削减量（kg）	1 000.00	
末端集中灰色设施削减量（kg）	2 271.43	
末端集中绿色设施削减量（kg）	1 800.00	
合计 TSS 削减量（kg）	8 475.17	
实际 TSS 削减率（%）	52.90	

2）模型法

根据模型法计算结果，运粮河汇水区系统方案实施后径流污染控制率为51.73%，满足海绵城市的目标要求，详见表3.5-23。

运粮河汇水区径流污染物控制复核表——模型法　　　　表3.5-23

指标	数值
年均面源污染产生量（t）	135.75
年均面源污染源头减排量（t）	18.93
年均现状浅层面源污染合流制转输量（t）	24.6
年均面源污染沿金山湖 CSO 截流管道截流量（t）	26.7
年均面源污染入河量（t）	65.52
径流污染控制率（%）	51.73

（4）年径流总量控制率

通过容积法和模型法计算年径流总量控制率，结果如下。

1）容积法

根据容积法计算结果,运粮河汇水区系统方案实施后年径流总量控制率为94.5%（沿金山湖 CSO 溢流污染综合治理工程实施后），满足目标要求，详见表 3.5-24。

运粮河汇水区年径流总量控制率复核表——容积法 表 3.5-24

水量控制参数		
名称	数值	备注
汇水面积（hm²）	160.50	
综合径流系数	0.62	根据 SWMM 模型读取
径流控制目标（mm）	80.5	94.5% 控制率
年径流控制总量目标值（m³）	129 202.50	
源头自然入渗量（m³）	49 096.95	
源头 LID 控制量（m³）	10 742.00	
源头 LID 控制量（m³）	13 217.00	远期绿色 LID
过程调蓄控制量 - 二级管道及调蓄池（m³）	1 105.00	
过程调蓄控制量 - 大口径管道（m³）	14 000.00	
汇水区末端分散处理设施处理（m³）	0	汇水区末端排口
合流制转输控制量（m³）	5 000.00	污水处理厂
末端集中灰色设施控制量（m³）	40 000.00	大口径集中转输
末端集中绿色设施控制量（m³）	10 000.00	大口径集中转输
合计控制量（m³）	129 943.95	
实际年径流总量控制率（%）	94.70	

2）模型法

根据模型法计算结果，运粮河汇水区系统方案实施后年径流总量控制率为72.33%，满足目标要求，详见图 3.5-14、表 3.5-25。

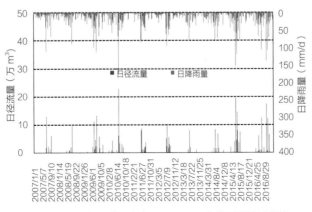

图 3.5-14　运粮河片区方案 2007—2016 年降雨径流过程线

运粮河汇水区径流总量控制复核表——模型法　　表 3.5-25

指标	数值
年均降雨量（万 m^3）	195.58
年均蒸发量（万 m^3）	27.34
年均下渗量（万 m^3）	61.41
年均径流量（万 m^3）	15.92
年均现状浅层合流制转输量（万 m^3）	52.71
年均沿金山湖 CSO 截流管道截流量（万 m^3）	38.2
年径流总量控制率（%）	72.33（91.8）

注：括号内沿金山湖 CSO 溢流污染综合治理工程建设完成后年径流总量控制率情况。

（5）非常规水资源利用率

运粮河汇水区通过末端连接多功能大口径管道系统对雨水进行处理，雨水通过末端处理设施之后，对氧化塘进行补水。经过计算，雨水资源利用率为 2.4%，再生水利用率 1.7%，则该汇水区非常规水资源利用率为 4.1%。

4. 结论

运粮河汇水区通过 12 项源头改造工程、6 项过程管网改造工程及多功能大口径管道系统工程的综合治理，防涝能力、常规雨水管渠排水能力、径流污染控制率、年径流总量控制率、非常规水资源利用率均显著提升，详见表 3.5-26，可以达到海绵城市的建设目标，运粮河汇水区系统性方案具有可落地性、目标可达性。

运粮河汇水区目标可达性汇总表　　表 3.5-26

序号	指标	计算方法	现状值	目标值	工程实施预期值
1	防涝能力	模型法	2 年一遇	30 年一遇	30 年一遇
2	常规雨水管渠排水能力	模型法	1 年一遇	3 年一遇	3 年一遇
3	径流污染 TSS 控制率（%）	容积法	—	50	52.9
		模型法	14.5	50	51.73
4	年径流总量控制率（%）	容积法	45.5	70（94.5）	94.7
		模型法	45.5	70（94.5）	72.33（91.8）
5	非常规水资源利用率（%）	统计计算	1.7	4.7	4.1

注：括号内沿金山湖 CSO 溢流污染综合治理工程建设完成后年径流总量控制率情况。

3.5.5　古运河汇水区系统性方案设计

1. 概况及现状指标

（1）概况

古运河汇水区位于试点区中部，总面积为 306.9hm²，北临长江路，东临双井路，南侧至中山西路，西侧为太古山路，地势为南高北低，汇水区的主要河流为古运河，汇水区雨水由雨水管网收集排入古运河，并最终排入金山湖（图3.5-15）。

古运河汇水区为合流制、分流制共存的排水体制，雨水及合流制排水收集排至古运河及金山湖，污水进入污水处理厂。

古运河整体水环境较好，上游水质好于中、下游，部分河段由于存在雨污混合排口现象，造成水质较差，存在潜在污染源风险。古运河上端区域设有雨污混合排口，排口处水质较差，旱季依旧有污水溢出。

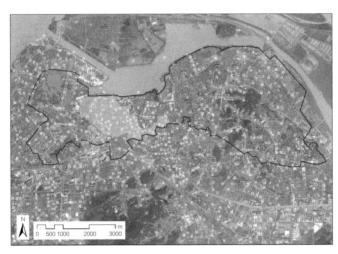

图3.5-15 古运河汇水区区位图

（2）现状及目标指标

根据模型模拟及数据统计等结果，古运河汇水区现状及目标指标如表3.5-27所示。

古运河汇水区现状及目标指标表　　　　　　　　　　表3.5-27

序号	指标名称	现状指标	现状数据来源	目标指标
1	防涝能力	3年一遇	模拟结果	30年一遇
2	现状常规雨水管网排水能力	1年一遇	模拟结果	3年一遇
3	径流污染控制率（%）	11.1	模拟结果	75
4	年径流总量控制率（%）	42.6	模拟结果	70
5	非常规水资源利用率（%）	1.7	数据统计	4.7

2. 方案设计

结合古运河汇水区的自身特点进行因地制宜地改造，主要包括汇水区内的小区与公建的源头LID建设、雨水管网修复与改造，重点考虑汇水区系统性海绵治理、汇水区易积水点的控制以及径流污染的控制，充分运用海绵城市建设理念，对既有建筑与小区的源头改造，提升景观与居住品质的同时兼顾雨水净化、滞蓄等功能，同时对管网系统进行改造，结合末端处理设施，系统性综合治理达到试点区海绵城市目标。

（1）绿色源头工程方案

古运河汇水区居住小区包括怡海家园和江河汇。其中江河汇为新建小区，建成时间较短，景观类型丰富，基础设施齐全；怡海家园为老旧小区，基础设施欠缺，铺装道路存在破碎严重现象，整体景观品质相对较差。公建项目有中华路小学、宝塔路小学、第三中学、八叉巷小学、镇江市第一人民医院、三五九医院、国税局、镇江市地方税务局、京口区工商局、镇江市日报社、东翰宾馆，整体环境，绿化景观丰富。其中镇江市第一人民医院和三五九医院进行重度改造外，其他公建进行轻微源头改造，以景观提升为主。

老旧小区源头LID改造较为困难，主要是完善雨水系统。LID建设主要以公建类（医院、学校等）为主要对象，以提高年径流总量控制率。古运河汇水区绿色源头LID工程布置如图3.5-16所示。汇水区的LID项目较为分散，有效地覆盖了汇水区的范围。

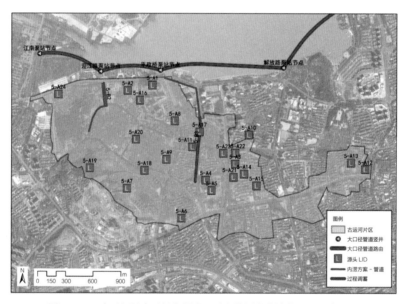

图3.5-16 古运河汇水区绿色源头、过程管网和末端处理工程布置图

古运河汇水区绿色源头LID项目近期21个，远期3个，既包括居民小区和公共建筑，也涵盖重改造和轻改造工程，古运河汇水区绿色源头LID的近期调蓄量为11 938m³，远期可达14 669m³。

（2）过程管网修复工程

古运河汇水区灰色管网工程主要用于面源污染控制，截流沿古运河沿线雨水排口初期雨水进行调蓄并转输至多功能大口径管道，并且解决现有浅层排水管网的瓶颈，解决局部积涝点。

为了解决古运河合流制排水溢流的问题，在电力路敷设 DN3 000 的调蓄管道，起始端为新马路，终止端为长江路，中华路为该调蓄管道服务范围的节点，其中，新马路至中华路段服务古运河汇水区，削减面源污染，减少对古运河的溢流污染。同时，缓解古运河和解放路汇水区的内涝积水情况。

古运河汇水区的西侧积水部分，通过在迎江路敷设 DN400 ~ DN800 的雨水管道，并且将原有管涵拓宽至 2.5m×1.0m，将高位排水截流至大口径管道系统，兼具削减面源污染、提升水质的功能。古运河汇水区灰色管网工程布置见图 3.5-16。

（3）末端处理工程

古运河汇水区末端控制采用集中处理方式，超标雨水及合流制排水将通过系统性大口径管网工程转输至征润洲现状污水厂及末端雨水处理设施进行集中处理。

（4）工程一览表

古运河汇水区通过绿色源头 LID 工程、灰色管网工程及末端处理设施，可以实现海绵城市的目标要求，工程一览表见表 3.5-28。

古运河汇水区工程一览表

表 3.5-28

序号	工程内容	规模	数量	功能
1	怡海家园、江河汇、中华路小学、宝塔路小学、第三中学、八叉巷小学、镇江市第一人民医院、三五九医院、国税局、镇江市地方税务局、京口区工商局、镇江市日报社、东翰宾馆 LID 工程	调蓄容积 14 669m³	24 个	径流控制
2	迎江路东侧管道改造工程	方涵 1.5m×1.2m 改为 2.5m×1.0m	240m	转输
3	迎江路西侧管道改造工程	DN400 ~ DN800	570m	转输
4	电力路（新马路—中华路）管道改造工程	DN3 000	580m	调蓄、转输

3. 目标可达性分析

古运河汇水区通过源头 LID 改造工程、过程管网修复工程、末端处理工程综合作用，防治内涝能力、常规雨水管渠排水能力、径流污染控制率、年径流总量控制率、非常规水资源利用率都有较大提升，达到试点区海绵城市建设目标要求，通过容积法和模型法复核分析如下。

（1）防涝能力

模拟结果表明，该片区主要内涝问题基本可以解决（图 3.5-17）。

（2）常规雨水管渠排水能力

通过 SWMM 模拟系统性方案后得到该汇水区雨水管网系统的超载管道比例、检查井溢流量及检查井溢流数量见表 3.5-29。

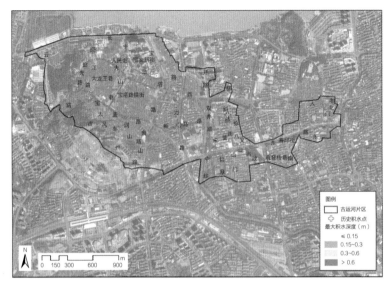

图 3.5-17 古运河汇水区方案实施后积涝情况模拟结果

古运河汇水区方案前后管道及检查井对比情况　　　　　　表 3.5-29

重现期	管道超载长度比例（%）		检查井溢流量（m³）		溢流检查井个数（个）	
	现状	方案	现状	方案	现状	方案
1 年一遇	44.7	27.55	66 725	60 355	103	56
2 年一遇	66.4	48.15	79 694	66 661	195	105
3 年一遇	76.2	62.27	90 128	72 250	288	153
5 年一遇	85.9	73.84	105 529	82 272	420	247
10 年一遇	93.3	85.19	130 711	105 741	576	407

管道超载比例及冒水点都明显减少，雨水管网排水能力有较大的提升。

（3）径流污染控制率

通过容积法和模型法计算古运河径流污染控制率，结果如下。

1）容积法

根据容积法计算结果，古运河汇水区系统方案实施后径流污染控制率为 85.39%，满足目标要求，详见表 3.5-30。

古运河汇水区径流污染物控制复核表——容积法　　　　　　表 3.5-30

水质控制参数		
名称	数值	备注
雨水污染物浓度 TSS（mg/L）	200	估算值
75% 径流污染控制目标值 TSS（kg）	21 345.51	
径流污染总量（kg）	35 575.85	

水质控制参数		
名称	数值	备注
源头 TSS 削减量（kg）	1 432.56	
过程调蓄 TSS 削减量（kg）	5 472.60	
汇水区末端分散处理设施削减量（kg）	0	
合流制 TSS 削减量（kg）	6 400.00	
末端集中灰色设施削减量（kg）	14 400.00	
末端集中绿色设施削减量（kg）	2 700.00	
合计 TSS 削减量（kg）	30 405.16	
实际 TSS 削减率（%）	85.39	

2）模型法

根据模型法计算结果，古运河汇水区系统方案实施后径流污染控制率为 76.02%，满足目标要求，详见表 3.5-31。

古运河汇水区径流污染物控制复核表——模型法　　表 3.5-31

指标	数值
年均面源污染产生量（t）	218.41
年均面源污染源头减排量（t）	30.33
年均现状浅层面源污染合流制转输量（t）	63.94
年均面源污染沿金山湖 CSO 截流管道截流量（t）	71.77
年均面源污染入河量（t）	52.37
径流污染控制率（%）	76.02

（4）年径流总量控制率

通过容积法和模型法计算古运河汇水区年径流总量控制率，结果如下。

1）容积法

根据容积法计算结果，古运河汇水区系统方案实施后年径流总量控制率为 94.6%（沿金山湖 CSO 溢流污染综合治理工程实施后），满足目标要求，详见表 3.5-32。

古运河汇水区年径流总量控制复核表——容积法　　表 3.5-32

水量控制参数		
名称	数值	备注
汇水面积（hm²）	306.90	
综合径流系数	0.72	根据 SWMM 模型读取
径流控制目标（mm）	80.5	94.5% 控制率

水量控制参数		
名称	数值	备注
年径流控制总量目标值（m³）	247 054.5	
源头自然入渗量（m³）	69 175.26	
源头 LID 控制量（m³）	11 938.0	
源头 LID 控制量（m³）	14 669.0	远期绿色 LID
过程调蓄控制量 – 二级管道及调蓄池（m³）	4 090.0	
过程调蓄控制量 – 大口径管道（m³）	35 000.0	
汇水区末端分散处理设施处理（m³）	0	汇水区末端排口
合流制转输控制量（m³）	32 000.0	污水处理厂
末端集中灰色设施控制量（m³）	80 000.0	大口径集中转输
末端集中绿色设施控制量（m³）	15 000.0	大口径集中转输
合计控制量（m³）	247 203.2	
实际年径流总量控制率（%）	94.60	

2）模型法

根据模型法计算结果，古运河汇水区系统方案实施后年径流总量控制率为67.25%，满足目标要求，详见图 3.5–18、表 3.5–33。

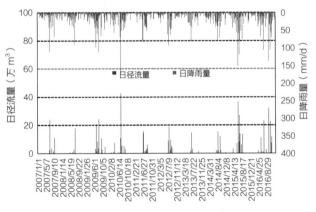

图 3.5–18　古运河片区方案 2007—2016 年降雨径流过程线

古运河汇水区径流总量控制复核表——模型法　　　　　表 3.5–33

指标	数值
年均降雨量（万 m³）	373.99
年均蒸发量（万 m³）	48.58
年均下渗量（万 m³）	87.45

指标	数值
年均径流量（万 m³）	34.78
年均现状浅层合流制转输量（万 m³）	115.48
年均沿金山湖 CSO 截流管道截流量（万 m³）	87.7
年径流总量控制率（%）	67.25（90.7）

注：括号内沿金山湖 CSO 溢流污染综合治理工程建设完成后年径流总量控制率情况。

（5）非常规水资源利用率

古运河汇水区末端连接多功能大口径管道系统工程对雨水进行处理，雨水通过末端处理设施之后，对氧化塘进行补水，经计算雨水资源的利用率为 2.6%，再生水利用率为 1.7%，则该汇水区的非常规水资源利用率为 4.3%。

4. 结论

古运河汇水区通过 21 项源头改造工程、3 项过程灰色管网改造过程及多功能大口径管道系统工程的综合治理，防涝能力、常规雨水管渠排水能力、径流污染控制率、年径流总量控制率、非常规水资源利用率均显著提升，详见表 3.5-34，可以达到海绵城市的建设目标，古运河汇水区系统性方案具有可落地性、目标可达性。

古运河汇水区目标可达性汇总表 　　　　　　　　　　表 3.5-34

序号	指标	计算方法	现状值	目标值	工程实施预期值
1	防涝能力	模型法	3 年一遇	30 年一遇	30 年一遇
2	常规雨水管渠排水能力	模型法	1 年一遇	3 年一遇	3 年一遇
3	径流污染 TSS 控制率（%）	容积法	—	75	85.39
		模型法	11.1	75	76.02
4	年径流总量控制率（%）	容积法	42.6	70	94.6
		模型法	42.6	70	67.25（90.7）
5	非常规水资源利用率（%）	统计计算	1.7	4.7	4.3

注：括号内沿金山湖 CSO 溢流污染综合治理工程建设完成后年径流总量控制率情况。

3.5.6　解放路汇水区系统性方案设计

1. 概况及现状指标

（1）概况

解放路汇水区位于试点区中部，总面积为 132.37hm²，北临长江路，东临第一楼街，南侧为中山东路，西侧为双井路及电力路，地势为东高西低、南高北低，西侧为古运河。镇江城区主干道解放路自南向北贯穿其中，解放路汇水区末端为解放路泵站，汇水区位图如图 3.5-19 所示。

图 3.5-19　解放路汇水区区位图

解放路汇水区为合流制、分流制共存的排水体制，雨水及合流制排水收集排至古运河、金山湖，污水进入污水处理厂。收集管道共 2 363 根，其中雨水管道 1 487 根，合流管道 119 根。解放路汇水区包含规模为 3.7m³/s 的解放路雨水泵站，服务范围为整个解放路汇水区，由解放路泵站排至金山湖。

解放路汇水区内合流制排水的溢流会对金山湖造成严重的面源污染，影响金山湖的水质。

（2）现状及目标指标

根据模型模拟及数据统计等结果，解放路汇水区现状及目标指标如表 3.5-35 所示。

解放路汇水区现状及目标指标表　　　　　　　　　　　表 3.5-35

序号	指标名称	现状指标	现状数据来源	目标指标
1	防涝能力	1 年一遇	模拟结果	30 年一遇
2	现状常规雨水管网排水能力	1 年一遇	模拟结果	3 年一遇
3	径流污染控制率（%）	12.2	模拟结果	60
4	年径流总量控制率（%）	38.7	模拟结果	70
5	非常规水资源利用率（%）	1.7	数据统计	4.7

2. 方案设计

结合解放路汇水区的自身特点进行因地制宜地改造，主要包括汇水区内的小区、公建、管网，重点考虑汇水区易积水点的控制以及径流污染的控制，充分运用海绵城市建设理念，对既有建筑与小区的源头改造，提升景观效果的同时兼顾雨水净化、滞蓄等功能，同时对管网系统进行改造，系统性综合治理达到试点区海绵城市目标。

（1）绿色源头工程方案

解放路汇水区属于老城区，公共建筑所占比例高于居民小区，该汇水区绿色源头LID均为公共建筑项目，有解放路泵站屋顶花园、中国银行、镇江市物价局、镇江市烟草局、镇江实验小学、皇冠假日酒店南侧地块、镇江文广集团南侧地块、国家电网镇江市区供电营业厅南侧及烈士陵园南侧地块，该汇水区绿色源头LID项目受到公共建筑周边环境的影响，只进行轻改造。

解放路汇水区绿色源头LID工程项目如表3.5-36和图3.5-20所示，绿色源头LID项目近期5个，远期4个，既包括居民小区和公共建筑，也涵盖重改造和轻改造工程，解放路汇水区绿色源头LID的近期调蓄量为627m³，远期可达4 130m³。

汇水区的LID项目相对集中，无法有效覆盖了汇水区的范围，对整个汇水区的雨水控制作用有限，所以该汇水区需通过灰色管网及末端设施，来实现整个汇水区目标要求。

（2）过程管网修复工程

解放路汇水区灰色管网工程考虑了水质水量目标的耦合，通过新建的多功能管道，在解决径流控制、面源污染的同时也兼顾了内涝的解决。

解放路汇水区中沿电力路敷设DN3 000的雨水管道，该管道自新马路起，于长江路终，以中华路为服务节点，其中，中华路至长江路段服务范围为解放路汇水区，该调蓄管道同时削减两个汇水区的面源污染，减少对古运河的溢流污染，同时，兼顾古运河与解放路汇水区的内涝问题。

解放路汇水区江滨医院宿舍楼处内涝问题，通过江滨医院北侧道路敷设DN1 200的雨水管道解决；会莲庵街巷内内涝积水，通过会莲庵街道下敷设DN1 000的雨水管道与电力路DN3 000的管道相连解决，既解决积水问题，同时又削减了面源污染。解放路汇水区灰色管网工程布置如图3.5-20所示。

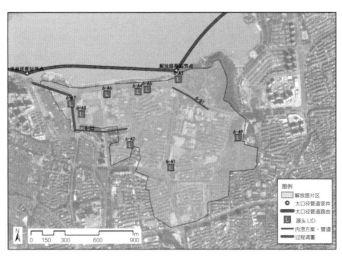

图3.5-20 解放路汇水区绿色源头、过程管网和末端处理工程布置图

（3）末端处理工程

解放路汇水区雨水不直接排入金山湖，而是直接进入系统性大口径管网工程转输至征润洲现状污水厂及末端雨水处理设施进行集中处理，超标雨水再溢流至金山湖，可以有效减少解放路汇水区对金山湖的面源污染。

（4）工程一览表

解放路汇水区通过绿色源头 LID 工程、灰色管网工程及末端处理设施，可以实现海绵城市的目标要求。解放路汇水区综合整治的工程量如表 3.5-36 和图 3.5-20 所示。

解放路汇水区工程一览表

表 3.5-36

序号	工程内容	规模	数量	功能
1	解放路泵站屋顶花园、中国银行、镇江市物价局、镇江市烟草局、镇江实验小学、皇冠假日酒店南侧地块、镇江文广集团南侧地块、国家电网镇江市区供电营业厅南侧及烈士陵园南侧地块 LID 工程	调蓄容积 4 130m³	9 个	径流控制
2	江滨医院北侧道路管道改造工程	DN1 200	320m	转输
3	会莲庵街管道改造工程	DN1 000	530m	转输
4	（电力路）中华路—长江路管道改造工程	DN3 000	750m	转输、调蓄

3. 目标可达性分析

解放路汇水区通过源头 LID 改造工程、过程管网修复工程、末端处理工程综合作用，防治内涝能力、常规雨水管渠排水能力、径流污染控制率、年径流总量控制率、非常规水资源利用率有较大提升。通过容积法和模型法复核分析如下。

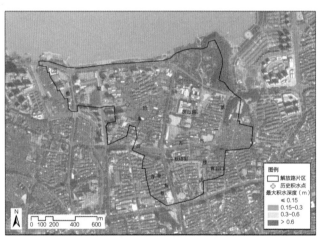

图 3.5-21 解放路汇水区方案实施后积涝情况模拟结果

（1）防涝能力

模拟结果表明，该汇水区主要内涝问题基本可以解决，除江滨医院宿舍楼处内涝问题，该处内涝主要原因是地处洼地，北侧市政管道管道水位顶托，区域内涝不易排出，通过分析统计，该区域的内涝积水约800m³，可以在宿舍楼前大片空旷绿地或硬地下设置800m³调蓄池收纳区域内涝量。

（2）常规雨水管渠排水能力

通过SWMM模拟系统性方案实施后该汇水区雨水管网系统的超载管道比例、检查井溢流量及检查井溢流数量，结果见表3.5-37。

解放路汇水区方案前后管道及检查井对比情况　　　　　　　　　　　　表3.5-37

重现期	管道超载长度比例（%）		检查井溢流量（m³）		溢流检查井个数（个）	
	现状	方案	现状	方案	现状	方案
1年一遇	28.9	21.65	3 128	273	35	23
2年一遇	40.1	35.36	7 125	2 177	53	32
3年一遇	55.3	49.79	9 717	4 032	71	44
5年一遇	68.4	66.67	13 611	7 012	92	67
10年一遇	79.3	83.54	20 417	13 242	127	118

管道超载比例及冒水点均减少，雨水管网排水能力较现状有所提升。

（3）径流污染控制率

通过容积法和模型法计算解放路汇水区径流污染控制率，结果如下。

1）容积法

根据容积法计算结果，解放路汇水区系统方案实施后径流污染控制率为84.60%，满足目标要求，详见表3.5-38。

解放路汇水区径流污染物控制复核表——容积法　　　　　　　　　　表3.5-38

水质控制参数		
名称	数值	备注
雨水污染物浓度TSS（mg/L）	200	估算值
60%径流污染控制目标值TSS（kg）	8 950.86	
径流污染总量（kg）	14 918.10	
源头TSS削减量（kg）	75.24	
过程调蓄TSS削减量（kg）	2 700.60	
汇水区末端分散处理设施削减量（kg）	0.00	
合流制TSS削减量（kg）	0.00	
末端集中灰色设施削减量（kg）	7 200.00	
末端集中绿色设施削减量（kg）	2 700.00	
合计TSS削减量（kg）	12 675.84	
实际TSS削减率（%）	84.60	

2）模型法

根据模型法计算结果，解放路汇水区的径流污染控制率为78.5%，满足目标要求，详见表3.5-39。

解放路汇水区径流污染物控制复核表——模型法　　　表3.5-39

指标	数值
年均面源污染产生量（t）	99.31
年均面源污染源头减排量（t）	14.98
年均现状浅层面源污染合流制转输量（t）	30.4
年均面源污染沿金山湖CSO截流管道截流量（t）	32.58
年均面源污染入河量（t）	21.35
径流污染控制率（%）	78.5

（4）年径流总量控制率

通过容积法和模型法计算解放路汇水区年径流总量控制率，结果如下。

1）容积法

根据容积法计算结果，解放路汇水区系统方案实施后年径流总量控制率为94.70%（沿金山湖CSO溢流污染综合治理工程实施后），满足目标要求，详见表3.5-40。

解放路汇水区年径流总量控制率复核表——容积法　　　表3.5-40

水量控制参数		
名称	数值	备注
汇水面积（hm²）	132.37	
综合径流系数	0.70	根据SWMM模型读取
径流控制目标（mm）	80.5	94.5%控制率
年径流控制总量目标值（m³）	106 557.85	
源头自然入渗量（m³）	31 967.36	
源头LID控制量（m³）	627.00	
源头LID控制量（m³）	4 130.00	远期绿色LID
过程调蓄控制量–二级管道及调蓄池（m³）	5 290.00	
过程调蓄控制量–大口径管道（m³）	14 000.00	
汇水区末端分散处理设施处理（m³）	0	汇水区末端排口
合流制转输控制量（m³）	0	污水处理厂
末端集中灰色设施控制量（m³）	40 000.00	大口径集中转输
末端集中绿色设施控制量（m³）	15 000.00	大口径集中转输
合计控制量（m³）	106 884.36	
实际年径流总量控制率（%）	94.70	

2）模型法

根据模型法计算结果，解放路汇水区系统方案实施后年径流总量控制率为68.31%，满足目标要求，详见图3.5-22、表3.5-41。

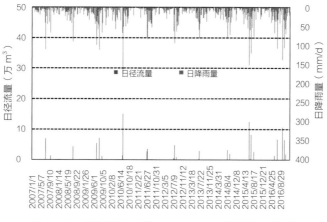

图 3.5-22　解放路片区方案 2007—2016 年降雨径流过程线

解放路汇水区径流总量控制复核表——模型法	表 3.5-41
指标	**数值**
年均降雨量（万 m³）	161.3
年均蒸发量（万 m³）	24.01
年均下渗量（万 m³）	42.47
年均径流量（万 m³）	13.07
年均现状浅层合流制转输量（万 m³）	43.7
年均沿金山湖 CSO 截流管道截流量（万 m³）	38.05
年径流总量控制率（%）	68.31（91.9）

注：括号内沿金山湖 CSO 溢流污染综合治理工程建设完成后年径流总量控制率情况。

（5）非常规水资源利用率

解放路汇水区末端连接多功能大口径管道系统工程对雨水进行处理，雨水通过末端处理设施之后，对氧化塘进行补水，经计算雨水资源的利用率为2.5%，再生水利用率为1.7%，则该汇水区的非常规水资源利用率为4.2%。

4. 结论

解放路汇水区通过 5 项源头改造工程、3 项过程灰色管网改造过程及多功能大口径管道系统工程的综合治理，防涝能力、常规雨水管渠排水能力、径流污染控制率、年径流总量控制率、非常规水资源利用率均显著提升，详见表3.5-42，可以达到海绵城市的建设目标，解放路汇水区系统性方案具有可落地性、目标可达性。

序号	指标	计算方法	现状值	目标值	工程实施预期值
1	防涝能力	模型法	2年一遇	30年一遇	30年一遇
2	常规雨水管渠排水能力	模型法	1年一遇	3年一遇	3年一遇
3	径流污染TSS控制率（%）	容积法	—	60	84.6
		模型法	12.2	60	78.5
4	年径流总量控制率（%）	容积法	38.7	70	94.7
		模型法	38.7	70	68.31（91.9）
5	非常规水资源利用率（%）	统计计算	1.7	4.7	4.2

注：括号内沿金山湖CSO溢流污染综合治理工程建设完成后年径流总量控制率情况。

3.5.7 绿竹巷汇水区系统性方案设计

1. 概况及现状指标

（1）概况

绿竹巷汇水区位于试点区中部，总面积为65.48hm²，北临东吴路，东临古城路，南侧为桃花坞路，西侧为第一楼街，地势为四周高、中间低，汇水区的排口直接排向金山湖，绿竹巷汇水区区位如图3.5–23所示。

绿竹巷汇水区为合流制、分流制共存的排水体制，绿竹巷汇水区地势较高，雨水及合流制排水排至金山湖，污水进入污水处理厂。收集管道共497根，其中雨水管道130根、合流管道246根。

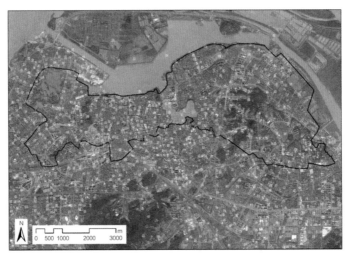

图3.5–23 绿竹巷汇水区区位图

（2）现状及目标指标

根据模型模拟及数据统计等结果，绿竹巷汇水区现状及目标指标如表3.5–43所示。

绿竹巷汇水区现状及目标指标表 表 3.5-43

序号	指标名称	现状指标	现状数据来源	目标指标
1	防涝能力	2 年一遇	模拟结果	30 年一遇
2	现状常规雨水管网排水能力	1 年一遇	模拟结果	3 年一遇
3	径流污染控制率（%）	13.5	模拟结果	60
4	年径流总量控制率（%）	41.2	模拟结果	70
5	非常规水资源利用率（%）	1.7	数据统计	4.7

2. 方案设计

结合绿竹巷汇水区的自身特点进行因地制宜地改造，主要包括汇水区内的小区、公建及管网，重点考虑汇水区系统性海绵治理、汇水区易积水点的控制以及径流污染的控制，充分运用海绵城市建设理念，对既有建筑与小区的源头改造，提升景观与居住品质的同时兼顾雨水净化、滞蓄等功能，同时对管网系统进行改造，系统性综合治理达到试点区海绵城市目标。

（1）绿色源头工程方案

绿竹巷汇水区居民小区建筑密度较为密集，汇水区兼有新建小区与老旧小区。针对老旧小区主要进行重改造，通过完善雨水系统，布置 LID 设施，增加景观效果的手段提升小区的整体环境。而对于新建小区，以提高小区雨水回用率和改善小区景观环境为主。绿竹巷汇水区绿色源头 LID 工程布置如图 3.5-24 所示，汇水区的 LID 项目较为分散，有效地覆盖了汇水区的范围。

图 3.5-24　绿竹巷汇水区绿色源头、过程管网和末端处理工程布置图

绿竹巷汇水区绿色源头 LID 项目近期 12 个，既包括居民小区和公共建筑，也涵盖重改造和轻改造工程，绿竹巷汇水区绿色源头 LID 的近期调蓄量为 3 732m³。

（2）过程管网修复工程

绿竹巷灰色管网工程主要用于解决该汇水区的面源污染及内涝问题。绿竹巷汇水区上游为古城公园，地势东高西低，中间向南北降低，且较陡。上中游部分以老小区为主，仍为雨污合流制管道，地下管线复杂，内涝风险比较严重。

为了解决该汇水区面源污染及内涝问题，沿梦溪路敷设 DN2 200 管道，自花山路起，排至大口径管道。

（3）末端处理工程

绿竹巷汇水区的雨水通过梦溪路敷设的雨水管道，直接进入大口径管网系统，转输至征润洲现状污水厂及末端雨水处理设施进行集中处理，可以极大地缓解绿竹巷汇水区对金山湖水质的影响。

（4）工程一览表

绿竹巷汇水区通过绿色源头 LID 工程、灰色管网工程及末端处理设施，可以实现海绵城市的目标要求。绿竹巷汇水区综合整治的工程量见图 3.5-24 和表 3.5-44。

绿竹巷汇水区工程一览表   表 3.5-44

序号	工程内容	规模	数量	功能
1	花山湾一区、花山湾二区、花山湾三区、花山湾四区、花山湾五区、花山湾六区、花山湾八区及花山湾十区小区、甘露苑及置业新村等 LID 工程	调蓄容积 3 732m³	12 个	径流控制
2	梦溪路雨水管道改造工程	DN1 800 ~ DN2 200	1 600m	转输、调蓄

3. 目标可达性分析

绿竹巷汇水区通过源头 LID 改造工程、过程管网修复工程、末端处理工程综合作用，防治内涝能力、常规雨水管渠排水能力、径流污染控制率、年径流总量控制率、非常规水资源利用率有较大提升，通过容积法和模型法复核分析如下。

（1）防涝能力

模拟结果表明，沿梦溪路－江滨路雨水管道改造工程很大程度上削减了花山路的积水问题（图 3.5-25）。

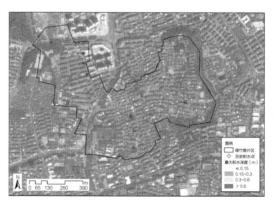

图 3.5-25 绿竹巷汇水区内涝防治方案后积涝情况模拟结果

（2）常规雨水管渠排水能力

通过 SWMM 模拟系统性方案实施后该汇水区雨水管网系统的超载管道比例、检查井溢流量及检查井溢流数量，结果见表 3.5-45。

绿竹巷汇水区方案前后管道及检查井对比情况 表 3.5-45

重现期	管道超载长度比例（%）		检查井溢流量（m³）		溢流检查井个数（个）	
	现状	方案	现状	方案	现状	方案
1 年一遇	22.7	10.04	175	9	4	1
2 年一遇	49.8	30.79	755	446	2	5
3 年一遇	52.2	34.72	1 003	803	46	18
5 年一遇	59.0	39.52	7 434	2 270	60	32
10 年一遇	64.6	50.44	12 978	4 356	80	41

管道超载比例及冒水点都明显减少，雨水管网排水能力有较大的提升。

（3）径流污染控制率

通过容积法和模型法计算绿竹巷汇水区径流污染控制率，结果如下。

1）容积法

根据容积法计算结果，绿竹巷汇水区系统方案实施后径流污染控制率为 81.62%，满足目标要求，详见表 3.5-46。

绿竹巷汇水区径流污染物控制复核表——容积法 表 3.5-46

水质控制参数		
名称	数值	备注
雨水污染物浓度 TSS（mg/L）	200	估算值
60% 径流污染控制目标值 TSS（kg）	4 238.00	
径流污染总量（kg）	7 063.33	
源头 TSS 削减量（kg）	447.84	
过程调蓄 TSS 削减量（kg）	1 551.06	
汇水区末端分散处理设施削减量（kg）	0.00	
合流制 TSS 削减量（kg）	0.00	
末端集中灰色设施削减量（kg）	3 600.00	
末端集中绿色设施削减量（kg）	900.00	
合计 TSS 削减量（kg）	6 498.90	
实际 TSS 削减率（%）	81.62	

2）模型法

根据模型法计算结果，绿竹巷汇水区系统方案实施后径流污染控制率为84.05%，满足目标要求，详见表3.5-47。

绿竹巷汇水区径流污染物控制复核表——模型法 表3.5-47

指标	数值
年均面源污染产生量（t）	46.53
年均面源污染源头减排量（t）	7.79
年均现状浅层面源污染合流制转输量（t）	10.56
年均面源污染沿金山湖 CSO 截流管道截流量（t）	20.76
年均面源污染入河量（t）	7.42
径流污染控制率（%）	84.05

（4）年径流总量控制

通过容积法和模型法计算绿竹巷汇水区年径流总量控制率，结果如下。

1）容积法

根据容积法计算结果，绿竹巷汇水区系统方案实施后年径流总量控制率为95.1%（沿金山湖 CSO 溢流污染综合治理工程实施后），满足目标要求，详见表3.5-48。

绿竹巷汇水区年径流总量控制率复核表——容积法 表3.5-48

水量控制参数		
名称	数值	备注
汇水面积（hm²）	65.48	
综合径流系数	0.67	根据 SWMM 模型读取
径流控制目标（mm）	80.5	94.5% 控制率
年径流控制总量目标值（m³）	52 711.40	
源头自然入渗量（m³）	17 394.76	
源头 LID 控制量（m³）	3 732.00	
源头 LID 控制量（m³）	3 732.00	远期绿色 LID
过程调蓄控制量——二级管道及调蓄池（m³）	6 079.00	
过程调蓄控制量——大口径管道（m³）	5 000.00	
汇水区末端分散处理设施处理（m³）	0	汇水区末端排口
合流制转输控制量（m³）	0	污水处理厂
末端集中灰色设施控制量（m³）	20 000.00	大口径集中转输
末端集中绿色设施控制量（m³）	5 000.00	大口径集中转输
合计控制量（m³）	57 205.76	
实际年径流总量控制率（%）	95.10	

2）模型法

根据模型法计算结果，绿竹巷汇水区系统方案实施后年径流总量控制率为68.02%，满足目标要求，详见图3.5-26、表3.5-49。

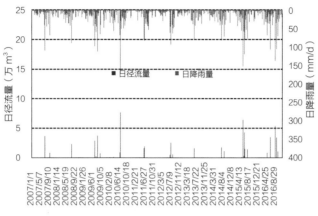

图3.5-26　绿竹巷片区方案2007—2016年降雨径流过程线

绿竹巷汇水区径流总量控制复核表——模型法　　　　　　　　　　表3.5-49

指标	数值
年均降雨量（万 m³）	79.79
年均蒸发量（万 m³）	13.47
年均下渗量（万 m³）	23.93
年均径流量（万 m³）	7.1
年均现状浅层合流制转输量（万 m³）	16.87
年均沿金山湖 CSO 截流管道截流量（万 m³）	18.42
年径流总量控制率（%）	68.02（91.10）

注：括号内沿金山湖 CSO 溢流污染综合治理工程建设完成后年径流总量控制率情况。

（5）非常规水资源利用率

绿竹巷汇水区末端连接多功能大口径管道系统工程对雨水进行处理，雨水通过末端处理设施之后，对氧化塘进行补水，经计算雨水资源的利用率为3.0%，再生水利用率为1.7%，则该汇水区的非常规水资源利用率为4.7%。

4. 结论

绿竹巷汇水区通过12项源头改造工程、1项过程灰色管网改造过程及多功能大口径管道系统工程的综合治理，防涝能力、常规雨水管渠排水能力、径流污染控制率、年径流总量控制率、非常规水资源利用率均显著提升，详见表3.5-50，绿竹巷汇水区可以达到海绵城市的建设目标，绿竹巷汇水区系统性方案具有可落地性、目标可达性。

绿竹巷汇水区目标可达性汇总表　　　　　　　　　　　　　　表 3.5-50

序号	指标	计算方法	现状值	目标值	工程实施预期值
1	防涝能力	模型法	2 年一遇	30 年一遇	30 年一遇
2	常规雨水管渠排水能力	模型法	1 年一遇	3 年一遇	3 年一遇
3	径流污染 TSS 控制率（%）	容积法	—	60	81.62
		模型法	13.5	60	84.05
4	年径流总量控制率（%）	容积法	41.2	70	95.1
		模型法	41.2	70	68.02（91.1）
5	非常规水资源利用率（%）	统计计算	1.7	4.7	4.7

注：括号内沿金山湖 CSO 溢流污染综合治理工程建设完成后年径流总量控制率情况。

3.5.8 江滨汇水区系统性方案设计

1. 概况及现状指标

（1）概况

江滨汇水区位于试点区中部，总面积为 209.93hm²，北临滨水路，东临虹桥港，南侧东吴路，地势为南高北低，该汇水区的雨水通过江滨泵站排入金山湖，江滨汇水区区位见图 3.5-27。

江滨汇水区为合流制、分流制共存的排水体制，雨水及合流制排水排至金山湖，污水进入污水处理厂。江滨汇水区包含了江滨泵站及江滨九组泵站，规模分别为 8.3m³/s 和 0.17m³/s。收集管道共 1 683 根，其中雨水管道 1 188 根、合流管道 22 根。

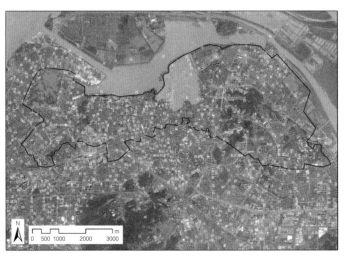

图 3.5-27　江滨汇水区区位图

（2）现状及目标指标

根据模型模拟及数据统计等结果，江滨汇水区现状及目标指标如表 3.5-51 所示。

江滨汇水区现状及目标指标表   表 3.5-51

序号	指标名称	现状指标	现状数据来源	目标指标
1	防涝能力	2年一遇	模拟结果	30年一遇
2	现状常规雨水管网排水能力	1年一遇	模拟结果	3年一遇
3	径流污染控制率（%）	14.9	模拟结果	60
4	年径流总量控制率（%）	49.1	模拟结果	75
5	非常规水资源利用率（%）	1.7	数据统计	4.7

2.方案设计

根据江滨汇水区靠近金山湖水体的特点，因地制宜地改造，主要包括汇水区内的小区、公建、管网及受纳水体边缘，重点考虑汇水区系统性海绵治理、汇水区易积水点的控制以及径流污染的控制。充分运用海绵城市建设理念，对既有建筑与小区的源头改造，提升景观与居住品质的同时兼顾雨水净化、滞蓄等功能，同时对管网系统进行改造，结合末端处理设施，系统性综合治理达到试点区海绵城市目标。

（1）绿色源头工程方案

江滨汇水区建筑密度相对较小，该汇水区兼有新建小区与老旧小区。针对老旧小区主要进行重改造，通过完善雨水系统，布置 LID 设施，增加景观效果的手段提升小区的整体环境。而对于新建小区，主要以新增雨水回用设施,提高小区雨水回用率为主。江滨汇水区绿色源头 LID 工程布置见图 3.5-28。汇水区的 LID 项目较为分散，有效地覆盖了汇水区的范围。江滨汇水区绿色源头 LID 项目近期 8 个，远期 3 个，既包括居民小区和公共建筑，也涵盖重改造和轻改造工程，江滨汇水区绿色源头 LID 的近期调蓄量为 9 091m³，远期可达 9 711m³。

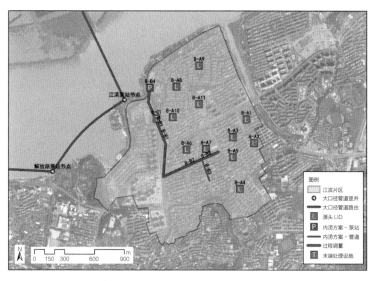

图 3.5-28　江滨汇水区绿色源头、过程管网和末端处理工程布置图

（2）过程管网修复工程

江滨汇水区灰色管网工程考虑了水质水量目标的耦合，通过新建的多功能管道，在解决径流控制、面源污染的同时也兼顾了内涝的解决。

江滨汇水区方案设计新建 DN2 000 ~ DN2 800 雨水管道，西起古城路，沿尚德路至梦溪路，随后一路向北至江滨泵站内新建雨水泵站。该段管道可以充分发挥调蓄作用，将江滨汇水区内初期雨水均收集至新增雨水泵站内的排空泵组泵入海绵公园进行处理，超过海绵公园处理能力的初期雨水进入沿金山湖多功能大口径管道调蓄或转输。

江滨解决内涝问题的灰色管道主要是由实验学校东侧道路敷设一根 DN1 000 的管道，将雨水引入尚德路及征润洲路敷设的调蓄管道。当暴雨模式，通过本管道以及末端排涝泵组将涝水排入金山湖。灰色管网工程布置如图 3.5-28 所示。

（3）末端处理工程

江滨汇水区末端控制采用集中处理方式，分为两种工况运行。当日降雨量小于 25.5mm 时，雨水将通过雨水管网系统集中进入海绵公园进行处理，依托海绵公园建设的多级生物滤池处理雨水，再排放至金山湖；当日降雨量大于 25.5mm 时，超出海绵公园处理能力时，超标雨水及合流制排水通过多功能大管径系统工程转输至征润洲现状污水厂及末端雨水处理设施进行集中处理。末端多级生物滤池布置在海绵公园南侧，可以为金山湖水质提供保障。

（4）工程一览表

江滨汇水区通过绿色源头 LID 工程、灰色管网工程及末端处理设施，可以实现海绵城市的目标要求。江滨汇水区综合整治的工程量见图 3.5-28 和表 3.5-52。

江滨汇水区工程一览表　　　　　　　　　　　　　　表 3.5-52

序号	工程内容	规模	数量	功能
1	东吴新苑、润江家园、江二示范区、茶山小区、江滨新村二期、江滨新村 30 号大院、梧桐苑、紫金苑、云杉苑及百合苑。老旧小区包括了润江家园、江二社区 LID 工程	调蓄容积 9 711m³	11 个	径流控制
2	征润洲路雨水管道改造工程	DN2 800	740m	调蓄、转输
3	尚德路雨水管道改造工程	DN2 000	680m	调蓄、转输
4	实验小学东侧道路雨水管道改造工程	DN1 000	240m	转输
5	海绵公园泵站改造工程	Q=8.0m³/s	1 座	快排
6	海绵公园建设工程	Q=2.5m³/d	1 座	净化、处理

3. 目标可达性分析

江滨汇水区通过源头 LID 改造工程、过程管网修复工程、末端处理工程综合作用，防治内涝能力、常规雨水管渠排水能力、径流污染控制率、年径流总量控制率、非常规水资源利用率有较大提升，通过容积法和模型法复核分析如下。

（1）防涝能力

模拟结果表明，规划方案下模拟内涝积水点大幅度减少，方案中沿梦溪路—江滨路—征润洲路的大口径管涵基本解决江滨汇水区的内涝问题，在很大程度上削减了尚德路和古城路交叉口以及江滨新村东区的内涝积水面积和积水量。尚德路与古城路交叉口处仍有小块积水，但积涝退水时间较短，内涝风险低。东吴新苑旁边棚户区的内涝问题并未得到明显改善。该处淹水区域地面标高很低，在 4.55 ~ 4.86m，低于金山湖的控制水位（5.1m），所以排水不畅，当检查井溢流时很容易造成淹水。建议结合中长期规划，实施拆迁重建并抬高地面标高，以此来解决内涝问题（图 3.5-29）。

（2）常规雨水管渠排水能力

通过 SWMM 模拟系统性方案实施后该汇水区雨水管网系统的超载管道比例、检查井溢流量及检查井溢流数量，结果见表 3.5-53。

图 3.5-29　江滨汇水区内涝防治方案后积涝情况

江滨汇水区方案前后管道及检查井对比情况　　　　　　　　表 3.5-53

重现期	管道超载长度比例（%）		检查井溢流量（m³）		溢流检查井个数（个）	
	现状	方案	现状	方案	现状	方案
1 年一遇	51.6	16.64	5 213	1 479	45	7
2 年一遇	63.6	31.17	12 899	1 563	70	9
3 年一遇	70.2	39.06	17 876	1 656	81	10
5 年一遇	75.3	52.97	25 074	1 884	92	15
10 年一遇	82.8	64.38	36 200	4 117	121	44

管道超载比例及冒水点都明显减少，雨水管网排水能力有较大的提升。

（3）径流污染控制率

通过容积法和模型法计算江滨汇水区径流污染控制率，结果如下。

1）容积法

根据容积法计算结果，江滨汇水区系统方案实施后径流污染控制率为84.88%，满足目标要求，详见表3.5-54。

江滨汇水区径流污染物控制复核表——容积法　　　　表3.5-54

水质控制参数		
名称	数值	备注
雨水污染物浓度 TSS（mg/L）	200	估算值
60% 径流污染控制目标值 TSS（kg）	12 775.92	
径流污染总量（kg）	21 293.20	
源头 TSS 削减量（kg）	1 090.92	
过程调蓄 TSS 削减量（kg）	2 336.46	
汇水区末端分散处理设施削减量（kg）	4 500	
合流制 TSS 削减量（kg）	1 200.00	
末端集中灰色设施削减量（kg）	5 400.00	
末端集中绿色设施削减量（kg）	3 600.00	
合计 TSS 削减量（kg）	18 127.38	
实际 TSS 削减率（%）	84.88	

2）模型法

根据模型法计算结果，江滨汇水区系统方案实施后径流污染控制率为81.37%，满足目标要求，详见表3.5-55。

江滨汇水区径流污染物控制复核表——模型法　　　　表3.5-55

指标	数值
年均面源污染产生量（t）	148.66
年均面源污染源头减排量（t）	31.87
年均现状浅层面源污染合流制转输量（t）	30.91
年均面源污染沿金山湖 CSO 截流管道截流量（t）	58.18
年均面源污染入河量（t）	27.7
径流污染控制率（%）	81.37

（4）年径流总量控制率

通过容积法和模型法计算江滨汇水区年径流总量控制率。

1）容积法

根据容积法计算结果，江滨汇水区系统方案实施后年径流总量控制率为94.8%（沿金山湖CSO溢流污染综合治理工程实施后），满足目标要求，详见表3.5-56。

江滨汇水区年径流总量控制率复核表——容积法 表3.5-56

水量控制参数		
名称	数值	备注
汇水面积（hm²）	209.93	
综合径流系数	0.63	根据SWMM模型读取
径流控制目标（mm）	80.5	94.5%控制率
年径流控制总量目标值（m³）	168 993.65	
源头自然入渗量（m³）	62 527.65	
源头LID控制量（m³）	9 091.00	
源头LID控制量（m³）	9 711.00	远期绿色LID
过程调蓄控制量 - 二级管道及调蓄池（m³）	6 689.00	
过程调蓄控制量 - 大口径管道（m³）	10 000.00	
汇水区末端分散处理设施处理（m³）	25 000.00	汇水区末端排口
合流制转输控制量（m³）	6 000.00	污水处理厂
末端集中灰绿设施控制量（m³）	30 000.00	大口径集中转输
末端集中灰绿设施控制量（m³）	20 000.00	大口径集中转输
合计控制量（m³）	169 307.65	
实际年径流总量控制率（%）	94.80	

2）模型法

根据模型法计算结果，江滨汇水区系统方案实施后年径流总量控制率为75.6%，满足目标要求，详见图3.5-30、表3.5-57。

江滨汇水区径流总量控制复核表——模型法 表3.5-57

指标	数值
年均降雨量（万m³）	255.82
年均蒸发量（万m³）	36.53
年均下渗量（万m³）	82.14
年均径流量（万m³）	22.84
年均现状浅层合流制转输量（万m³）	32.46

指标	数值
年均海绵公园径流控制量（万 m³）	42.27
年均沿金山湖 CSO 截流管道截流量（万 m³）	39.58
年径流总量控制率（%）	75.6（91.07）

注：括号内沿金山湖 CSO 溢流污染综合治理工程建设完成后年径流总量控制率情况。

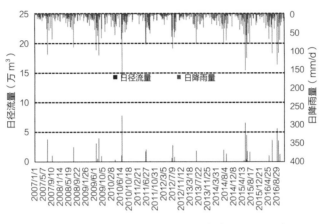

图 3.5-30　江滨片区方案 2007—2016 年降雨径流过程线

（5）非常规水资源利用率

江滨汇水区末端建设海绵公园处理雨水，并且连接多功能大口径管道系统工程对雨水进行处理，雨水通过末端处理设施之后，对氧化塘进行补水，经计算雨水资源的利用率为 16.2%，再生水利用率为 1.7%，则该汇水区的非常规水资源利用率为 17.9%，达到目标要求。

4. 结论

江滨汇水区通过 8 个源头改造工程、3 项过程灰色管网改造、1 座泵站改造及末端海绵公园建设的综合治理，防涝能力、常规雨水管渠排水能力、径流污染控制率、年径流总量控制率、非常规水资源利用率均显著提升，详见表 3.5-58，江滨汇水区可以达到海绵城市的建设目标，江滨汇水区系统性方案具有可落地性、目标可达性。

江滨汇水区目标可达性汇总表　　　　　　　　　　　　　　表 3.5-58

序号	指标	计算方法	现状值	目标值	工程实施预期值
1	防涝能力	模型法	2 年一遇	30 年一遇	30 年一遇
2	常规雨水管渠排水能力	模型法	1 年一遇	3 年一遇	3 年一遇
3	径流污染 TSS 控制率（%）	容积法	—	60	84.88
		模型法	14.9	60	81.37

序号	指标	计算方法	现状值	目标值	工程实施预期值
4	年径流总量控制率（%）	容积法	54	75	94.8
		模型法	49.1	75	75.6（91.07）
5	非常规水资源利用率（%）	统计计算	1.7	4.7	17.9

注：括号内沿金山湖 CSO 溢流污染综合治理工程建设完成后年径流总量控制率情况。

3.5.9 虹桥港汇水区系统性方案设计

1. 概况及现状指标

（1）概况

虹桥港汇水区位于老山北侧，汝山西侧，虹桥港东侧，总面积为 509.19hm²，汇水区内的主要河道为虹桥港，汇水区内雨水由雨水管网收集排入虹桥港，并最终汇入金山湖，虹桥港汇水区区位如图 3.5-31 所示。

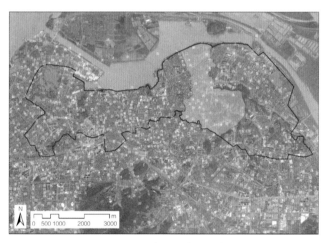

图 3.5-31　虹桥港汇水区区位图

汇水区内开发强度较高，主要为已建居住用地，东南侧部分为山地，植被覆盖率高，坡度较大，易形成山洪。汇水区地势东高西低，南高北低，汇水区雨水径流都通过雨水管网排入虹桥港内，综合径流系数为 0.45 ~ 0.55，现状有一座排河泵站，规模为 6m³/s。现状有八处主要历史积涝点：第一处为江山名洲，第二处为边检站，第三处为松村路党校附近，第四处为九里街，第五处为老山路，第六处为小米山路，第七处为宗泽路，第八处为技培中心附近。主要积水原因是地势低洼，管道能力不足，山水来势急且水量大。

虹桥港汇水区为合流制、分流制共存的排水体制，雨水及合流制排水排至金山湖，污水进入污水处理厂。虹桥港是主城区东汇水区的排水河道，也是连通金山湖的重要河道，东、南、西三面来水在市委党校附近汇集后自南向北过象山桥、经虹桥港闸进入金山湖。

虹桥港干河总长2.47km，集水面积4.4km²，其中宗泽沟至虹桥港闸共计排口10个。其中3个合流制排口，现已完成截流改造。位于虹桥港小米山路雨水口（小八子饭庄后面），虹桥港小米山路老涵（小八子饭庄后面）、宗泽沟。虹桥港源头水质基本属于劣Ⅴ类（黑臭），中上游水质较差（Ⅴ类～劣Ⅴ类），中游经过治理、水质较好，虹桥港下游至金山湖入口，水质较好（图3.5-32）。

图3.5-32 虹桥港改造前现状

（2）现状及目标指标

根据模型模拟及数据统计等结果，虹桥港汇水区现状及目标指标如表3.5-59所示。

虹桥港汇水区现状及目标指标表　　　　　　　　　　　　　　表3.5-59

序号	指标名称	现状指标	现状数据来源	目标指标
1	防涝能力	2年一遇	模拟结果	30年一遇
2	现状常规雨水管网排水能力	1年一遇	模拟结果	3年一遇
3	径流污染控制率（%）	15.5	模拟结果	60
4	年径流总量控制率（%）	46.1	模拟结果	75
5	非常规水资源利用率（%）	1.7	数据统计	4.7

2.方案设计

结合虹桥港汇水区的自身特点进行因地制宜地改造，主要包括汇水区内绿色源头LID建设、排水管网改造及受纳水体的修复，重点考虑汇水区系统性海绵治理、汇水区易积水点的消除以及径流污染的控制，充分运用海绵城市建设理念，对既有建筑与小区进行源头改造，提升景观与居住品质的同时兼顾雨水净化、滞蓄等功能，同时对排水管网系统进行改造及升级，结合建设末端处理设施，系统性达到试点区海绵城市目标。

（1）绿色源头工程方案

虹桥港汇水区内建筑密度较为密集，汇水区兼有新建小区与老旧小区。针对老旧小区主要进行重改造，进行全面海绵化改造，充分运用海绵城市建设理念结合既有建筑改造，提升景观与居住品质以及排水能力，同时兼顾雨水净化、滞留等功能。而对于新建小区，主要以新增雨水回用设施、提高小区雨水回用率为主。虹桥港汇水区绿色源头LID工程布置见图3.5-33。汇水区的LID项目主要集中分布在虹桥港源头，对虹桥港的水质改善起到一定的作用。

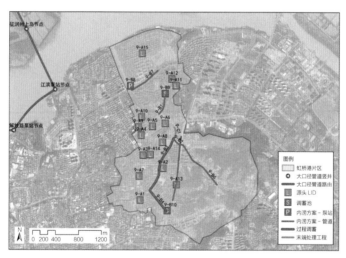

图 3.5-33 虹桥港绿色源头、过程管网和末端处理工程布置图

虹桥港汇水区绿色源头LID项目近期13个，远期2个，既包括居民小区和公共建筑，也涵盖重改造和轻改造工程，虹桥港汇水区绿色源头LID的近期调蓄量为7 699m³，远期可达11 765m³。

（2）过程管网修复工程

灰色管网工程根据服务区域以及功能性不同，会发挥不同的作用，虹桥港汇水区灰色管网工程主要是为了削减面源污染和解决内涝问题。

虹桥港汇水区解决面源污染的灰色管网工程主要是老山路 3.5m×1.5m 的调蓄管

涵、小米山路 $DN2\ 800$ 的调蓄管道、东吴路边检站调蓄池及焦山路远期的调蓄池，这些管道及调蓄池主要发挥调蓄、净化作用，处理水质较差的雨水。

虹桥港解决内涝问题的灰色管道主要是江滨路管道由 $DN600$ 扩至 $DN1\ 000$，并且新增 $DN1\ 600$ 的管道，焦山路敷设 $DN800\sim DN1\ 200$ 的管道，宗泽路敷设 $DN1\ 600\sim DN1\ 800$ 的管道，虹桥港上游河道拓宽源头河道改为 $3.5m\times 1.5m$ 的双暗涵，东侧修建挡洪墙。虹桥港灰色管网工程的布置如图 3.5-33 所示。

（3）末端处理工程

虹桥港汇水区的末端处理措施是在虹桥港水系的源头布置绿蓝综合处理设施，包括一级强化处理和人工湿地系统，解决初期雨水径流污染。在晴天情况下，灰绿蓝生态处理设施可以对虹桥港河道内水体进行循环净化处理，实现河道内水质处理净化及水质提升。虹桥港汇水区末端处理设施布置如图 3.5-33 所示。

末端重力流湿地及一级强化处理设施布置在虹桥港源头，可以为虹桥港水质提供保障。

（4）工程一览表

虹桥港汇水区通过绿色源头 LID 工程、灰色管网工程及末端处理设施，可以实现海绵城市的目标要求。虹桥港汇水区综合整治的工程量见表 3.5-60。

虹桥港汇水区工程一览表

表 3.5-60

序号	工程内容	规模	数量	功能
1	九里山庄、香山华庭、华润新村、松盛花苑、东吴路 86 号、桃花坞十区等。其中东吴路 86 号、桃花坞十区、镇江市实验中学、象山医院镇江市出入境检疫中心、镇江市技培中心 LID 工程	调蓄容积 11 765m³	15 个	径流控制
2	东吴路	$DN1\ 200$	420m	转输
3	江滨路	$DN600$ 扩至 $DN1\ 000$	560m，560m	转输
4	焦山路	$DN1\ 000$	800m	转输
5	宗泽路	$DN1\ 800$	750m	转输
6	小米山路	$DN2\ 800$	950m	转输、调蓄
7	老山路	$3.5m\times 1.5m$	450m	转输、调蓄
8	虹桥港泵站	$6.0m^3/s$ 扩至 $12m^3/s$	1 座	快排
9	生态浮岛	124m³	8 个	净化
10	重力流湿地	3 000m³/d	1 座	净化、处理
11	一级强化处理设施	24 000m³/d	1 座	净化、处理
12	边检站调蓄池	2 200m³	1 座	调蓄、净化
13	焦山路调蓄池	10 000m³	1 座	调蓄、净化

3. 目标可达性分析

虹桥港汇水区通过源头LID改造工程、过程管网修复工程、末端处理工程综合作用，防治内涝能力、常规雨水管渠排水能力、径流污染控制率、年径流总量控制率、非常规水资源利用率有较大提升，通过容积法和模型法复核分析如下。

（1）防涝能力

模拟结果表明，方案实施后内涝积水点将明显减少，沿边检站东侧的雨水管道和调蓄池基本解决了边检站附近的内涝问题，沿小米山路—老山路的大口径管道和雨水管涵大幅度地削减了小米山路和老山路的积水面积和积水量，基本解决了这两条路的内涝问题。虹桥港源头河道拓宽并修建挡洪墙有效解决了其东侧地块的淹水问题，可以分担宗泽路和小米山路的部分山水。宗泽路的雨水管道基本解决了宗泽路的内涝问题，局部低点以及来水坡度大导致该路个别区域有超过30cm的淹水，但淹水范围不大，且退水较快，内涝风险低。将焦南雨水泵站能力提升至12m³/s，明显改善江山名洲积涝（图3.5–34）。

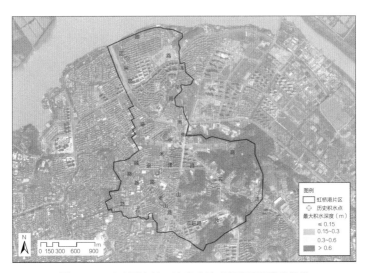

图 3.5–34 虹桥港汇水区方案实施后积涝情况模拟结果

（2）常规雨水管渠排水能力

通过SWMM模拟系统性方案实施后该汇水区雨水管网系统的超载管道比例、检查井溢流量及检查井溢流数量，结果见表3.5–61。

虹桥港汇水区方案前后管道及检查井对比情况　　　　　　　　　　表 3.5–61

重现期	管道超载长度比例（％）		检查井溢流量（m³）		溢流检查井个数（个）	
	现状	方案	现状	方案	现状	方案
1年一遇	24.1	24.10	2 313	1 427	25	11
2年一遇	40.7	40.70	11 885	4 578	79	19

重现期	管道超载长度比例（%）		检查井溢流量（m³）		溢流检查井个数（个）	
	现状	方案	现状	方案	现状	方案
3 年一遇	48.6	48.60	23 127	7 722	118	47
5 年一遇	53.2	53.20	43 824	15 607	155	79
10 年一遇	55.3	55.30	69 958	27 950	209	109

管道超载比例及冒水点都明显减少，雨水管网排水能力有较大的提升。

（3）径流污染控制率

通过容积法和模型法计算虹桥港汇水区系统方案实施后径流污染控制率，结果如下。

1）容积法

根据容积法计算结果，虹桥港汇水区系统方案实施后径流污染控制率为68.81%，满足目标要求，详见表3.5-62。

虹桥港汇水区径流污染物控制复核表——容积法　　　　表3.5-62

水质控制参数		
名称	数值	备注
雨水污染物浓度 TSS（mg/L）	200	估算值
60% 径流污染控制目标值 TSS（kg）	6 544.11	
径流污染总量（kg）	10 906.85	
源头 TSS 削减量（kg）	923.88	
过程调蓄 TSS 削减量（kg）	2 680.90	
汇水区末端分散处理设施削减量（kg）	4 860.00	
合流制 TSS 削减量（kg）	0	
末端集中灰色设施削减量（kg）	0	
末端集中绿色设施削减量（kg）	0	
合计 TSS 削减量（kg）	8 464.78	
实际 TSS 削减率（%）	68.81	

2）模型法

根据模型法计算结果，虹桥港汇水区系统方案实施后径流污染控制率为57.9%，满足目标要求，详见表3.5-63。

虹桥港汇水区径流污染物控制复核表——模型法　　表 3.5-63

指标	数值
年均面源污染产生量（t）	350.36
年均面源污染源头减排量（t）	71.77
年均面源污染合流制转输量（t）	43.09
年均面源污染末端设施处理量（t）	88
年均面源污染入河量（t）	147.5
径流污染控制率（%）	57.9

（4）年径流总量控制率

通过容积法和模型法计算虹桥港汇水区年径流总量控制率，结果如下。

1）容积法

根据容积法计算结果，虹桥港汇水区系统方案实施后年径流总量控制率为75.10%，满足目标要求，详见表 3.5-64。

虹桥港汇水区年径流总量控制率复核表——容积法　　表 3.5-64

水量控制参数		
名称	数值	备注
汇水面积（hm²）	509.19	
综合径流系数	0.42	根据 SWMM 模型读取
径流控制目标（mm）	25.5	75% 控制率
年径流控制总量目标值（m³）	129 843.45	
源头自然入渗量（m³）	75 309.20	
源头 LID 控制量（m³）	7 699.00	
源头 LID 控制量（m³）	11 765.00	远期绿色 LID
过程调蓄控制量——二级管道及调蓄池（m³）	26 809.00	
过程调蓄控制量——大口径管道（m³）	0	
汇水区末端分散处理设施处理（m³）	27 000.00	汇水区末端排口
合流制转输控制量（m³）	0	污水处理厂
末端集中灰色设施控制量（m³）	0	大口径集中转输
末端集中绿色设施控制量（m³）	0	大口径集中转输
合计控制量（m³）	136 817.20	
实际年径流总量控制率（%）	75.10	

2）模型法

根据模型法计算结果，虹桥港汇水区系统方案实施后年径流总量控制率为73.72%，基本满足目标要求，详见图3.5-35、表3.5-65。

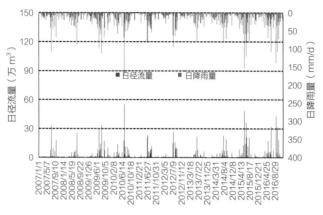

图3.5-35 虹桥港片区方案2007—2016年降雨径流过程线

虹桥港汇水区径流总量控制复核表——模型法 表3.5-65

指标	数值
年均降雨量（万 m³）	620.49
年均蒸发量（万 m³）	76.06
年均下渗量（万 m³）	217.16
年均径流量（万 m³）	163.06
年均合流制转输量（万 m³）	24.6
年均末端设施处理量（万 m³）	139.61
年径流总量控制率（%）	73.72

（5）非常规水资源利用率

虹桥港汇水区针对虹桥港流域进行源头治理，通过雨水处理站处理雨水，用于景观补水。东吴路通过边检站调蓄池对雨水处理，并进行再利用。经计算，雨水资源利用率为13.6%，再生水利用率为1.7%，则该汇水区的非常规水资源利用率为15.3%，达到海绵城市建设目标要求。

4.结论

虹桥港汇水区通过3项源头改造工程综合治理，防涝能力、常规雨水管渠排水能力、径流污染控制率、年径流总量控制率、非常规水资源利用率均显著提升，详见表3.5-66，虹桥港汇水区可以达到海绵城市的建设目标，虹桥港汇水区系统性方案具有可落地性、目标可达性。

序号	指标	计算方法	现状值	目标值	工程实施预期值
1	防涝能力	模型法	2 年一遇	30 年一遇	30 年一遇
2	常规雨水管渠排水能力	模型法	1 年一遇	3 年一遇	3 年一遇
3	径流污染 TSS 控制率（%）	容积法	—	60	68.81
		模型法	16	60	57.9
4	年径流总量控制率（%）	容积法	62	75	75.1
		模型法	46.1	75	73.72
5	非常规水资源利用率（%）	统计计算	1.7	4.7	18.5

3.5.10 玉带河汇水区系统性方案设计

1. 概况及现状指标

（1）概况

玉带河汇水区位于试点区东南侧，总面积为 392.39hm²，北临禹山路，南侧为学府路，西侧为汝山路，地势为北高南低、西高东低，江苏大学位于该汇水区。汇水区区位如图 3.5-36 所示。

玉带河汇水区排水系统为分流制，汇水区雨水经雨水系统收集后直排玉带河，污水进入污水处理厂。

玉带河汇水区内主要受纳水体为玉带河，受初期雨水影响，河道水质较差（图 3.5-37）。

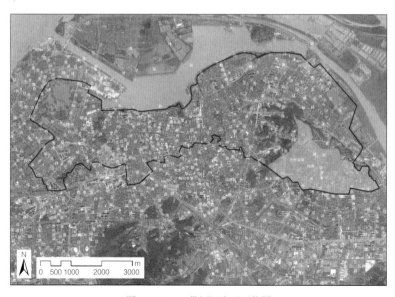

图 3.5-36　玉带河汇水区区位图

图 3.5-37 整治前的玉带河

（2）现状及目标指标

根据模型模拟及数据统计等结果，玉带河汇水区现状及目标指标如表 3.5-67 所示。

玉带河汇水区现状及目标指标表　　　　　　　　　　　　　　　表 3.5-67

序号	指标名称	现状指标	现状数据来源	目标指标
1	防涝能力	1 年一遇	模拟结果	30 年一遇
2	现状常规雨水管网排水能力	1 年一遇	模拟结果	3 年一遇
3	径流污染控制率（%）	16.6	模拟结果	65
4	年径流总量控制率（%）	46.4	模拟结果	75
5	非常规水资源利用率（%）	1.7	数据统计	4.7

2.方案设计

（1）绿色源头工程方案

玉带河汇水区主要包括江苏大学、孟家湾水库公共建筑以及江苏大学家属楼的小区。针对江苏大学校园设施老旧、景观环境较差的特点，通过建立生物滞留设施，提升景观效果，完善雨水系统的手段，提升学校的整体环境；针对家属区，通过设置雨水滞留设施及渗透路面，减少小区雨水径流；对孟家湾水库，通过改造为湿地，提高水质处理能力，增加人与自然的交互。玉带河汇水区绿色源头 LID 工程布置如图 3.5-38 所示。

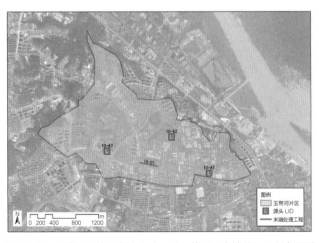

图 3.5-38　玉带河汇水区绿色源头、过程管网、末端处理工程布置图

玉带河汇水区绿色源头LID项目共计3个，包括居民小区和公共建筑，均为重改造项目。玉带河汇水区绿色源头LID近期的调蓄量为36 377m³。其中，江苏大学改造工程包含玉带河河道拓宽的工程内容，极大提高了玉带河的行洪能力。

（2）过程管网修复工程

玉带河汇水区属于发展片区，管网较新，不需要进行管网修复工程。

（3）末端处理工程

玉带河汇水区末端处理措施采用集中处理方式，在玉带河沿岸布置重力流湿地，汇水区雨水集中处理后排至玉带河，减少对玉带河及古运河的面源污染。玉带河汇水区末端处理设施布置如图3.5-38所示。

（4）工程一览表

玉带河汇水区通过绿色源头LID工程、末端处理设施，可以实现海绵城市的目标要求，工程量见表3.5-68。

玉带河汇水区工程一览表 表3.5-68

序号	工程内容	规模	数量	功能
1	江苏大学家属区、江苏大学海绵校园、孟家湾水库	调蓄容积36 377m³	3个	径流控制
2	重力流湿地	3.2万 m³/d	1座	净化、处理

3. 目标可达性分析

玉带河汇水区通过源头LID改造工程、末端处理工程的综合作用，防治内涝能力、常规雨水管渠排水能力、径流污染控制率、年径流总量控制率、非常规水资源利用率有较大提升，达到试点区海绵城市建设目标要求，通过容积法和模型法复核分析如下。

（1）防涝能力

依据现状积涝模拟状况，掌握内涝点及内涝形成原因，应用二维淹水模拟内涝。本汇水区洪涝积水原因是玉带河断面宽度较窄、纵坡不顺造成的行洪能力不足，因此将河道断面拓宽以及江苏大学校内河段顺坡，坡度1‰。根据此方案，模拟玉带河30年一遇降雨情景下河道漫堤状况，模拟结果表明，江苏大学校内洪涝积水有明显改善，玉带河校内河段水位在5.5 ~ 5.8m，局部洼地涝水可通过河道断面改造时标高抬升，或挖方成为河畔水景（图3.5-39）。

（2）常规雨水管渠排水能力

通过SWMM模拟系统方案实施后该汇水区雨水管网系统的超载管道比例、检查井溢流量及检查井溢流数量，结果见表3.5-69。

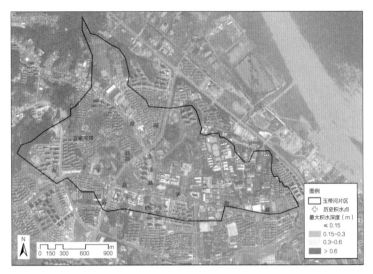

图 3.5-39　玉带河汇水区方案实施后积涝情况模拟结果

玉带河汇水区方案前后管道及检查井对比情况　　　　　　　　表 3.5-69

重现期	管道超载长度比例（%）		检查井溢流量（m³）		溢流检查井个数（个）	
	现状	方案	现状	方案	现状	方案
1 年一遇	13.6	10.95	502 361	13	24	6
2 年一遇	30.5	21.98	539 084	546	24	6
3 年一遇	38.7	32.16	561 837	1 462	26	9
5 年一遇	44.5	40.26	595 181	4 748	35	17
10 年一遇	48.6	47.24	630 727	12 881	59	29

管道超载比例及冒水点都明显减少，雨水管网排水能力有较大的提升。

（3）径流污染控制率

通过容积法和模型法计算玉带河汇水区径流污染控制率。

1）容积法

根据容积法计算结果，玉带河汇水区系统方案实施后径流污染控制率为 74.04%，满足目标要求，详见表 3.5-70。

玉带河汇水区径流污染物控制复核表——容积法　　　　　　　　表 3.5-70

水质控制参数		
名称	数值	备注
雨水污染物浓度 TSS（mg/L）	200	估算值
65% 径流污染控制目标值 TSS（kg）	4 802.85	
径流污染总量（kg）	8 004.76	

水质控制参数		
名称	数值	备注
源头 TSS 削减量（kg）	4 365.24	
过程调蓄 TSS 削减量（kg）	0	
汇水区末端分散处理设施削减量（kg）	5 760.00	
合流制 TSS 削减量（kg）	0	
末端集中灰色设施削减量（kg）	0	
末端集中绿色设施削减量（kg）	0	
合计 TSS 削减量（kg）	10 125.24	
实际 TSS 削减率（%）	74.04	

2）模型法

根据模型法计算结果，玉带河汇水区系统方案实施后径流污染控制率为 74.08%，满足海绵城市目标要求，详见表 3.5–71。

玉带河汇水区径流污染物控制复核表——模型法　　　　　　表 3.5–71

指标	数值
年均面源污染产生量（t）	282.29
年均面源污染源头减排量（t）	90.21
年均面源污染合流制转输量（t）	0
年均面源污染末端设施处理量（t）	118.92
年均面源污染入河量（t）	73.16
径流污染控制率（%）	74.08

（4）年径流总量控制率

通过容积法和模型法计算年径流总量控制率。

1）容积法

根据容积法计算结果，玉带河汇水区系统方案实施后年径流总量控制率为 79.80%，满足目标要求，详见表 3.5–72。

玉带河汇水区年径流总量控制率复核表——容积法　　　　　　表 3.5–72

水量控制参数		
名称	数值	备注
汇水面积（hm²）	392.39	
综合径流系数	0.40	根据 SWMM 模型读取

水量控制参数		
名称	数值	备注
径流控制目标（mm）	25.5	75% 控制率
年径流控制总量目标值（m³）	100 059.45	
源头自然入渗量（m³）	60 035.67	
源头 LID 控制量（m³）	36 377.00	
源头 LID 控制量（m³）	36 377.00	远期绿色 LID
过程调蓄控制量——二级管道及调蓄池（m³）	0	
过程调蓄控制量——大口径管道（m³）	0	
汇水区末端分散处理设施处理（m³）	32 000.00	汇水区末端排口
合流制转输控制量（m³）	0	污水处理厂
末端集中灰色设施控制量（m³）	0	大口径集中转输
末端集中绿色设施控制量（m³）	0	大口径集中转输
合计控制量（m³）	128 412.67	
实际年径流总量控制率（%）	79.80	

2）模型法

根据模型法计算结果，玉带河汇水区系统方案实施后年径流总量控制率为77.23%，满足目标要求，详见图 3.5-40、表 3.5-73。

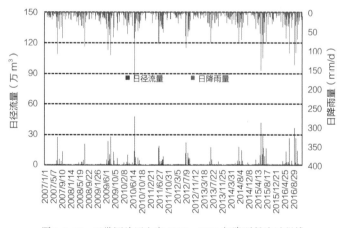

图 3.5-40　玉带河片区方案 2007—2016 年降雨径流过程线

玉带河汇水区径流总量控制复核表——模型法　　　　　　　　　　表 3.5-73

指标	数值
年均降雨量（万 m³）	478.16
年均蒸发量（万 m³）	55.3

指标	数值
年均下渗量（万 m³）	189.07
年均径流量（万 m³）	108.87
年均末端设施处理量（万 m³）	124.92
年径流总量控制率（%）	77.23

（5）非常规水资源利用率

玉带河汇水区进行孟家湾水库及玉带河的综合整治工程，通过在玉带河沿岸设置重力流湿地的手段，实现雨水回用、改善水质的目的。经计算，雨水资源回用率为16.8%，再生水利用率为1.7%，则该汇水区的非常规水资源利用率为18.5%。

4. 结论

玉带河汇水区通过3项源头改造工程综合治理，防涝能力、常规雨水管渠排水能力、径流污染控制率、年径流总量控制率、非常规水资源利用率均显著提升，详见下表，玉带河汇水区可以达到海绵城市的建设目标，玉带河汇水区系统方案具有可落地性、目标可达性（表3.5-74）。

玉带河汇水区目标可达性汇总表 　　　　　　　　　　　　　　表3.5-74

序号	指标	计算方法	现状值	目标值	工程实施预期值
1	防涝能力	模型法	2年一遇	30年一遇	30年一遇
2	常规雨水管渠排水能力	模型法	1年一遇	3年一遇	3年一遇
3	径流污染TSS控制率（%）	容积法	—	65	74.04
		模型法	16	65	74.08
4	年径流总量控制率（%）	容积法	46.4	75	79.80
		模型法	46.4	75	77.23
5	非常规水资源利用率（%）	统计计算	1.7	4.7	18.5

3.5.11　焦东汇水区系统性方案设计

1. 概况及现状指标

（1）概况

焦东汇水区位于试点区东北侧，总面积为651.47hm²，北临江滨路，南侧为禹山路，西侧东吴路。地势为南高北低，水系较多，下垫面相对单一。焦东汇水区属于待开发地块，远期开发建设需要结合海绵城市目标进行规划。焦东汇水区区位如图3.5-41所示。

焦东汇水区已有排水系统为分流制，汇水区雨水经雨水系统收集后直排就近水系，污水进入污水处理厂。

焦东汇水区的水系较为发达，河流纵横交叉，远期建设该汇水区时，重点考虑近水体的末端处理设施，提高体水环境质量。

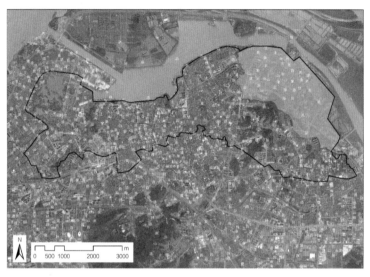

图 3.5-41　焦东汇水区区位图

（2）现状及目标指标

根据模型模拟及数据统计等结果，焦东汇水区现状及目标指标如表 3.5-75 所示。

焦东汇水区现状及目标指标表　　　　　　　表 3.5-75

序号	指标名称	现状指标	现状数据来源	目标指标
1	防涝能力	2 年一遇	模拟结果	30 年一遇
2	现状常规雨水管网排水能力	1 年一遇	模拟结果	3 年一遇
3	径流污染控制率（%）	16.4	模拟结果	55
4	年径流总量控制率（%）	56.7	模拟结果	80
5	非常规水资源利用率（%）	1.7	数据统计	4.7

2. 方案设计

（1）绿色源头工程方案

焦东汇水区为待开发地块，待建小区及公共建筑均需满足海绵城市目标要求，小区包括中南世纪城大三期、中南御景城西侧地块、汝山路以西未开发地块、汝山路以东未开发地块、象山路以北学校、无线产业园、宜嘉湖庭二期地块、象山泵站、航信路以西地块、中冶蓝湾地块、一夜河附近地块、焦东汇水区保留地块、清流路以北为开发地块及京口污水处理厂。焦东汇水区绿色源头 LID 工程布置如图 3.5-42 所示，该汇水区的 LID 项目较为分散，有效地覆盖了汇水区的范围。

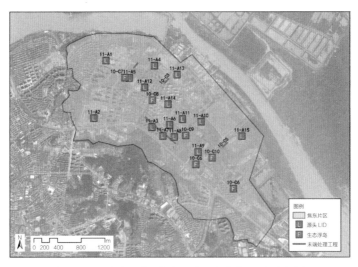

图 3.5-42　焦东汇水区绿色源头、末端处理工程布置图

焦东汇水区远期的绿色源头 LID 项目共计 15 个，包括居民小区和公共建筑，也涵盖重改造项目和轻改造项目，焦东汇水区绿色源头 LID 远期的调蓄量为 81 957m³。

（2）管网修复工程

焦东河汇水区属于发展片区，管网较新，不需要进行管网修复工程。

（3）末端处理工程

焦东汇水区内末端处理工程包括东圩区引水活水工程、河岸重力流湿地工程。

东圩区位于焦东汇水区内，面积约为 3.1km²，河道行洪排涝能力较差、河道淤积比较严重、河道污染严重，因此设计引水活水工程，引水水源为京口污水处理厂再生水，水质达到Ⅳ类水。引水活水工程可以有效避免焦东汇水区水环境质量变差。此外，在沿岸布置末端处理设施，主要是在河岸布置重力流湿地及河道布置生态浮岛，保障河道水质。

（4）工程一览表

焦东汇水区通过绿色源头 LID 工程及末端处理设施，可以实现海绵城市的目标要求。工程量见表 3.5-76。

焦东汇水区工程一览表　　　　　　　　　　　　　　　表 3.5-76

序号	工程内容	规模	数量	功能
1	中南世纪城大三期、中南御景城西侧地块、汝山路以西未开发地块、汝山路以东未开发地块、象山路以北学校、无线产业园、宜嘉湖庭二期地块、象山泵站、航信路以西地块、中冶蓝湾地块、一夜河附近地块、焦东汇水区保留地块、清流路以北为开发地块及京口污水处理厂等 LID 工程	调蓄容积 81 957m³	14 个	径流控制
2	重力流湿地	6.0 万 m³/d	5 座	净化、处理
3	生态浮岛	150m³	6 个	净化、处理

3. 目标可达性分析

焦东汇水区通过源头 LID 改造工程、末端处理工程综合作用，防治内涝能力、常规雨水管渠排水能力、径流污染控制率、年径流总量控制率、非常规水资源利用率有较大提升，达到试点区海绵城市建设目标要求，通过容积法和模型法复核分析如下。

（1）防涝能力

通过 SWMM 模型模拟，焦东汇水区的在 30 年一遇的降雨下，不会产生内涝现象，各河道的行洪能力均满足要求，结合二维模型模拟结果，焦东汇水区完全满足 30 年一遇不产生内涝。

（2）常规雨水管渠排水能力

通过 SWMM 模拟系统方案实施后该汇水区雨水管网系统的超载管道比例、检查井溢流量及检查井溢流数量，结果见表 3.5-77。

焦东汇水区方案前后管道及检查井对比情况　　　　　　　　　　表 3.5-77

重现期	管道超载长度比例（%）		检查井溢流量（m³）		溢流检查井个数（个）	
	现状	方案	现状	方案	现状	方案
1 年一遇	17.1	17.10	18 056	6 920	2	2
2 年一遇	24.1	24.1	41 445	36 594	8	8
3 年一遇	25.7	25.70	55 118	52 563	11	11
5 年一遇	30.0	30.0	70 870	71 724	14	14
10 年一遇	33.4	33.40	91 833	91 833	17	17

管道超载比例及冒水点都明显减少，雨水管网排水能力有较大的提升。

（3）径流污染控制率

通过容积法和模型法计算焦东汇水区径流污染控制率，结果如下。

1）容积法

根据容积法计算结果，焦东汇水区系统方案实施后径流污染控制率为 60.0%，满足目标要求，详见表 3.5-78。

焦东汇水区径流污染物控制复核表——容积法　　　　　　　　表 3.5-78

水质控制参数		
名称	数值	备注
雨水污染物浓度 TSS（mg/L）	200	估算值
55% 径流污染控制目标值 TSS（kg）	6 761.29	
径流污染总量（kg）	12 293.24	
源头 TSS 削减量（kg）	0.00	

水质控制参数		
名称	数值	备注
过程调蓄 TSS 削减量（kg）	0	
汇水区末端分散处理设施削减量（kg）	7 200.00	
合流制 TSS 削减量（kg）	0	
末端集中灰色设施削减量（kg）	0	
末端集中绿色设施削减量（kg）	0	
合计 TSS 削减量（kg）	7 200.00	
实际 TSS 削减率（%）	60.00	

2）模型法

根据模型法计算结果，焦东汇水区系统方案实施后径流污染控制率为 62.07%，满足目标要求，详见表 3.5-79。

焦东汇水区径流污染物控制复核表——模型法　　　　　　表 3.5-79

指标	数值
年均面源污染产生量（t）	537.83
年均面源污染源头减排量（t）	175.72
年均面源污染合流制转输量（t）	98.6
年均面源污染末端设施处理量（t）	59.5
年均面源污染入河量（t）	204.01
径流污染控制率（%）	62.07

（4）年径流总量控制率

通过容积法和模型法计算焦东汇水区年径流总量控制率，结果如下。

1）容积法

根据容积法计算结果，焦东汇水区系统方案实施后年径流总量控制率为 79.01%，满足目标要求，详见表 3.5-80。

焦东汇水区年径流总量控制率复核表——容积法　　　　　　表 3.5-80

水量控制参数		
名称	数值	备注
汇水面积（hm²）	651.47	
综合径流系数	0.37	根据 SWMM 模型读取
径流控制目标（mm）	31.8	80% 控制率

水量控制参数		
名称	数值	备注
年径流控制总量目标值（m³）	207 167.46	
源头自然入渗量（m³）	104 658.66	
源头 LID 控制量（m³）	0.00	
源头 LID 控制量（m³）	81 957.00	远期绿色 LID
过程调蓄控制量——二级管道及调蓄池（m³）	0	
过程调蓄控制量——大口径管道（m³）	0	
汇水区末端分散处理设施处理（m³）	18 000	汇水区末端排口
合流制转输控制量（m³）	0	污水处理厂
末端集中灰色设施控制量（m³）	0	大口径集中转输
末端集中绿色设施控制量（m³）	0	大口径集中转输
合计控制量（m³）	204 615.66	
实际年径流总量控制率（%）	79.01	

2）模型法

根据模型法计算结果，焦东汇水区系统方案实施后年径流总量控制率为 83.43%，满足目标要求，详见图 3.5-43、表 3.5-81。

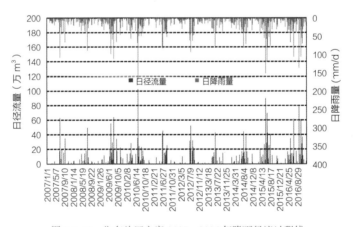

图 3.5-43 焦东片区方案 2007—2016 年降雨径流过程线

焦东汇水区径流总量控制复核表——模型法   表 3.5-81

指标	数值
年均降雨量（万 m³）	793.91
年均蒸发量（万 m³）	145.65
年均下渗量（万 m³）	340.60

指标	数值
年均末端设施处理量（万 m³）	176.11
年均径流量（万 m³）	131.55
年径流总量控制率（%）	83.43

（5）非常规水资源利用率

焦东汇水区进行水系的综合整治工程，通过在河道沿岸设置重力流湿地及生态浮岛的手段，实现改善水质、雨水回用的目的。经计算，雨水资源回用率为11.2%，再生水利用率为1.7%，该汇水区的非常规水资源利用率为12.9%。

4. 结论

焦东汇水区通过源头绿色工程、过程管网修复工程、末端处理工程，防涝能力、常规雨水管渠排水能力、径流污染控制率、年径流总量控制率、非常规水资源利用率均显著提升，详见表3.5-82。

焦东汇水区目标可达性汇总表　　　　　　　　　　　　　　表3.5-82

序号	指标	计算方法	现状值	目标值	工程实施预期值
1	防涝能力	模型法	30 年一遇	30 年一遇	30 年一遇
2	常规雨水管渠排水能力	模型法	3 年一遇	3 年一遇	3 年一遇
3	径流污染 TSS 控制率（%）	容积法	—	55	60
		模型法	16.4	55	62.07
4	年径流总量控制率（%）	容积法	56.7	80	79.01
		模型法	56.7	80	83.43
5	非常规水资源利用率（%）	统计计算	1.7	4.7	12.9

焦东汇水区通过绿色源头和末端河道治理工程，焦东汇水区可以达到海绵城市的建设目标，焦东汇水区系统性方案具有可落地性、目标可达性。

3.5.12　方案小结

镇江市海绵城市试点区大部分汇水区属于高密度区域，采用末端为主系统兼顾的方案。高密度开发程度高的区域采用末端为主系统兼顾的方案，包括头摆渡、黎明河、运粮河、古运河、解放路、绿竹巷、江滨及虹桥港汇水区；低密度区域采用源头型方案或者均衡型，源头型方案汇水区包括金山湖风景区、焦东汇水区；均衡型方案汇水区有玉带河汇水区。

第 4 章

工程实践

针对试点区存在的水安全、水环境、水生态、水资源、水文化等问题，镇江海绵城市建设试点区通过全收集全处理、源头减排、过程控制、系统治理等措施，实现试点区海绵城市建设目标。试点区内建设各类海绵项目共计 158 项，包括老旧小区改造、道路改造、泵站管网建设、CSO 大口径管网等多种项目类型。

源头减排工程主要包括小区和道路 LID 改造工程，主要作用是提高年径流总量控制率、径流污染控制率、水资源利用率等。本书列举具有代表性的源头减排项目包括华润新村海绵小区改造、江二示范区 LID 小区改造、龙门港路海绵型道路改造、长江路及三角绿地海绵改造。

过程控制工程主要包括泵站、管道和调蓄池工程等，主要作用为系统提升内涝防治能力、削减径流总量和径流污染。本书列举代表性的过程控制项目包括龙门雨水泵站、边检站调蓄池工程。

末端处理工程对年径流总量控制率、径流污染控制率、水资源利用率起到主要贡献作用。

系统治理工程是通过源头、过程、末端多维度系统治理实现海绵城市建设各目标指标"全面达标"的综合治理工程。试点区系统治理工程主要包括沿金山湖 CSO 溢流污染综合治理工程、海绵公园建设工程、虹桥港水系综合治理、古运河水系综合治理（孟家湾水库及玉带河综合治理）等。

4.1 源头减排——小区 LID 改造工程

华润新村及江滨新村二期改造工程是镇江海绵城市建设示范区，LID 改造有效削减了面源污染，缓解片区内涝问题。项目采用系统化设计理念、科学分析，建立模型模拟结合场地，科学划分汇水分区，针对不同的下垫面给排水情况，合理布置海绵设施；问题导向，针对内涝、活动空间局促、交通及停车困难、景观效果极差等严重的环境问题，采取包括 LID、初期雨水调蓄池等在内的各种措施，控制、治理社区面源污染，修复小区景观，实现社区的生态建设目标、切实为居民解决实质性生活环境问题；专业施工与管理，启用经验丰富的施工队伍以及专业的管理团队，严格按照国家标准，施工规范结合海绵现场施工要点合理施工。

项目根据场地实际条件，遵循因地制宜、目标导向、安全为重、统筹建设、投资优化等原则，坚持生态优先并与景观设计结合，科学有效地解决了老旧小区存在的管网、内涝问题，为探索出适合镇江高密度老城区的海绵城市建设方式提供有力的技术支持。

4.1.1 华润新村海绵小区改造工程

4.1.1.1 项目概况

1. 项目名称

华润新村海绵小区改造工程。

2. 项目地点

华润新村在镇江市海绵城市主城区 22km² 试点区内，位于古城路以东，花山路以北（图 4.1-1）。

图 4.1-1　华润新村区位图

3. 项目规模

该小区现状建筑主要为 6 层的居民楼，总用地面积约 5.88hm²，小区内绿化率 35.2%，改造设计条件较好，结合老小区整治和雨污分流改造，进行海绵城市建设。

4. 建设投资

本项目总投资约 2 400 万元。

4.1.1.2　存在问题

1. 内涝问题

镇江属亚热带季风气候，夏季降雨强度较大，小区在建设之初对当地气候特点考量不足，集中降雨季节小区内涝严重，雨污水直接排向地表，没有适当的引流设计，地表径流不受控制。

2. 面源污染问题

小区内机动车和人行空间混杂，入户道路狭小，随着机动车数量急剧增长，停车位严重短缺，公共绿地被占用为停车位，导致泥土裸露，易造成雨天泥浆进入管网（图 4.1-2），并且现状存在管道接入小区市政管道前混接、居民直接向雨水篦倾倒污水等问题。

3. 雨污合流

区域内雨污合流，地表面源污染及污水长期合流，存在管网淤泥沉淀、堵塞问题，导致区域内雨水携带大量的污染物进入下游管道，暴雨时对污水泵站产生了巨大压力。

图 4.1-2　华润新村改造前

4.1.1.3　建设目标

1. 改造目标

根据镇江市海绵城市建设试点实施方案要求，华润新村 LID 设施布置需达到以下 3 个目标，年径流总量控制率为 86.7%，对应设计降雨量为 44.9mm（图 4.1-3）；排水防涝标准达到有效应对 30 年一遇降雨，面源污染削减率达到 60%。

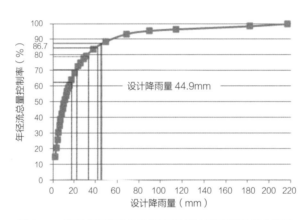

图 4.1-3　镇江市年径流总量控制率与设计降雨量关系曲线图

2. 改造原则

项目综合考虑区域内气候、地质、地形等环境条件，结合海绵城市建设理念，根据区域内海绵改造的目标，因地制宜、创造性开展系统设计。

（1）因地制宜和科学统筹相结合

根据华润新村特点合理制定海绵城市建设的目标、科学统筹规划各类建设项目，严格落实相关规划中确定的海绵开发的控制目标和技术要求。

（2）安全为本和系统治理相结合

以城市排水安全为本，通过海绵城市技术构建低影响绿色雨水系统，最大限度地实现雨水在社区的积存、渗透和净化，促进雨水资源的利用和生态环境保护，绿色雨水设施和传统排水防涝设施相结合，工程措施和非工程措施相结合。

（3）节水优先和生态修复相结合

综合运用 LID 技术，促进雨水资源的渗、滞、蓄、净、用、排和促进生态环境的修复，增加调蓄设施，既满足区域内径流量控制要求，又可以满足日常绿化灌溉要求。

4.1.1.4 建设内容

1. 设计流程

华润新村在设计之初进行了多次现场调研，因地制宜地确定雨水管理措施，方案设计过程中积极征求居民、居委会、物业等意见，并对居民进行了问卷调查，获得有效问卷 55 份，深入访谈录音时长 80min。居民对内涝、活动空间、交通与停车等问题反应强烈（图 4.1-4），这些问题在方案设计中进行综合考虑。

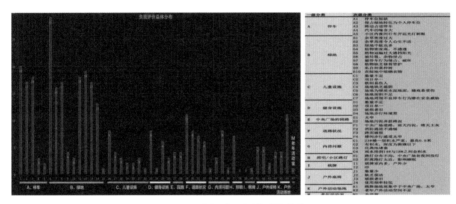

图 4.1-4　居民负面评价总体分布

根据海绵城市目标、住户需求、场地特点，确定最优雨水管理措施，将雨水收集理念与景观设计途径相结合，整合小区现状资源，设计满足居民生活、休闲的居住社区（图 4.1-5）。

2. 总体布局

通过前期分析，确定 LID 设施的选择与布置，经初步模拟计算，总共布设雨水花园 11 353m²，透水停车场 4 170m²，调蓄池模块 120m³，LID 设施调蓄量基本满足设计要求。满足要求后对各汇水分区进行细化，建立精细化模型，对设计目标进行模拟核算，确定是否满足 30 年一遇内涝防治要求，通过 SWMM 模型进行精细化模拟分析，最终确定最优 LID 方案（图 4.1-6）。

3. 汇水区划分

根据区域内竖向标高、管网情况，将场地分为 9 个汇水分区，保证地表径流进入设置的海绵设施，进行源头处理，削减面源污染。根据各汇水分区及其规模对每个子汇水分区进行初步计算（图 4.1-7）。

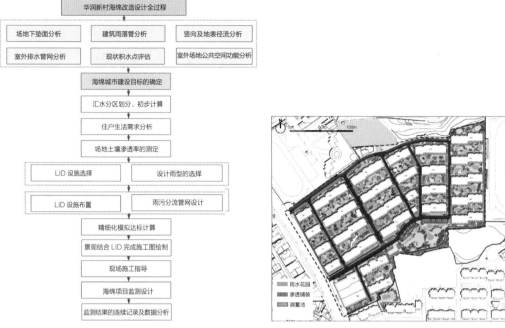

图 4.1-5 海绵改造设计流程

图 4.1-6 总平面布置图

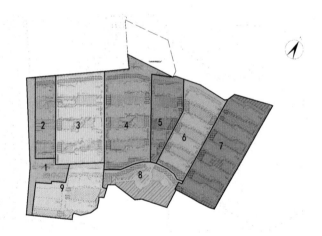

汇水分区	1	2	3	4	5	6	7	8	9
汇水面积（m²）	2 892	4 016	10 112	10 245	4 377	6 874	10 117	4 580	5 627

图 4.1-7 华润新村汇水区划分

4. 设施选择

（1）雨水花园

区域内绿化率较高，楼间绿地较多，适合设置雨水花园，收集道路及屋顶雨水。屋面雨水通过雨水管网，穿越宅前道路进入雨水花园，雨水花园下凹30cm，置换改良土壤 60cm，改良后土壤渗透率大于等于 150mm/h，有机物含量控制率在 8% ~ 10% 的范围内，实验证明对污染物的去除效果达到地表水Ⅲ类水标准。改良后土壤下放置不同粒径碎石。碎石层设盲管，避免雨水长期积存，通过溢流井传输超标雨水（图 4.1-8）。

（2）渗透铺装

本项目采用的渗透铺装考虑透水砖透水与结构透水相结合。结构透水铺装本身不透水，而是通过其缝隙进行透水，水流进入铺装后通过不同粒径的碎石渗透、过滤最后通过盲管排入市政管网，避免长时间积水。透水砖透水系数不应小于 0.01cm/s，保证其透水性能（图 4.1-9）。

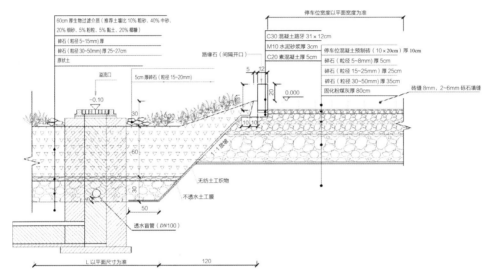

图 4.1-8 雨水花园大样

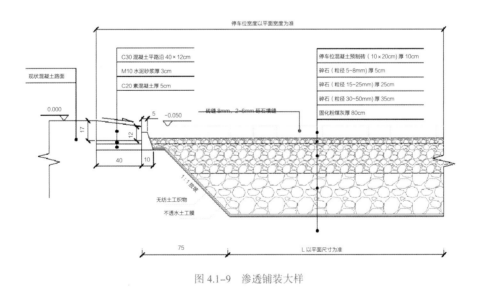

图 4.1-9 渗透铺装大样

5. 模型分析

（1）项目子汇水区的划分

根据业主提供的总平面图，分析竖向按照地面雨水径流情况将本小区划分为316个子汇水区。

（2）设置汇水区参数

SWMM模型中赋予每个子汇水区相关参数，如子流域漫流宽度、子流域面积、不透水面积百分比等，参数介绍如表4.1-1所示。

地表子汇水区参数介绍   表4.1-1

参数	参数介绍
子流域漫流宽度	子流域漫流宽度（W）是非常重要的地表汇流参数，因为当坡度和糙率一定时，流量演算参数就决定于W，子流域漫流宽度改变，子流域的出流过程也会随之改变。它的大小会影响流域内的积水量、流域汇流时间及出流过程线的形状，因而必须特别认真选取
子流域面积	在模型中，对划分子流域面积的大小并无限制，子流域的划分通常依据不同的土地利用状况和排水分界线而定
不透水面积百分比	必须确保不透水面积与排水系统具有水力（直接）联系，若屋顶的水流到地面，经草地后再流至下水道进口，则此时该屋顶就不应算做不透水面积
坡度	子流域坡度应反映地表水流方向流路的平均坡度。当有几条流路时，应以流路长为权重，取坡度的加权平均值
地表糙率	根据地面性质的不同而选择不同的曼宁糙率
洼蓄水深	洼蓄水深包括透水地表和不透水地表的数值大小，由用户估计

本模型根据每个汇水区中屋顶、硬质铺装、道路及绿地各自所占比例进行计算，求得各汇水区的不透水百分比。根据华润新村一期勘察报告所提供的勘察资料，模型中土壤渗透系数设为2.1mm/h（图4.1-10）。

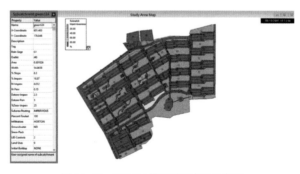

图4.1-10 SWMM模型子汇水区示意图

6. 雨水系统

本小区采用海绵城市设计理念，传统管道排水与生态化排水相结合。保留雨水主管道，改造部分错接雨水管道；建筑宅前不敷设雨水管道，原宅前路上的现状雨水篦子改造成污水小方井，接纳建筑污废水（雨水立管重新敷设）。小区北侧停车场的雨水径流通过雨水管道接入附近雨水花园内。

7. 污水系统

宅前的化粪池废除，现状承接立管排水的雨水篦子改造为污水小方井，接纳污水（雨水立管重新敷设）接入附近现状污水管道，最终通过小区内污水主干管接入古城路上的市政污水管道中。建筑单体南、北侧没有污水接入的雨水立管保留，有污水接入的雨水立管保留接纳污水，并纳入污水管道系统，重新布设雨水立管。其中位于低洼处，且附近无雨水口或雨水检查井的雨水立管不改造排口，维持现状接入污水小方井，避免局部产生积水，破损雨水管需废除后重新布设。

4.1.1.5 建设成效

改造后，内涝状况得到解决，水质得到净化，景观环境规划统一，活动空间增添各种服务设施，满足小区居民的生活需求，增添生活乐趣，其次小区内的道路改造后更为平坦、畅通，改变了道路拥挤、车位紧张的状况（图 4.1-11）。

图 4.1-11　华润新村景观改造后实景图

4.1.2　江二示范区 LID 改造工程

4.1.2.1　项目概况

1. 项目名称

江二示范区 LID 改造工程。

2. 项目地点

江二示范区位于东区泵站汇水分区内，是建于 20 世纪 80 年代的老旧小区，以老年人居住为主。

3. 项目规模

改造范围主要为 102 ～ 111 栋，整体高程为南高北低、东高西低，存在雨污合流和地下管网设计标准偏低的问题。总用地面积约 1.85hm^2，绿地面积约 3 916m^2，绿地率为 20.6%。

4. 建设投资

本项目总投资约 1 103 万元。

4.1.2.2 存在问题

1. 问题分析

江二示范区在内涝、面源污染、景观、建筑等方面存在以下问题：

内涝问题：雨水管渠设计标准偏低（1年一遇），区域内涝风险大。

面源污染问题：大量表土直接暴露在外，雨水直接混合泥土排入管道，并且管道雨污混接，居民直接向雨水篦倾倒污水。

景观问题：现状停车位偏少，停车较混乱，公共活动空间被占用，居民休憩空间减少，社区需要合理规划景观用地，提升居民生活品质。

建筑问题：违章建筑较多，自建房屋风格杂乱（图 4.1–12）。

图 4.1–12　社区现状问题

2. 需求分析

（1）排水防涝全面达标

江二示范区现状雨水管渠设计重现期为 1 年，标准偏低，缺乏对自然降雨的弹性应对，暴雨产生时容易产生内涝。为有效解决内涝问题，首先要通过海绵城市技术构建低影响绿色雨水系统，从源头削减降雨径流；其次提高雨水管道系统设计标准，提高防灾减灾能力。海绵城市建设遵循生态优化等原则，将自然途径与人工措施相结合，从根本上保证排水安全。

（2）面源污染有效好转

雨污合流进入雨水管渠是主要的面源污染问题。在雨污分流的基础上，采取包括LID、初期雨水调蓄池等在内的各种措施，控制、治理社区面源污染，实现社区的生态建设目标。

（3）居民的生活环境得到改善

社区绿化率较低、违章建筑多，影响居民的生活质量，拆除违章建筑、增加停车位和景观用地，提升居民生活品质。

4.1.2.3　建设目标

1.海绵改造的目标

江二示范区位于东区泵站排水分区内，其改造控制目标结合该排水分区的总体目标确定。东区泵站分区总占地面积 210hm²，上游主要以老旧小区为主，可结合小区综合整治提升进行源头 LID 改造。按照东区泵站分区系统方案，该排水分区在 25.5mm 设计降雨事件条件下产生径流量 30 830m³，源头改造工程总调蓄量为 12 363m³，占总量的 40.1%；过程控制总量为 14 706m³，占总量的 47.7%；末端控制总量为 3 761m³，占总量的 12.2%。因此在源头和过程控制进行污染削减是该排水分区完成面源污染控制目标的重要途径。

因此，江二示范区的控制目标主要有两个方面：

（1）流量控制目标：有效应对 30 年一遇降雨，满足内涝防治要求。

（2）径流污染总量目标：面源污染削减率（以 TSS 计）达到 90% 以上。

2.海绵改造的原则

（1）因地制宜和空间统筹相结合

根据江二示范区特点合理制定海绵改造方案，统筹兼顾东区泵站的海绵城市规划，保持整体的平衡。

（2）安全为本和系统治理相结合

以城市排水安全为本，通过海绵城市技术构建低影响绿色雨水系统建设，最大限度地实现雨水在社区的积存、渗透和净化，促进雨水资源的利用和生态环境保护，绿色雨水设施和传统排水防涝设施相结合，工程措施和非工程措施相结合。

（3）节水优先和生态修复相结合

综合运用 LID 技术，促进雨水资源的渗、滞、蓄、净、用、排和生态环境的修复，改善水环境。

4.1.2.4　建设内容

1.设计流程

江二示范区海绵改造方案的确定长达半年，期间多次进行现场踏勘，因地制宜地确定雨水管理措施，方案设计过程中积极征求居民、居委会、物业等多方面意见，确定最终方案，达到海绵城市建设目标的同时满足居民生活、休憩的需要，江二示范区LID改造设计流程如图 4.1-13 所示。

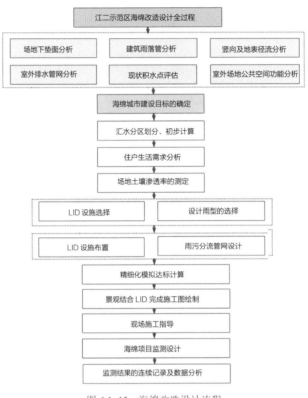

图 4.1-13　海绵改造设计流程

2. 设计降雨

《镇江市排水（雨水）防涝综合规划》中分别采用同频率分析方法、K.C. 统计法推求镇江市 24 小时设计暴雨雨型。并与水利部门推求的 24×1 小时雨型进行对比分析。基于工程安全性考虑，该规划建议长历时设计雨型推荐采用 K.C. 统计法统计成果。

在小区内涝情景模拟中采用《镇江市排水（雨水）防涝综合规划》中建议的雨型。在实际使用中也曾多次讨论该雨型对实际工程量会存在一定程度的高估，因此有条件的地区建议采用多年连续降雨进行模拟（图 4.1-14）。

3. 总体方案设计

（1）竖向设计与汇水分区

社区整体高程为南高北低、东高西低。场地内雨水根据地势高差直接流向市政管网，缺乏源头处理，污染物负荷较高。根据场地的下垫面情况进行汇水分区的划分和初步计算（图 4.1-15、图 4.1-16）。

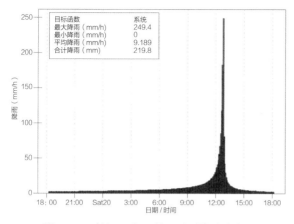

图 4.1-14　镇江 30 年一遇 24 小时降雨雨型

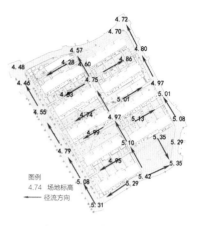

图 4.1-15　竖向及径流分析

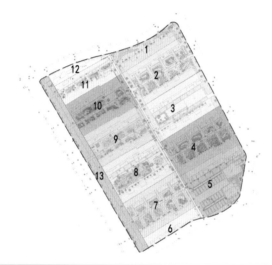

汇水分区	1	2	3	4	5	6	7	8	9	10	11	12	13
汇水面积（m²）	1 123	1 939	1 834	1 990	1 696	760	1 176	1 720	1 627	1 577	957	587	1 481

图 4.1-16　汇水分区示意图

（2）设施选择与工艺流程

1）设施选择及搭配

①雨水花园设计

将小区宅间大部分绿地改造为雨水花园，屋顶及路面雨水引导进入雨水花园进行下渗、调蓄、净化处理后再排入市政管网（图 4.1-17）。

②透水铺装设计

将雨水通过结构透水铺装进行大量的下渗，宅间人行透水铺装的碎石结构层与旁边的雨水花园碎石结构层相通，以最优化整体调蓄容量（图 4.1-18）。

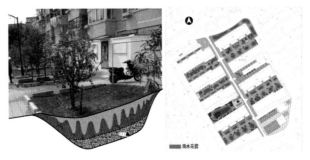

图 4.1-17　雨水花园设计

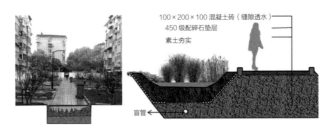

100×200×100 混凝土砖（缝隙透水）
450 级配碎石垫层
素土夯实
盲管

图 4.1-18　透水铺装设计

③停车场＋生态草沟＋调蓄池组合设计

雨水通过透水砖渗入停车场碎石结构层中，同时通过非透水铺装和透水铺装地表层流入停车场两侧的生态草沟，通过下渗净化流入草沟下面的蓄水模块中。蓄水模块内存储清洁的雨水可进行植物灌溉之用。

雨水花园、生态草沟、透水铺装等海绵设施下均设置盲管，对下渗雨水进行收集，超标暴雨时海绵设施溢流雨水通过雨水连接管排入市政雨水管。

2）工艺流程（图 4.1-19）

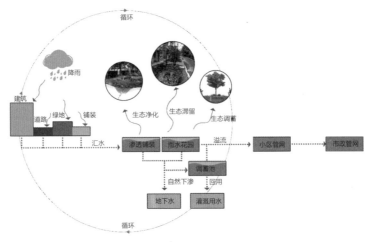

图 4.1-19　工艺流程图

（3）总体布局

对各汇水分区进行细化，建立精细化模型。根据设计目标进行模拟计算，确定是否满足 30 年一遇内涝防治要求及面源污染削减率达到 90% 以上。

经初步模拟计算，总共布设雨水花园 2 741m²，透水停车场 600m²，透水人行道 1 062m²，调蓄池模块 20m³，LID 设施调蓄量基本满足设计要求，通过 SWMM 模型进行精细化模拟分析，最终确定最优 LID 方案（图 4.1-20）。

图 4.1-20　江二示范区总平面布置图

模拟计算流程：

1）构建模型

按照小区内地形图，根据不同的下垫面类型将小区划分成若干个汇水区，总共 280 个子汇水区，采用 GIS 工具对其进行数据提取，整理后添加进 SWMM 模型。

2）根据小区内雨水管网图，对其检查井及管网数据进行提取。

3）按照汇水区特征、地表竖向、雨落管接入形式确定径流进入管网节点，建立基础模型（传统管网模型，无 LID），得出模型模拟结果数据。

4）根据 LID 设施总平面布置图及相关图纸，在 SWMM 模型中添加 LID 设施。

5）根据基础模型的模拟结果，对 LID 方案进行调整，直至达到设计目标。

6）参数设定

SWMM 模型中赋予每个子汇水区相关参数，如子流域漫流宽度、子流域面积、不透水面积百分比等，参数介绍如表 4.1-2 所示。

参数	参数介绍
子流域漫流宽度	子流域漫流宽度（W）是非常重要的地表汇流参数，因为当坡度和糙率一定时，流量演算参数就决定于 W，子流域漫流宽度改变，子流域的出流过程也会随之改变。它的大小会影响流域内的积水量、流域汇流时间及出流过程线的形状，因而必须特别认真选取
子流域面积	在模型中，对划分子流域面积的大小并无限制，子流域的划分通常依据不同的土地利用状况和排水分界线而定
不透水面积百分比	必须确保不透水面积与排水系统具有水力（直接）联系，若屋顶的水流到地面，经草地后再流至下水道进口，则此时该屋顶就不应算做不透水面积
坡度	子流域坡度应反映地表水流方向流路的平均坡度。当有几条流路时，应以流路长为权重，取坡度的加权平均值
地表糙率	根据地面性质的不同而选择不同的曼宁糙率
洼蓄水深	洼蓄水深包括透水地表和不透水地表的数值大小，由用户估计

7）模拟结果分析

① 30 年一遇内涝防治要求；② 面源污染削减。

江二示范区雨水花园的介质土是在国外研究的基础上，结合镇江的本地气候和水文条件配置的，2015 年 11 月以来，在海绵中心进行现场试验和观察，结果表明，选择的介质土和植物配比对 TSS 的削减率可以达到 90% 以上。

江二示范区综合考虑了内涝防治和面源污染控制，该小区径流控制率和面源污染削减率均大于镇江市海绵城市试点的目标，在条件适合的区域通过合理设计可提高海绵城市的建设目标，从而最大限度地提高径流源头削减水平。

4. 施工过程

（1）停车场施工过程

停车场、生态草沟、调蓄池组合设计是本方案的一个特色，更好地进行雨水的"渗、滞、蓄、净、用、排"，具体施工过程如图 4.1-21 所示。

（2）雨水花园施工过程

雨水花园严格按照图纸要求进行施工，使其有效地进行雨水的渗透，并且能够有效地去除雨水径流中的悬浮颗粒、有机污染物等，通过合理的植物配置，给居民带来新的景观和视觉感受（图 4.1-22）。

4.1.2.5 建设成效

1. 投资情况

江二示范区改造主要分海绵城市改造和建筑节能及建筑出新改造两大块，其中海绵城市改造总投资约 305.9 万元，建筑节能改造及建筑出新约 797.1 万元（表 4.1-3）。

施工准备
原地形测量
原地面破除
土方开挖
升级配碎石施工
及埋设盲管
透水混凝土
施工
铺设土工布
透水砖铺设
养护管理
开放停车

01 场地开挖　02 集水坑开挖　03 开挖完成　04 集水 PP 模块安装
05 透水波纹管打孔　06 碎石清洗　07 透水盲管与碎石垫层　08 人工土壤回填
09 透水混凝土配比　10 透水混凝土浇筑　11 透水混凝土养护　12 透水效果检验
13 陶瓷透水砖铺砌　14 普通面包砖铺砌　15 特殊路牙砌筑　16 生态草沟植物栽植

图 4.1-21　停车场施工过程

施工准备
原地面破除
土方开挖
开级配碎石施工
及埋设盲管
砌溢流井
介质土回填
按图放坡
植物种植
植物养护

图 4.1-22　雨水花园施工过程

江二示范区海绵改造投资估算表　　　　　　　　　　　表 4.1-3

名称		计量单位	数量	单价（元）	小计（万元）
雨水花园（结构层）		m²	2 741	450	123.3
植物景观		m²	2 741	300	82.2
透水铺装	透水停车场	m²	600	700	42
	透水人行道	m²	1 062	300	31.9
雨水立管		m	712	150	10.7
调蓄池		m³	20	2 500	5
原有现场拆除		项	36	3 000	10.8
其他		建筑节能改造及建筑出新			797.1
合计					1 103

2.建成前后对比

江二示范区在 $22km^2$ 示范区海绵改造工程中，起到了典型示范的作用，带动周边的居住小区进行海绵改造升级改造，形成老小区改造示范区（图 4.1-23 ～图 4.1-27）。

图 4.1-23 停车场改造前

图 4.1-24 透水停车场改造后

图 4.1-25 宅间绿化改造前

图 4.1-26 宅间绿化改造后

图 4.1-27 江二示范区改造后航拍图

3.年径流总量控制率核算

结合海绵城市指南年径流总量控制率这一指标要求，采用本 LID 改造方案进行模拟计算。模拟结果显示，在添加 LID 设施后，系统在 62.6mm 的降雨（与 92% 年径流总量控制率基本对应）情况下，系统整体出流量基本为 0。但这仅为典型降雨时的情况，并不代表已经达到 92% 年径流总量控制率指标，还需要根据 30 年逐 5 分钟的降雨进行模拟校核（图 4.1-28）。

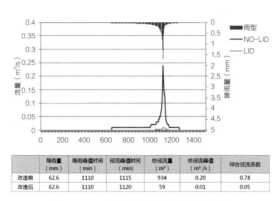

	降雨量 （mm）	降雨峰值时间 （min）	径流峰值时间 （min）	总径流量 （m³）	总径流峰值 （m³/s）	综合径流系数
改造前	62.6	1110	1115	934	0.20	0.78
改造后	62.6	1110	1120	59	0.01	0.05

图 4.1-28　年径流总量控制率核算结果

4. 实测降雨数据

对镇江市 2016 年 5 月 21 日至 7 月 5 日（每 5 分钟进行一次数据统计）降雨量进行监测，这段时间降雨深度达到了 320mm，管网内水位和流量均接近 0，7 月 1 日、4 日、5 日当日降雨量超过 100mm，监测站点所在排水管网里水位和流量才开始有明显变化，说明江二示范区的海绵设施发挥了应有的功能，雨水径流得到有效的控制（图 4.1-29）。

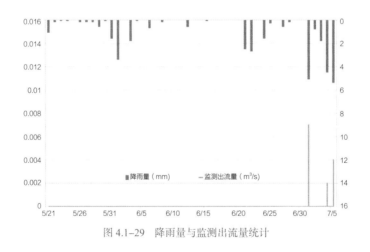

图 4.1-29　降雨量与监测出流量统计

4.2　源头减排——道路 LID 改造工程

龙门港路、长江路海绵改造工程是镇江海绵城市建设示范道路改造工程。项目采用顶层设计思维，通过对示范区内龙门港路、长江路等存在的泄洪排涝、面源污染问题，遵循因地制宜原则，有针对性地进行海绵改造。根据不同道路现状条件，合理延伸道路两边绿化带，有效设置海绵设施，解决路面径流污染问题；将道路绿化与海绵设施的特点相结合，地表植物因地制宜，通过多层结构模式、自然式群落组合合理进行配置，同时道路与低影响开发设施同时施工，解决泄洪排涝作用不足以及道路景观问题。

通过对试点区范围内典型的道路进行海绵设计，既成功解决了道路的面源污染以及泄洪排涝作用不足的问题，提升了城市水安全，又成功打造了镇江特色的海绵之路，同时也成为镇江市市政道路中亮丽的风景线。

4.2.1 龙门港路海绵型道路改造

4.2.1.1 项目概况

1. 项目名称

镇江市龙门港路海绵型道路改造。

2. 项目地点

本项目位于江苏省镇江市润州区。龙门港路是镇江南徐分区规划的一条东西向城市支路，位于镇江润扬大桥桥头地区。

3. 项目规模

本项目设计路段西起戴家门路（京江路），向东一直延伸至港前路，路段全长约1 366.2m，红线宽度 24m（含规划 7.0m 宽的景观绿化区），道路两侧规划用地以公园绿地为主，还有部分工业和居住用地。

4.2.1.2 存在问题

本项目要求将河道与道路同步建设，打造环境优美、与大桥公园相协调的绿色生态景观道路。根据现场条件，合理制定改造措施。

1. 场地现状

龙门港路为改建道路，原道路宽度约 11.5m，为简易泥结碎石路面。路南侧全线有一道供电杆线，路北侧为跃进河，河道宽度 10 ~ 16m，河道南岸有高大的水杉，长势良好（图 4.2-1）。

项目所在地区地势相对平整，场地现状标高 3.0 ~ 4.4m。规划道路南侧大桥公园已基本建设完成。道路路段中有润扬大桥上跨，桥梁上跨净空很大，对项目建设不会产生影响。但原道路边的架空电杆在新建道路红线范围内。

2. 土壤与地下水

勘察线路地形基本平坦，最大高差约 1.5m，地貌单元属长江河漫滩。场地土层主要包含淤泥、淤泥质粉质黏土、淤泥质粉质黏土夹粉砂、粉质黏土、粉质黏土夹粗砂、强风化岩。地下水丰富，稳定水位埋深 0.68 ~ 1.33m。土壤渗透性较差，渗透能力最高的淤泥质粉质黏土的渗透系数只有 5.0×10^{-5}cm/s。

图 4.2-1　场地现状图

3. 道路设计

龙门港路为城市支路，规划道路横断面为一块板。由于道路北侧全线沿河，南侧用地以公园绿化为主，工业用地为规划远期控制。因此本次红线规划时将道路绿化集中在北侧，与跃进河同步建设、共同打造（图 4.2-2）。

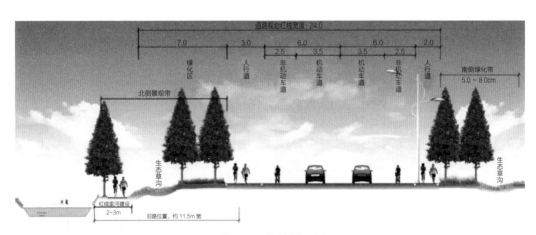

图 4.2-2　道路横断面图

为满足本项目生态绿色的建设要求,道路全线采用透水路面:车行道采用透水沥青,人行道采用透水混凝土铺装。人行道与行车道同一平面,之间不设置路缘石高差,路面雨水顺道路横坡坡向两边的绿化内。

4.2.1.3 建设目标

1. 设计目标

本项目所在区域是圩区,现状植被覆盖率很高,现状及规划生态条件均很好,道路与北侧跃进河同步建设,有利于绿色雨水技术的运用,可达到较高的建设目标。

本项目雨水源头控制系统按年径流总量控制率不低于80%,对应的设计降雨量为28.3mm;年雨水径流污染物削减率(以年TSS去除率计)不低于60%(图4.2-3)。

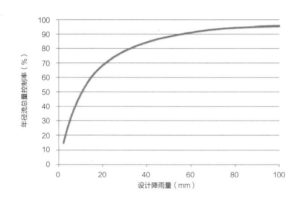

图 4.2-3 镇江市年径流总量控制率与设计降雨量曲线

内涝防治系统标准:遭遇30年一遇降雨时,至少一条车道的积水深度不超过15cm。

2. 设计原则

本项目设计原则主要为:生态为本、保护优先、因地制宜、经济合理。

圩区河道主要靠闸泵控制,水体流动性差。城市开发后,人类活动带来大量面源污染下河,将造成水体环境容量超标、水质恶化。城市建设中应践行低影响开发的理念,维护自然生态环境。原跃进河南岸的成排的成年水杉,长势良好。本项目以保护为立足点,规划河道向北拓宽,在现有水杉南面再增植两排水杉,将河道南岸与道路北侧绿化带共同打造成水杉特色景观带。利用道路南侧公园绿地的绿化以及北侧的景观绿化,设置自然排水系统。改变传统道路人行道的做法,将其降低,使路面雨水径流可以顺坡排向两侧的自然排水系统。

本项目设计保留原河道南边小路的路基,改造路面、使其成为林中绿道;设置自然排水系统减少雨水管道。同时保留原水杉林及供电杆线,进一步降低工程投资。

4.2.1.4 建设内容

1. 下垫面分析

龙门港路的下垫面类型包括透水沥青路面、透水混凝土铺装、绿地三类，其中道路北侧的透水沥青路面面积为 7 960m²，透水混凝土铺装的面积为 3 723m²，北侧绿化区（不含低影响开发设施）的面积 5 180m²；道路南侧的透水沥青路面面积为 8 920m²，透水混凝土铺装的面积为 2 532m²。参考《海绵城市建设技术指南（试行）》中各类型下垫面雨量径流系数取值，透水沥青路面的径流系数取 0.4，透水混凝土铺装的径流系数取 0.3，绿地的径流系数取 0.15，采用加权平均法分别计算道路南、北两侧的综合雨量径流系数，得到道路北侧的综合雨量径流系数为 0.30，道路南侧的综合雨量径流系数为 0.38。详细计算过程参见表 4.2-1，龙门港路的综合雨量径流系数为 0.33。

龙门港路下垫面情况 表 4.2-1

编号	下垫面类别	面积 A（m²）	百分比 η（%）	雨水径流系数 ϕ
1	透水沥青路面	16 880	59.6	0.4
2	透水混凝土铺装	6 255	22.1	0.3
3	绿地	5 180	18.3	0.15
合计		$A=A_1+A_2$	$\eta=\eta_1+\eta_2$	$\phi=(A_1 \times \phi_1+A_2 \times \phi_2)/(A_1+A_2)$
		28 315	100	0.33

2. 汇水分区

根据道路竖向分析，龙门港路红线范围内有 3 个低点，位于桩号 K0+120、K0+500、K0+1280。竖向设计见图 4.2-4，设计中根据"高—低—高"方式，将龙门港路作为 3 个汇水分区。

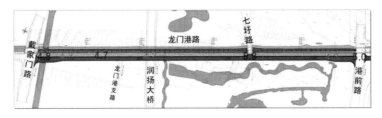

图 4.2-4 道路竖向分析

3. 系统设计（图 4.2-5）

通过竖向设置，道路雨水径流原地入渗，经盲管收集排入草沟；超过渗透能力的雨水顺地表坡度自流进入草沟（图 4.2-6、图 4.2-7）。

草沟设置为生态滞留草沟,在传输径流的同时继续下渗,利用土壤及植物进一步降解道路雨水径流中的污染物,减少进入跃进河的面源污染。

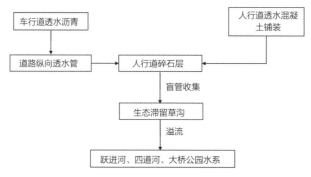

图 4.2-5 龙门港路海绵城市 LID 技术流程

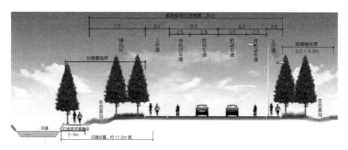

图 4.2-6 龙门港路 LID 设计横断面布置

图 4.2-7 路面雨水排放形式图

防涝系统:龙门港路道路竖向共 3 个低点,位于桩号 K0+120、K0+500、K0+1 280。路面涝水随道路纵坡在这 3 个低点处汇集,并沿横坡流入两侧绿地中的生物滞留草沟,涝水在此滞、蓄、消能、沉淀后,北侧涝水最终顺坡流入跃进河水系。南侧涝水在桩号 K0+120 附近向西转输至四道河,在桩号 K0+500、K0+1 280 由草沟转输至大桥公园生态水系(图 4.2-8)。

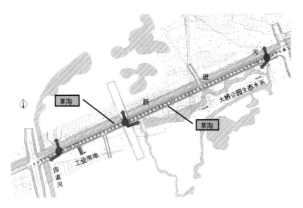

图 4.2-8　龙门港路涝水排放

4.详细设计

（1）透水沥青路面

道路行车道结构采用透水沥青路面。包括 4cm 厚的透水沥青上面层、0.6cm 厚的封层、7cm 厚的下面层以及基层、底基层。

行车道边全线暗埋纵向透水盲管。为提高透水盲管的抗压性能，盲管设计采用不锈钢方管穿孔透水的形式。暴雨时行车道及人行道来不及下渗的雨水径流通过平路牙由地表排向道路外侧，经绿化缓冲区后进入生物滞留草沟内，最终溢流入河（表 4.2-2、图 4.2-9）。

路面结构   表 4.2-2

自然区划	IV区	
地质概况	① -2 层素填土；② -2 层淤泥质粉质黏土；② -3 层粉质黏土	
干湿类型	中湿以上	
设计弯沉值（1/100mm）	28	
适用范围	行车道	人行道
结构图式	(LS=28) (LS=31) 4cm PAC-13 透水沥青 沥青封层 (LS=37) 7cm AC-20C 透层油 32cm 水泥稳定碎石 分 2 层施工，每层 16cm (LS=120) 20cm 10% 灰土 (LS=180) 土基 E_0=50MPa	表面保护剂 3cm 彩色透水混凝土面层 （抗折强度 3.5MPa） 12cmC30 透水混凝土 （抗折强度 3.5MPa） 20cm 级配碎石 土基 E_0=30MPa
总厚度	64cm	35cm

图 4.2-9　路面雨水径流地表排放

（2）透水混凝土铺装

道路人行道结构采用透水混凝土铺装。人行道路面结构：①透水罩面；② 5cm 青灰色透水混凝土面层；③ 10cm 透水混凝土基层；④ 20cm 级配碎石透水底基层。

（3）生物滞留草沟

生物滞留草沟主要布置在道路南、北两侧绿地内，其结构分为换填层、碎石层两部分。

生物滞留草沟的换填土层采用种植土，要求其渗透率不小于 8.4mm/h；碎石层粒径采用 30 ~ 50mm，其中设置管径 FH100 的软式透水盲管，遇树木或现状构筑物处可适当弯曲。换填土层与碎石层间的土工膜采用无纺土工布分隔，防止种植土落入碎石层。

为保证人行道碎石层的水排入，草沟底低于人行道边缘 30cm，低于道路中心线标高约 45cm。种植土层仅为 25cm，满足草本植物的种植需求（图 4.2-10、图 4.2-11）。

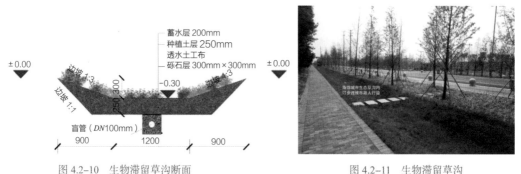

图 4.2-10　生物滞留草沟断面　　　　　　　图 4.2-11　生物滞留草沟

草沟内间隔一定距离设置汀步，既方便绿道与城市道路的连接，又不影响草沟过水。

（4）溢流雨水井

道路北侧草沟设有溢流井，盲管收集的雨水最终排到跃进河。

位于道路南侧生物滞留草沟内的溢流雨水井井盖采用圆形镂空雨水井盖，溢流井周围应散铺卵石，起到沉淀杂质、缓冲径流的作用（图4.2-12）。

图4.2-12　生物滞留草沟内的溢流雨水井

4.2.1.5　建设成效

1. 生态效益

本项目道路建成后，对道路雨水径流的总量控制率达到90%，做到了开发后的径流量不超过原有径流量，使该项目建设后的水文特征接近开发前，保护了该区域的生态系统。

2. 经济效益

本项目利用了原河道坡岸及水杉，保留了供电线路，对原有道路基础部分保留并加以利用，在为大桥公园的建成开放提供交通便利的同时，大大减少了工程投资。

3. 环境效益

道路北侧为跃进河河道，原河道河底淤泥沉积，水质较差。道路建设的同时将河道向北侧拓宽至规划宽度，并对河道底泥进行清淤。通过海绵城市建设，道路面源污染削减率达到80%以上，有效保护了跃进河的河道水质。

4. 景观效果

本项目充分利用原有水杉林并增植新的水杉，构建道路景观，削弱了保留供电杆线对景观视线的不利影响。在道路两侧绿带中设置生态植草沟，既控制、净化了道路雨水径流，又与水杉一起构成了林下草地的特色景观（图4.2-13～图4.2-15）。

图 4.2-13 项目实施前河道图

图 4.2-14 项目实施后河道图

图 4.2-15 项目实施后道路图

4.2.2 长江路及三角绿地海绵改造

4.2.2.1 项目概况

1.项目名称

长江路及三角绿地海绵改造。

2.项目地点

本项目位于运粮河汇水区，其中道路位于长江路（中山北路至环湖路段），绿地位于中山北路与长江路交叉口西南角（图 4.2-16）。

图 4.2-16 长江路及三角绿地位置图

3. 项目规模

本项目道路长约860m,北侧为塔影湖、金山寺,南侧主要是一些商业建筑;本项目绿地面积约0.36hm²,场地西侧是商业街,功能定位是供行人临时休憩的街头绿地。

4. 建设投资

本项目绿地投资约80万元。

4.2.2.2 存在问题

根据镇江市海绵城市建设的总体目标,结合本项目道路与三角绿地积水现状,要求将现状道路与三角绿地打造成环境优美、舒适的绿色生态景观。根据现场条件,合理制定改造措施。

1. 现状高程

道路中心线为道路最高点,坡向道路两侧,比非机动车道要高出约20cm。

三角绿地场地中心最高,高于边缘约80cm。场地边缘比中山北路高出约50cm,比长江路高约20cm。

2. 现状绿化

道路南侧机非分隔带植物大多为灌木,有一些小树木,道路北侧机非分隔带有大树;道路两侧人行道大树较多,现状绿化总体良好。道路北侧人行道外侧绿化带下埋有燃气管道,斜坡处绿化带基本为灌木,现状绿化总体良好(图4.2-17)。

三角绿地场地内植物规格均较大,长势良好。乔木沿现状铺装边缘种植。场地中心两块绿地种植绿篱和紫薇,有一棵银杏。整体中心稀疏,边缘密集(图4.2-18)。

图4.2-17 道路绿化现状

图 4.2-18　三角绿地绿化现状

3. 现状管线

道路南侧由西向东方向有一条雨水主干管，道路两侧雨水通过雨水口收集后，统一汇到雨水主干管，随后进入市政管网，最终排入运粮河（图 4.2-19）。

三角绿地场地内由南向北方向有一条雨水主干管，场地内均设有雨水收集口，排水较为通畅（图 4.2-20）。

根据现状，利用"海绵城市"自然积存、自然渗透、自然净化的理念进行生态化排水改造，统筹自然降水、地表水和地下水的系统性，协调给水、排水等水循环利用各环节，并考虑其复杂性和长期性。

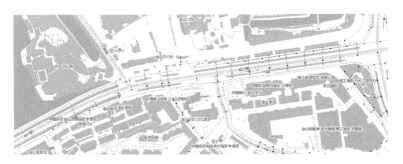

图 4.2-19　道路管线现状

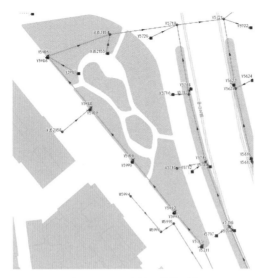

图 4.2-20   三角绿地管线现状

4.2.2.3   建设目标

根据镇江市海绵城市建设的总体目标及指标体系，结合长江路及三角绿地自身的实际情况，确定本次海绵改造的目标如下：

（1）雨洪管理：达到年径流总量控制率 75%，有效缓解路面积水问题；

（2）开放式空间：为市民提供更多活动及休憩空间；

（3）雨水回用：改造后海绵设施调蓄容量达到 140m³ 以上，提高雨水利用率。

本次改造设计的原则：注重生态功能和景观功能的统一，在景观提升的同时，最大限度发挥绿地的海绵功能；兼顾海绵设施与道路结构的安全，海绵设施的设置及功能发挥不得破坏道路结构、影响行车安全。

4.2.2.4   建设内容

1. 道路 LID 设计

道路 LID 方案设计主要以生态草沟为主，生态草沟之间利用传输性草沟进行有效沟通，主要处理机动车道及机非分隔带雨水。道路北侧人行道外侧绿化带部分改造为生态草沟，收集处理非机动车道与人行道的雨水，盲管出流及溢流雨水就近排入河流（图 4.2-21）。

经初步计算，LID 设施能够有效调蓄的降雨量约为 20.21mm（表 4.2-3）。

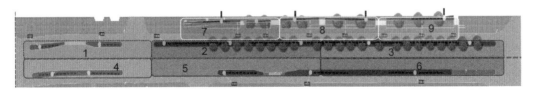

图 4.2-21   道路汇水分区划分

道路各汇水分区表   表 4.2-3

汇水分区	1	2	3	4	5	6	7	8	9
汇水面积（m²）	1 311	1 190	896	1 882	2 160	1 103	1 215	1 502	1 202
调蓄量（mm）	45.49	36.31	32.95	34.57	55.02	27.57	5.70	7.21	7.02
总有效调蓄量（mm）	20.21								

    雨水径流从道路中心流向两侧，LID 设施收集处理机动车道和自身雨水，机非分
隔带的溢流雨水通过排水管排入市政管网，最终排入运粮河。道路北侧的非机动车道
及人行道雨水通过排水管引到人行道外侧的生态草沟进行处理，道路南侧人行道及非
机动车道雨水不进行处理直接进入市政管网（图 4.2-22 ～图 4.2-24）。
    长江路（环湖路至一泉路段）由于该路段位于塔影湖的南侧，且路面以下部分为
拱桥，考虑到路面到拱桥结构之间的覆土可能不满足布置 LID 设施的要求，所以该路
段在本设计中不进行改造（图 4.2-25）。

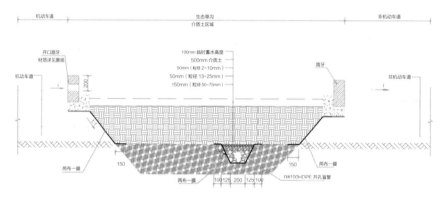

图 4.2-22　道路 LID 设计南侧横断面布置 1

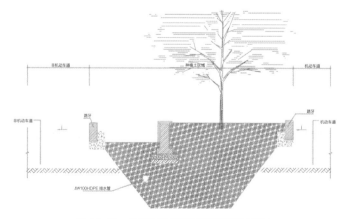

图 4.2-23　道路 LID 设计南侧横断面布置 2

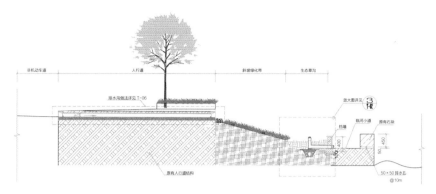

图 4.2-24 道路 LID 设计北侧侧横断面布置

图 4.2-25 长江路（环湖路至一泉路段）段现状

2. 三角绿地 LID 设计

本项目三角绿地 LID 方案设计主要以雨水花园和透水铺装为主，其中雨水花园之间利用传输性草沟进行有效沟通。道路南侧的溢流雨水在雨水篦子处截流到绿地的雨水花园中进行处理（图 4.2-26）。

如果按 85% 年径流总量控制率，对应设计降雨量 40.9mm，经初步计算，公园自身及客水径流总量为 126.4m³，LID 设施调蓄总容量为 146.7m³ ＞ 126.4m³，满足目标（表 4.2-4）。

三角绿地 LID 设计　　　　　　　　　　　表 4.2-4

流域面积（m²）		径流总量（m³）	LID 设施（m²）			调蓄总容量（m³）
公园面积	客水面积		雨水花园	透水铺装	传输性草沟	
3 685	2 435	126.4	227.2	850	482.8	146.7

公园绿地主要改造为雨水花园，公园内广场使用透水混凝土铺装；公园西南侧人行道改造为拱桥砖透水铺装。

为了方便雨水引进 LID 设施处理，公园内部分竖向高程需要根据 LID 设施的实际布置来进行调整（图 4.2-27）。

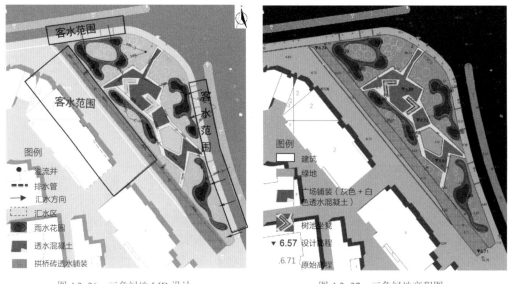

图 4.2-26　三角绿地 LID 设计　　　　　　　　　图 4.2-27　三角绿地高程图

保留现状大树与内部铺装轮廓。将中心绿篱取消，改做铺装，打开空间用作活动广场。中间利用现状银杏和紫薇，设置树池坐凳。绿篱沿雨水花园种植，金边黄杨和紫叶小檗来丰富色彩。南侧小绿地内的绿篱取消，种植开花植物（图 4.2-28）。

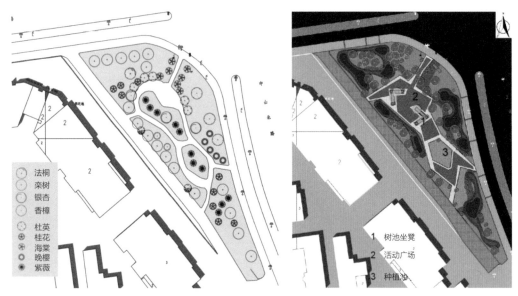

图 4.2-28　改造前后平面图

4.2.2.5 建设成效

长江路及三角绿地经过海绵改造建设后，形成了极具识别性的生态种植景观，成为镇江城市道路中一道亮丽风景（图4.2-29）。

图 4.2-29 海绵改造后现状图

4.3 过程控制——边检站调蓄池工程

边检站调蓄池工程是集雨水调蓄池、地下车库及地上公园为一体的综合市政工程，是镇江市海绵城市建设重要工程之一。雨水调蓄池可有效解决城市面源污染，同时，在暴雨条件下，极大缓解下游管道排水压力；地下车库可为地上公园的游客提供便利的停车条件。

4.3.1 项目概况

1. 项目名称

镇江市边检站调蓄池工程。

2. 项目地点

镇江市京口区边检站及象山仓库与东吴路交界处。

3. 项目规模

边检站调蓄池 V=2 200m³；边检站车库建设，建筑面积 2 823.57m²。

4. 建设投资

本项目建设投资约 2 400 万元。

4.3.2 存在问题

边检站存在主要问题是雨天积水严重，主要原因是：

（1）泵站规模较小，仅50L/s，不能控制集水池及河道水位，导致水位升高；

（2）河道被逐年填埋，调蓄能力减小；

（3）东吴路接香江花城雨水系统的 $D1\ 000$ 雨水管，东西两端均为 6.0 ~ 8.0m 的高区，穿越边检站的低区，受压后，由雨水口或联通管道外溢，增添了边检站雨水提升泵站的额外负担。

4.3.3 建设目标

边检站调蓄池工程建设的主要目标为解决京口区东吴路边检站及象山仓库周边低洼点雨天内涝积水问题，通过建设点状调蓄池实现管道错峰排放，同时结合其他工程，整体实现虹桥港汇水片区海绵城市建设目标：①防涝能力达到30年一遇；②径流污染控制率达到60%；③年径流总量控制率达到75%。

4.3.4 建设内容

边检站调蓄池工程包括三部分建设内容：①镇江市东吴路边检站调蓄池，设计规模 $V=2\,200m^3$；②镇江市东吴路边检站车库建设，建筑面积 $2\,823.57m^2$；③镇江市东吴路边检站地上花园建设。

1. 边检站调蓄池

建设地下式调蓄池1座，设计容积为 $2\,200m^3$，尺寸约 $110m \times 18m \times 1.85m$（有效水深）。小雨时，收集边检站、象山仓库以及东吴路东半幅共 $7.2hm^2$ 的雨水；雨停后，由调蓄池排污泵将初期雨水排入附近市政污水管网，利用东吴路低洼地有效解决片区易涝点和雨水削峰调蓄。整体结构为地下两层，调蓄池为负二层，负一层设置为停车库（图4.3-1）。

图 4.3-1　边检站调蓄池停车库效果图

调蓄池内包含进水前池、调蓄廊道、冲洗存水室和排涝泵池。

进水前池安装有平板格栅1套，主要去除雨水中较大悬浮物和漂浮物，以保证后续处理设施的正常运行。设置2条调蓄廊道，采用真空冲洗方式。调蓄池排空采用2台潜污泵，流量 $145m^3/h$，扬程10m，晴天工况下将存储雨水排空至附近污水检查井。排涝泵池内设2台潜污泵，流量 $1\,100m^3/h$、扬程8m，用于大雨时雨水提升排涝。

2.边检站车库建设

结合现状地形，调蓄池上层建设停车库，为周边居民提供停车场所，实现多功能用途。

3.边检站地上花园建设

该地块的景观设计遵循"自然、曲折、生态、可持续性"的设计理念。采用中式的景观设计风格，分别依据一定的空间序列使景观依次展开。同时场地融入海绵城市的设计思想，根据地形及场地性质选择低影响开发技术，设计雨水花园、屋顶绿化、透水铺装，以自然收水蓄水为理念，实现生态化排水。

工程整体布局：地下停车库在总体布局上尽可能地节约用地，沿城市道路方向集中布置。地下一层均为停车库，设置一个车辆疏散出口、一个人员疏散出口。调蓄池位于停车库下方，充分利用城市土地资源，平面布局合理，功能分区明确。立面在平面的基础上，采用现代建筑风格，屋顶采用覆土，为城市营造出一个休闲景观空间，增强观赏效果，使建筑与周围环境和谐美观。西侧立面结合局部覆土，使立面在不同角度上都能获得良好的视觉景观。整幢建筑造型简洁大方，绿色生态，但细部丰富，清新明快，提供了一个宜人的设计空间（图4.3-2）。

图4.3-2 边检站调蓄池地上花园效果图

4.3.5 建设成效

镇江边检站调蓄池为综合型调蓄池，结合了调蓄池、停车库和地上花园建设，实现了实用性、景观性的统一。项目建设完成后解决了边检站附近低洼点内涝问题，达到年径流总量控制率为75%和排水防涝标准30年一遇的标准要求。边检站调蓄池景观花园的建设与合山景区遥相呼应，为周围居民提供了休闲游憩场所，同时将海绵城市的理念深入人心，形成一种独特的大众文化（图4.3-3～图4.3-5）。

图 4.3-3　边检站调蓄池地面公园　　　　　　　　图 4.3-4　边检站调蓄池停车库

图 4.3-5　边检站调蓄池地面雨水花园

4.4　系统治理——镇江市海绵公园建设工程

镇江海绵公园建设工程是一个集源头、过程海绵化建设和功能性、展示性、科普性为一体的镇江海绵城市建设的重点项目，主要解决该片区雨污水排放及海绵建设达标问题。海绵公园建设工程具有五项创新应用，包括水系统设计、模型运用、结构透水铺装运用、新工艺运用、新型介质土运用等。水系统设计方面通过源头 LID、雨水泵站及多级生物滤池等灰绿结合措施的设计，实现对江滨片区雨水的调蓄与净化。模型运用方面本工程运用 SWMM 模型进行排水防涝目标的可达性分析。结构透水铺装的运用方面，海绵城市透水铺装大部分采用材料透水砖，该透水砖长期处于灰尘等条件下空隙易堵塞，本工程大部分采用结构透水铺装的技术，增加了使用寿命，降低了后期运维成本。新工艺和新型介质土应用方面，本工程在水系统设施中采用先进的多级生物滤池，分散式与集中式相结合地对雨水收集过滤。多级生物滤池中滤料采用不同介质材料配比形成，既能保证海绵城市建设所要求的功能，又能保证其中生长的植物长势良好。镇江海绵公园建设工程集创新性、功能性、展示性、科普性和生活性为一体的海绵工程，是全国海绵城市建设典型案例。

4.4.1 项目概况

1. 项目名称

镇江市海绵公园建设项目。

2. 项目地点

镇江市京口区西部，北靠滨水路，南到江滨路，西邻征润洲路，东倚阳光世纪花园梧桐苑和紫荆苑（图4.4–1）。

图 4.4–1　海绵公园建设前现状情况

3. 项目规模

本项目占地约 6hm^2。

4. 建设投资

本项目建设投资约 6 600 万元。

4.4.2 存在问题

海绵公园建设范围属于江滨片区，该片区属于连片老城区，在水安全水环境方面存在的问题有：

（1）江滨雨水泵站规模及排水能力偏小、片区收水设施能力不足；

（2）片区现状年径流总量控制率49.1%，面源污染较为严重。

海绵公园建设场地现状有一较小的社区公园，但休憩设施等较少，无法为周边居民提供方便的休闲健身活动场所；此外，现状场地内建筑垃圾较多，雨季常有恶臭气味散发，严重影响周边居民的生活质量。

因此，因地制宜地对该地块进行升级改造建设海绵公园，一方面实现江滨片区的水安全保障、水环境提升目的；另一方面为周边居民提供一个休闲娱乐、生态科普的高品质公园，实现水功能与水景观水文化的综合提升（图4.4-2）。

图4.4-2　海绵公园建设前现状

4.4.3　建设目标

1. 完成片区海绵城市建设目标

海绵公园所在汇水区为江滨汇水区，江滨汇水区海绵城市建设目标为：30年一遇防涝能力、径流污染控制率（以TSS计）60%、年径流总量控制率75%。

海绵公园项目综合源头LID设施、管网改造、在线处理等处理设施，使江滨片区完全达到镇江市海绵城市建设的要求。

2. 创造高品质海绵城市公园

设置展览中心，为海绵城市科普解说、生态知识解说以及科学研究提供平台。同时，通过海绵公园建设，创造一个出色的、生态结构丰富的场所，为市民提供一个休闲娱乐、生态科普的高品质环境。

3. 确保海绵城市的可持续发展

全面提升镇江市的水安全、水环境、水生态、水资源、水文化水平，确保其长久可持续发展。

4.4.4　建设内容

海绵公园建设内容包括：新江滨雨水泵站（海绵公园泵站）工程、雨水调蓄净化工程（多级生物滤池）、公园海绵措施及景观工程、海绵展示馆建设工程（图4.4-3）。

4.4.4.1 新江滨雨水泵站工程

新江滨雨水泵站（海绵公园泵站）具有初雨提升和暴雨排涝功能。江滨片区的初期径流雨水通过泵站内初雨提升泵组输送至海绵公园内多级生物滤池净化处理后回用；片区内超量雨水通过排涝泵组排放金山湖；综合实现江滨片区水环境提升和水安全保障功能。

新江滨雨水泵站直径 17.6m，深 11m，其中：初雨提升泵组设计规模约 2.5 万 m^3/d，设潜污泵 2 台（流量 1 000m^3/h，扬程 16m，1 用 1 备）；雨水排涝泵组设计规模 8m^3/s，设混流泵 4 台（流量 7 632m^3/h，扬程 9m）。

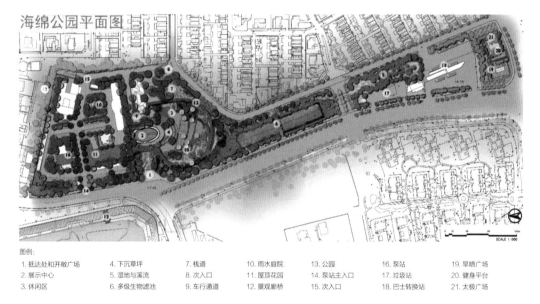

图例：

1. 抵达处和开敞广场	4. 下沉草坪	7. 栈道	10. 雨水庭院	13. 公园	16. 泵站	19. 旱喷广场
2. 展示中心	5. 湿地与溪流	8. 次入口	11. 屋顶花园	14. 泵站主入口	17. 垃圾站	20. 健身平台
3. 休闲区	6. 多级生物滤池	9. 车行通道	12. 景观廊桥	15. 次入口	18. 巴士转换站	21. 太极广场

图 4.4-3　海绵公园总平面布置图

4.4.4.2 海绵公园雨水调蓄净化工程

海绵公园内的雨水处理系统流程为：新江滨雨水泵站将江滨汇水区初期径流雨水引入多级生物滤池，通过生物滤池的过滤净化处理，滤池出水进一步通过 UV 系统净化，最终出水一部分储存在调蓄池内供景观用水、灌溉用水使用，超量雨水溢流至金山湖（图 4.4-4）。

新建多级生物滤池 1 座，占地 2 400m^2，处理规模为 2.5 万 m^3/d，表面负荷约 10m/d。新建雨水调蓄池 1 座，有效容积 500m^3，采用硅砂蜂巢结构蓄水净化池，内部设潜污泵 2 台（Q=11m^3/h，H=10m），满足海绵公园日常绿化用水；潜污泵 1 台（Q=42m^3/h，H=4m），满足公园内水景观循环；排泥泵潜污泵 3 台（Q=10m^3/h，H=8m）。其中：多级生物滤池由碎石和渗透率高的介质土填料构成的生物处理构筑物，雨污水与填料表面上生长的微生物接触，污染物去除，雨污水得到净化。其优点有：占地面积小、负荷高；能有效去除雨水中污染物，TSS、TP、TN、NH₃–N、锌和铜，去除率可达 80%、50%、25%、25%、60% 和 30%（图 4.4–5、图 4.4–6）。

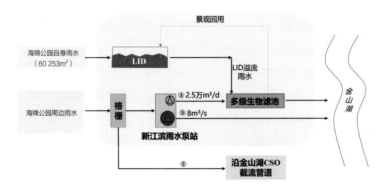

图 4.4–4　海绵公园雨水处理流程

图 4.4–5　多级生物滤池设计效果图

图 4.4–6　多级生物滤池建成图

4.4.4.3　公园海绵措施及景观工程

项目新建海绵措施包括透水铺装、透水混凝土、雨水花园、下凹式绿地、植草沟、绿色屋顶等，海绵设施工程量统计如表 4.4–1、图 4.4–7 ~ 图 4.4–9 所示。通过多种 LID 设施组合对公园内雨水进行调蓄与净化。

海绵设施工程量统计表　　　　　　　　　　表 4.4–1

序号	项目名称	单位	数量
1	调蓄池	m²	500
2	渗透铺装	m²	5 000
3	透水混凝土	m²	3 800
4	生态树池	个	7
5	雨水花园	m²	2 500
6	渗渠	m³	50
7	下凹式绿地	m²	500

序号	项目名称	单位	数量
8	传输型草沟	m²	500
9	绿色屋顶	m²	500
10	垂直绿化	m²	5 000

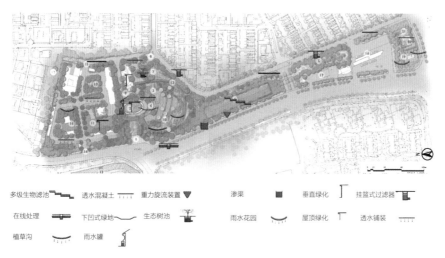

多级生物滤池　透水混凝土　重力旋流装置　渗渠　垂直绿化　挂篮式过滤器

在线处理　下凹式绿地　生态树池　雨水花园　屋顶绿化　透水铺装

植草沟　雨水罐

图 4.4-7　海绵公园海绵设施布置图

图 4.4-8　透水混凝土

图 4.4-9　透水铺装

海绵公园景观工程：基于海绵广场结构和空间的整体性，以"一环""一中心""一厂区"为脉络，控制布局，层次分明，进行海绵公园整体景观设计。

"一环"由广场内环路组织整个公园的"主脉络"——主路路网以及人行步道结构，随功能和地形的需求或隐或现，连接多级生物滤池。车行道路宽 7.5m，人行道路宽 2m，同时进行无障碍设计，实现人车分离，互不干扰地各行其道。"一中心"为人行天桥环绕的开敞广场至海绵展示馆建筑。设计有多处 LID 设施，提升广场景观效果，满足市民活动休闲需求，是科普教育的最佳展示面。"一厂区"围绕江滨泵站，区内包含多种 LID 设施，解决厂区内的排水问题，有效净化水质（图 4.4-10、图 4.4-11）。

利用"海绵＋休闲"的设计理念，场地融合"寓教于乐"于一体，设置多种海绵配套服务设施，提高其整体的功能使用性，满足场地的景观及功能需要。

图 4.4-10 下沉广场

图 4.4-11 儿童活动区

4.4.4.4 海绵展示馆建设工程

海绵公园展示馆是镇江海绵城市建设的集中展示平台，集海绵城市建设科普教育与展示于一身。通过图片、模型及影像等多种手段，多角度展示镇江海绵城市发展的历史脉络，集中展示了镇江海绵城市建设背景、实践和成效等。

其中，极具特色的是在展馆中厅设置了"人工降雨展示区"，面积约 $52m^2$，设置了大、中、小雨三种模式，全方位展示了海绵设施在雨水的下渗、净化、排放和利用过程中起到的作用，让普通市民直观地了解海绵城市建设的目的和效果，起到推广海绵城市的重要意义（图 4.4-12）。

图 4.4-12 海绵展示中心

4.4.5　建设成效

镇江海绵公园建设完成后，集功能性、展示性、科普性和生活性于一体。通过源头 LID、雨水泵站及多级生物滤池等灰绿结合措施的建设，实现对江滨片区雨水的调蓄与净化；通过海绵展示馆及海绵广场建设，为海绵城市建设的目的与实践成效提供了生动形象的展示与科普窗口；同时，富有创意与活力的公园为周边居民提供了休闲游憩场所，切实提高了居民的幸福感与获得感（图 4.4-13、图 4.4-14）。

图 4.4-13　海绵公园实景图

图 4.4-14　海绵公园实景图

4.5　系统治理——小米山路及虹桥港源头治理

小米山路及虹桥港源头治理工程是为了实现镇江虹桥港片区海绵城市建设目标，并结合虹桥港河道源头黑臭水体治理需求，而开展的虹桥港服务范围内系统性综合整治工程，是镇江海绵城市与黑臭水体系统治理典范工程，是江苏省黑臭水体治理典型案例之一。

在设计理念上，工程设计运用海绵城市建设理念，统筹提出了服务片区内"源头低影响开发—过程管网补强与调蓄—末端综合处理"的系统性治理方案。在设计手段上，工程设计采用SWMM模型模拟计算面源污染削减、管道输送能力、调蓄池容积等，为优化工程设计提供重要技术手段。面对镇江高密度老城区特点，创新性采用点状调蓄池、大口径管道线性调蓄相结合的技术措施实现雨水的转输与调蓄。采用灰绿蓝综合处理技术措施解决面源对河道的污染问题，技术措施在国内具有强烈的示范引领作用，为国内探索雨水污染处理提供参考和依据。

4.5.1 项目概况

1. 项目名称

小米山路及虹桥港源头治理工程。

2. 项目地点

镇江市小米山路、虹桥港源头规划地块及河道。

3. 项目规模

黑臭水体整治长度280m，服务面积为3.4km²，各分项工程规模为：

（1）小米山路大口径管道工程：$DN2\,800$，$L=950$m；

（2）提升泵站工程：雨水处理泵组规模0.28m³/s，污水提升泵组8 000m³/d；

（3）高效水处理设施及生态湿地工程3 000m³/d；

（4）钢坝闸及河道整治工程（图4.5-1）。

4. 建设投资

本项目建设投资约8 400万元。

4.5.2 存在问题

1. 河道水质差

整治前，虹桥港河道上游及中上游水质较差，黑臭严重。整治前虹桥港河各段水质情况如表4.5-1、图4.5-2所示。

虹桥港河道整治前情况 表4.5-1

河道分段	范围	整治前河道水质	整治前工程情况
段（源头）	宗泽路—小米山路	黑臭（劣Ⅴ类）	无
段（上游）	小米山路—禹山路段	水质较差（Ⅴ类~劣Ⅴ类）	无
段（中上游）	禹山路—象山桥段	水质差（Ⅴ类）	循环泵
段（中游）	象山桥—沧浪桥段	水质较好	曝气生物浮岛和驳岸聚生毯
段（下游）	沧浪桥—金山湖段	水质较好	金山湖入口

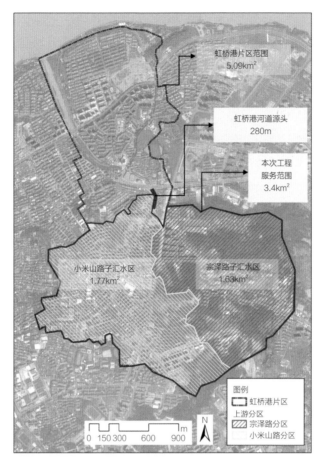

图 4.5-1　小米山路及虹桥港源头治理工程服务范围

图 4.5-2　虹桥港河道整治前现状

2. 面源污染严重

汇水范围内，面源污染严重，根据 SWMM 模型模拟结果，现状径流污染控制率为 15.5%，现状径流总量控制率为 46.1%，与海绵城市建设目标差距较大。

4.5.3 建设目标

小米山路及虹桥港源头治理工程建设主要目标为消除河道劣 V 类水质、提升河道整体环境，并充分融合镇江市海绵城市建设相关目标要求，具体整治目标为：

（1）河道水质达到地表水 IV 类水水质标准。

（2）径流污染控制率达到 60%。

（3）年径流总量控制率达到 75%。

（4）防涝能力达到 30 年一遇。

4.5.4 建设内容

本项目建设内容包括小米山路大口径管道工程、提升泵站工程、高效水处理设施及生态湿地工程、钢坝闸及河道整治工程。

1. 小米山路大口径管道

建设小米山路大口径雨水管道 950m，管径 DN2 800，埋深 12 ～ 15m，采用双曲线顶管施工，曲率半径 R=450m，建设工作井（ϕ13m）、接收井（5.0m×6.0m）、骑马井（ϕ1.25m）各 1 座，其中工作井建设完成后作为提升泵站结构主体。

2. 提升泵站

建设全地下式雨水、污水泵站 1 座，泵站尺寸为 ϕ13m×11.6m（H），设有抓斗式粗格栅 1 套，栅前水深 1.0m，过栅流速 0.7m/s，栅条间隙为 30mm，栅槽宽度为 1.9m，安装角度为 70°。

泵站内设两组潜污泵，污水提升泵（Q=400m³/h，H=16m，N=30kW）2 台（1 用 1 备），将现状片区污水提升全禹山路检查井后流入污水处理厂；雨水处理泵（Q=500m³/h，H=26m，N=55kW）2 台，将上游片区初雨及河道循环水提升至后续一级强化处理设施进行处理。

3. 一级强化处理设施

建设高效水处理设施 1 座，包括高效污水净化器 2 套、加药系统 1 套。高效污水净化器单台处理规模为 400 ～ 450m³/h，包括快混区、絮凝区和沉淀区。加药系统包括 PAC、PAM 加药系统各 1 套。污泥回流泵 2 台（Q=77m³/h，H=11m）、应急提升泵 1 台。

4. 生态湿地

采用两级上行垂直潜流人工湿地，设计规模为 3 000m³/d，总面积为 4 016m²，分为 8 座，其中一级湿地 3 座，二级湿地 5 座。一级、二级人工湿地表面负荷分别为 1.98m³/（m²·d）、1.2m³/（m²·d），理论水力停留时间 1.12d。

一级湿地深度 2.45m，为双层式构造设计：上部为陶粒和砾石混合床填料结构，高度为 1.2m；下部为纤维束填料结构，高度为 1.25m，配置悬浮曝气装置。

二级湿地深度 1.4m，整体构造为砾石加陶粒填料结构。

一、二级湿地采用穿孔管布水方式均匀布水，从下游填料进水到上游填料上部经穿孔管收集出水，进水配水管及出水管均采用可调式 PVC 配水、排水系统。

湿地采用底部设小型排泥泵、上部设筒装固液分离器进行联合排泥，防止系统堵塞。

5. 配水池与鼓风机房

建设湿地配水池 1 座，尺寸为 8.0m×4.0m×2.0m，有效容积为 48m³，水力停留时间 0.38h。鼓风室与配水室合建，埋地式，尺寸为 4.0m×3.0m×2.0m，配置罗茨风机 2 台（Q=1m³/min，P=30kPa，N=1.5kW），1 用 1 备。

6. 钢坝闸及河道整治

根据河道 30 年一遇防洪标准，对虹桥港河道源头进行拓宽、护岸及护脚改造。设计内容如下：① 0+000～0+095.52 段：长度 95.52m，左岸现状保留，向右岸拓宽至 15m，矩形断面，拆除现状浆砌石挡墙，新建混凝土重力式挡墙、干砌石护脚，堤顶绿化。② 0+095.52～0+162.56 段：长度 67.04m，左岸现状保留，向右岸拓宽至 15m，复式断面，拆除现状浆砌石挡墙，新建生态石笼护坡、干砌石护脚。右岸堤顶设置人行小径，材料为生态透水砖。③ 0+162.56～0+282.53 段：长度 119.97m，向右岸拓宽至 15m，复式断面。左岸拆除现状浆砌石挡墙，新建混凝土重力式挡墙、干砌石护脚。新建钢坝闸 1 座，尺寸 $B×H$=15m×1.2m。

7. 生态浮岛

设计生态浮岛 2 块，单块浮岛面积 188.5m²，含浮岛单元 1 650 块，为 HDPE 环保材质，单体尺寸 330mm×330mm×60mm。浮岛外围采用 PE 管包裹，浮岛单元下层布设微孔曝气管。浮岛上植物采用种植篮组装方式置于浮岛中心圆孔中进行稳固（图 4.5-3）。

图 4.5-3 小米山路及虹桥港源头治理平面布置图

4.5.5 建设成效

本工程于 2018 年建成后通水试运行，处理效果良好，出水各项指标均达到设计要求。工程建设前后河道水质数据如表 4.5-2 所示，各项污染物去除效果较好，水体已全面消除黑臭，生态群落逐步形成，河道自净能力逐步恢复。

在改善水环境、保障水安全的前提下，构建了城市生态型滨水景观区，营造了绿色生态、公众互动的滨水活力空间，创建了虹桥港片区城市型滨水生态廊道，为市民提供了休闲娱乐活动场所（图 4.5-4 ~ 图 4.5-7）。

工程建设前后河道水质数据　　　　　　　　　　　　　　表 4.5-2

水质指标	COD（mg/L）	SS（mg/L）	NH$_3$-N（mg/L）	TP（mg/L）
建设前（平均值）	169.5	251	2.03	1.84
建设后（平均值）	18	20.32	1.32	0.23
地表水 V 类标准	40	—	2.0	0.4

图 4.5-4　虹桥港河道生态护坡

图 4.5-5　虹桥港生态湿地

图 4.5-6　虹桥港生态湿地公园步道

图 4.5-7　虹桥港生态湿地清澈出水

4.6 系统治理——孟家湾水库及玉带河综合治理工程

孟家湾水库及玉带河综合治理工程是镇江市海绵城市建设的亮点工程，依托河道综合治理，运用系统性顶层设计思维，从"源头—过程—末端"全面解决玉带河片区水安全、水环境问题。本项目具有较强的创新性和示范性，有"八大创新点"和"三大亮点"。创新地运用系统性顶层设计思维，采用"源头—过程—末端"的全过程理念，运用绿色与灰色结合的工具箱，通过计算设计与模型分析验证的方法，对玉带河片区进行顶层设计，形成经济技术最优、可实施性强的工程包。且项目中创新地运用源头LID、多级生物滤池、高负荷重力流湿地等技术对雨水进行收集净化处理。

本项目有效提升了玉带河沿岸水安全、水环境、水生态。河道修复后的经济效益、环境效益明显，大大提升了江苏大学师生与沿岸居民的生活环境，带动了周边地块与商业经济活力与效益，实现了经济、人文、环境的综合生态效益。

4.6.1 项目概况

1.项目名称

孟家湾水库及玉带河综合治理工程。

2.项目地点

镇江城区东部，学府路以北、谷阳路以西，玉带河汇水区。

3.项目规模

孟家湾水库建设和玉带河河道 2.8km 整治。

4.建设投资

本项目投资约 2.1 亿元。

4.6.2 存在问题

玉带河是玉带河汇水区重要的景观河和行洪通道，全长 2.8km，河宽 10 ～ 15m，河底标高 2.5 ～ 3m。河道源头为废弃水塘，通过 500m 盖板涵接入玉带河，玉带河中下游段（2.3km）为垂直挡墙河岸式明渠段，穿过江苏大学后折东向南汇入古运河。玉带河两岸有 19 个雨水排口，受降雨径流污染等，河道整治前水体长期轻度黑臭，水质劣 V 类。孟家湾水库及玉带河整治前主要存在如下问题：

1.源头污染严重

孟家湾水库作为玉带河上游水源，建筑垃圾堆积成山，面源污染物及部分生活污水直接进入水库，加之其补水能力有限，旱季水体极易发生黑臭现象。

2.点源污染多

水体沿线的雨水排口上游管网存在私接、错接、混接现象，雨污未彻底分流，造成部分生活污水排入玉带河，严重影响水体水质。此外，玉带河北岸沿线 DN800 污水干管，管材为混凝土，有多处严重腐蚀、破损现象，污水不间断地渗出、进入河道。

3. 面源污染大

玉带河北面区域的地势落差大、坡度陡，雨水径流的流速较快，大量的地表污染物经冲刷进入河道造成污染。

4. 水动力不足

玉带河缺乏稳定水源，水体不流动，污染物无法借着水流运移、延散，造成污染物一直累积于河道内部（图4.6-1、图4.6-2）。

图 4.6-1　整治前的玉带河

图 4.6-2　整治前的孟家湾水库

4.6.3　建设目标

孟家湾水库及玉带河综合治理工程是玉带河片区海绵建设的系统性项目。其主要建设目标为消除河道劣Ⅴ类水质、提升河道整体环境，并结合其他源头改造项目，整体实现玉带河片区的海绵城市建设目标，具体整治目标为：

（1）玉带河河道水质达到地表水Ⅳ类水水质标准。

（2）玉带河片区年径流总量控制率达到75%。

（3）玉带河片区年径流污染控制率达到65%。

（4）玉带河片区有效应对30年一遇降雨。

4.6.4　建设内容

孟家湾水库及玉带河项目是以玉带河河道水环境整治为核心，从流域整体出发，系统性地分析，采用"源头 LID、过程控制、末端治理"手段，形成江苏大学海绵校园—孟家湾水库—玉带河河道整治的系统性设计项目，是玉带河汇水区海绵城市建设的系统性工程。

工程建设内容包括：江苏大学及其家属区源头 LID 改造、孟家湾湿地公园建设（含多级生物滤池 15 000m³/d）、玉带河沿线重力流湿地建设、河道拓宽及岸线打造等。

1. 江苏大学及其家属区源头 LID 改造

玉带河汇水区结合老旧小区更新，对居住小区、道路广场和校园公建等构建"渗、滞、蓄、净、用、排"的海绵设施，实现源头减排。片区内源头改造项目 7 项，改造面积 204.1 万 m²，新增调蓄容积达 1.78 万 m³。

江苏大学及其家属区地块面积占片区比例 42%，列为源头重点改造项目，打造弹性海绵校园，大大削减入河面源污染。

江苏大学海绵校区改造面积约 11 650m²，建设雨水花园 1 180m²、下凹式绿地 2 500m²、透水铺装 5 015m²。江苏大学家属区 LID 改造面积约 160 000m²，建设雨水花园 8 344m²、下凹式绿地 421m²、高位花坛 340m²、透水铺装 3 750m²（图 4.6-3）。

图 4.6-3　江苏大学及其家属区源头 LID 改造

2. 孟家湾湿地公园建设

孟家湾水库原先为多年废弃水塘，水岸周边漂浮植物较多，占水体表面积超过 20%，西部有人工堆土填成的土堆，大部分池岸杂草丛生，西北角水华较严重，孟家湾水质水环境改善难度较大。

项目因地制宜地对孟家湾现状废弃水塘进行改造，将其打造为孟家湾湿地公园。一方面孟家湾水库疏浚扩容后，将周边 76hm² 地块雨水引入多级生物滤池（规模 1.5 万 m³/d）净化后作为水库补水，实现了 3 万 m³ 水的净化与调蓄，使水库能在雨季蓄水，旱季为玉带河补充活水。另一方面结合景观提升，与周边京口美术馆、帝宝酒店形成联动，将其打造成环境优美、可供人游览、休息并兼具生态功能的湿地公园，实现了生态效益的综合提升。

新建多级生物滤池 1 座,设计规模 1.5 万 m^3/d,对周边地块雨水进行净化处理。地块雨水由雨水管引入过滤槽进行较大颗粒物质和泥沙沉淀,出水经粗格栅处理后由升流管均匀配水至斜管沉淀区,按照斜管沉淀原理进行污染物的进一步预处理,出水溢流至多级生物滤池进一步净化后排放至孟家湾水库。

该种"斜管沉淀—多级生物滤池"水质净化系统设计,具有以下优点:水力负荷高〔$5 \sim 6m^3/(m^2 \cdot d)$〕,通过对其预处理结构的改进,增设预处理区(格栅区以及斜管沉淀区)对进入生态处理单元的河道水进行前处理,有效地去除大颗粒污染物以防止生态处理区过早堵塞带来的处理能力的降低,减少对生态处理单元的冲击负荷。

3. 玉带河上游河道拓宽及整治

玉带河与孟家湾连接处有 500m 长、多年封闭的盖板涵,该处臭味大、环境差、水质污染严重,居民反响强烈。本次将该处多年封闭盖板涵打开,将长年淤积的底泥与污染物清除,减少了内源污染,增加了水面率;在原孟家湾水库与盖板涵衔接处通过景观跌水等打造,改善了水生态。此外,将玉带河原本 0.5 ~ 2m 河道拓宽为 10m 左右,减轻了行洪压力,保障了水安全目标。

此外,进行玉带河驳岸生态化,将原毛石挡墙开放成自然缓坡,构建自然生态空间,提高河道自净能力的同时,保障生态系统的完整性和延续性,提升河道的生态性、景观性和亲水性(图 4.6-4)。

图 4.6-4 玉带河河道生态修复断面

4. 玉带河重力流湿地建设

针对玉带河沿岸 19 个雨水排口,创新地采用重力流湿地进行排口水质净化处理。沿岸两侧共建设 12 块重力流湿地,处理能力 3.5 万 m^3/d,水力负荷可达 $5 \sim 10m^3/(m^2 \cdot d)$,独特的设施构造、低水力条件和优化的湿地介质可实现污染物的高效去除,以达到净化水质目的(图 4.6-5)。

图 4.6-5 玉带河片区重力流湿地分布图

4.6.5 建设成效

本项目基于全流域治理思路，对流域现状系统性分析，综合采用"源头 LID—过程控制—末端治理"手段，进行系统性方案设计。以玉带河河道综合整治为核心，结合江苏大学海绵校园、孟家湾水库公园建设，统筹实现片区内水安全、水环境、水生态、水文化和水景观的综合效益，服务周边社区，社会效益显著。

1. 生态效益

孟家湾—玉带河综合整治工程源头减排、过程控制、系统治理工程、景观提升工程建设完成后，共修建 1.8km 生态岸线。

2. 环境效益

玉带河未改造前，水质为劣 V 类，经源头—过程—末端—水体，"四位一体"的系统综合治理后，模拟评估显示 TSS 污染物指标去除率为 95%，在连续 20 天不降雨工况下，以污水处理厂再生水作为补水水源，玉带河水质可维持在 V 类水以上（NH_3-N 1.8mg/L、TP 0.28mg/L、BOD_5 8mg/L）。

3. 经济效益

通过玉带河水体治理，解决了水动力不足等问题，提升了景观水平，实现了水生态格局完善、水环境质量提升等综合效益。与传统灰色方案相比，在实现同样的投资水平下，海绵城市系统建设的方案带来的经济效益更加明显。

4. 社会效益

玉带河将直线型河岸改造成蜿蜒河岸，形成多处湾、港水域，增加水体岸线长度和水生植物生长区域，为生物提供了更多的栖息地。玉带河南侧绿地，以贴近自然形式的种植设计为主。园路蜿蜒穿插其中，休憩节点分布合理，为师生提供贴近自然、寓教于乐的好去处。整治后，玉带河在生态、景观、游憩性上皆大幅提升，为江苏大学师生与周边居民提供了休憩场所，增加了河岸活力（图 4.6-6、图 4.6-7）。

图 4.6-6   玉带河整治后效果

图 4.6-7   孟家湾湿地公园建设效果图

4.7   系统治理——沿金山湖多功能大口径管道系统工程

沿金山湖多功能大口径管道系统工程主要以金山湖水环境改善为目标，针对镇江老城区排水防涝标准偏低、雨天溢流污染严重等问题，在源头 LID 应做尽做的前提下，因地制宜、创新性地提出金山湖 CSO 溢流污染水环境综合治理工程，通过"深层截流主干管＋末端调蓄及雨水处理"的建设，对现状排水系统进行有效补强，解决老城区合流制溢流污染问题，实现金山湖水质改善、排水防涝标准提升和海绵城市试点达标。该项目是镇江海绵城市建设综合达标的重要工程。

针对项目在工程设计、施工验收及运营维护中面临的重点和难点问题，进行研究，逐一突破，形成了九大专项课题。专题一：项目及其各组成部分规模（模型模拟）和空间定位论证；专题二：水力学流态模型研究；专题三：竖井及泵站物理模型试验研究；专题四：系统气动通风分析及臭气控制研究；专题五：系统运行维护研究；专题六：浅层系统的衔接方案和预处理设施研究；专题七：超大口径混凝土原型管材结构及密封性能试验研究；专题八：制定适合本工程顶管的管材制作、施工及验收标准；专题九：基于湿地系统的高吸附基质的研究。

九大专项课题研究运用 TMDL 理念、水文水力耦合模型进行工程规模确定及优化；通过构建 TAP、CFD 水力模型，并结合物理模型，对工程中深层管道、竖井及泵站等流态进行分析论证，优化相应结构型式；通过管节制作、施工及验收标准研究，为工程施工、验收提供指导；通过气动通风分析及臭气控制研究，为系统工程后期运维提供方法和策略。整体上形成从工程研究—设计—施工—运维全链条、系统性的研究方法和工程咨询模式，为水环境治理工作提供方法和手段。

九大专题研究论证 1 年多，分 4 次专家评审会评审，分别邀请了中国城市规划设计研究院水务与工程院谢映霞院长、江苏省住房和城乡建设厅何伶俊处长、上海市政设计院彭夏军总工、清华大学江春波教授、北京市政设计院宋奇叵总工等 20 多位业内专家共同把关，全部验收通过，已应用到本工程之中。

沿金山湖多功能大口径管道系统工程应用领域新、服务流域广，在海绵城市建设、水环境治理方面具有重要的引领作用与推广意义。

4.7.1 项目概况

1. 项目名称

镇江市沿金山湖多功能大口径管道系统工程。

2. 项目地点

镇江市金山湖南岸（新河西岸—梦溪路）及征润洲现状污水厂区域。

3. 项目规模

（1）雨水处理站及生态湿地：预处理 5 万 m^3/d（近期）；复合垂直流人工湿地 9.6hm^2；

（2）截流主干管及附属泵站改造（包含 8 座竖井）：DN4 000，L=6.4km，其中：沿金山湖截流主干管 6.2km，末端出水管 0.2km；

（3）末端多功能雨水泵站：排涝泵组 30m^3/s，雨水处理泵组 20 万 m^3/d（近期 5 万 m^3/d）；

（4）二级管网建设：3 条，新河桥二级管道 + 宝塔路二级管道 + 绿竹巷二级管道。

4. 建设投资

本项目建设投资约 5.96 亿元。

4.7.2 存在问题

4.7.2.1 排水防涝标准偏低的问题需求

根据片区内内涝评估分析，30 年一遇降雨下，片区内积水深度超过 15cm 的积水区域面积较大，达到了 200hm^2 以上。其中，在 0 ~ 30min 和 60 ~ 120min 积水时间较多，占比达到了 49.5% 和 24.1%；积水时间超过 30min 以上的区域面积达到了 100hm²。根据《城镇内涝防治技术规范》GB 51222—2017 中大城市内涝防治设计重现期为 30 ～ 50 年，对比镇江现状排水防涝情况可知，其排水防涝标准偏低。

与此同时，近若干年实测内涝点与计算机模拟内涝点结果基本一致，30 年一遇内涝点集中在长江路、东吴路沿线（图 4.7-1）。

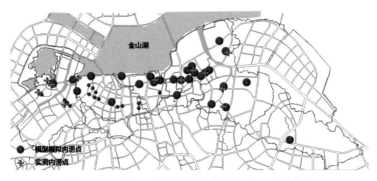

图 4.7-1　30 年一遇降雨实测内涝点与模型模拟内涝点

4.7.2.2　镇江老城区 CSO 溢流的问题需求

根据对镇江市面源污染和排放总量的调研结果，镇江市古运河、运粮河、虹桥港和金山湖沿线的各污染排放口雨天向相应流域排放的污染物总量较大。沿金山湖含 6 个合流制排口，1 个雨水排口。以解放路泵站溢流污染分析，一方面排出因降雨形成的面源污染；另一方面，受下游截流管道输送能力的限制，造成年溢流次数和溢流量加大。根据模拟结果，排入金山湖的污染物总量为：TSS 3823.21t/a、COD 3897.67t/a、NH₃–N 547.46t/a、TP 50.52t/a。雨天溢流污染已经严重影响了古运河、运粮河和金山湖等水体功能。

4.7.2.3　高密度老城区管网的错综复杂性

镇江海绵城市试点区 29km² 内五大片区（8.75km²）属于高密度老城区，排水系统复杂，合流制与分流制并存交叉分布。这种排水系统对水体水质造成三方面的污染：一是接入雨水管道的污水排放；二是合流管道雨污混合溢流排放；三是通过雨水管道的雨水径流污染，导致城市排水不能达到预期的截污率、不能实现预期的水质改善目标（图 4.7-2）。

4.7.3　建设目标

1. 水环境控制目标

根据金山湖水质控制目标需满足《地表水环境质量标准》GB 3838—2002 中规定的地表水Ⅲ类水标准，即 TP 需控制在 0.05mg/L。基于 TMDL 理念，则需要控制排入金山湖的 TP 量为每年 4.5t，需控制径流量约 300 万 m³ 排入金山湖。

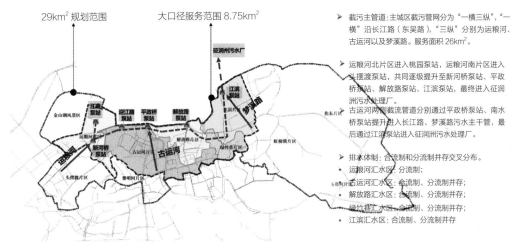

图 4.7-2　沿金山湖多功能大口径管道系统工程范围

2. 年径流总量控制目标

根据《镇江市海绵城市建设试点城市实施方案》和《镇江市海绵城市专项规划》，镇江海绵城市试点区年径流总量控制率为 75%，对应设计降雨量为 25.5mm。

3. 径流污染控制率目标

根据《镇江市海绵城市建设试点城市实施方案》和《镇江市海绵城市专项规划》，镇江海绵城市试点区径流污染控制率目标为 60%。

4. 排水防涝控制目标

根据《镇江市海绵城市建设试点城市实施方案》和《镇江市海绵城市专项规划》，镇江海绵城市试点区排水防涝目标达到有效应对 30 年一遇降雨。

4.7.4　建设内容

4.7.4.1　截流主干管及附属泵站改造

1. 截流主干管设计

工程设计沿金山湖敷设截流主干管，管道起点位于江南泵站东北侧、新河口处，线路沿金山湖南岸自西向东，途经迎江路泵站、平政桥泵站、解放路泵站至梦溪路近岸，经梦溪路近岸自南向北穿金山湖至征润洲，终点位于京江路北侧的末端出水井。

截流主干管采用钢筋混凝土管，管道内径 4 000mm、壁厚 320mm、外径为 4 640mm，管道全线采用顶管施工方式，全长 6 434m。

管线 Y-1 至 Y-7 段：管道起点管内底标高为 –14.00m，埋深为 21.45m，管道终点管内底标高为 –20.23m，埋深为 26.73m。

管线 Y-7 至 Y-8 段：管道起点管内底标高为 –5.50m，埋深为 12.00m，管道终点管内底标高为 –5.70m，埋深为 11.70m（图 4.7-3）。

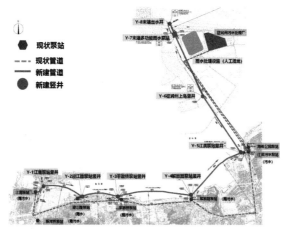

图 4.7-3　截流主干管及附属泵站平面布置示意图

2. 竖井设计

沿线设计竖井 8 座，分别为江南泵站竖井（Y-1）、迎江路泵站竖井（Y-2）、平政桥泵站竖井（Y-3）、解放路泵站竖井（Y-4）、江滨泵站竖井（Y-5）、征润洲上岛竖井（Y-6）、末端多功能雨水泵站（Y-7）、末端出水井（Y-8）。

（1）Y-1 竖井位于江南泵站东北侧、近运粮河河岸处，服务于运粮河汇水区。

竖井直径 16m，深度 22.45m，设计最大入流量为 2.42m³/s。收集运粮河汇水区三部分排水，分别为江南泵站雨水、新河桥泵站雨水及长江路道路（运粮河西侧段）雨水。

（2）Y-2 竖井位于金山湖内，西津湾地下停车库北侧、现状迎江路泵站东侧，服务于古运河汇水区域。

竖井直径 9.0m，竖井深度 23.61m，设计最大入流量为 2.15m³/s。将迎江路自流管涵来水和泵站进水管汇合全新建雨水汇合井再接入本竖井。

（3）Y-3 竖井位于长江路与宝塔路交口，近金山湖侧，服务于古运河汇水区。

竖井直径 16m，竖井深度 21.18m，设计最大入流量为 10.32m³/s。收集古运河汇水区两部分排水，分别为平政桥泵站雨水、宝塔路二级管道雨水。

（4）Y-4 竖井位于长江路与解放路交口，近金山湖侧，服务于解放路汇水区。

竖井直径 16m，竖井深度 23.71m，设计最大入流量为 5.4m³/s。将解放路泵站雨水接入本竖井。

（5）Y-5 竖井位于滨水路与梦溪路交口，近金山湖湖岸，服务于江滨汇水区。

竖井直径 16m，竖井深度 23.39m，设计最大入流量为 9.71m³/s。收集绿竹巷汇水区雨水、江滨汇水区雨水及梦溪路道路雨水。

（6）Y-6 竖井位于现状征润洲污水处理厂区域，现状氧化塘西南侧陆域部分。

竖井直径 13m，竖井深度 26.78m。

（7）Y-7竖井位于征润洲污水处理厂西侧现状改造生态塘西北角用地。

竖井平面尺寸为尺寸31.8m×27.5m，竖井深度29.4m。

（8）Y-8竖井位于京江路北侧、现状出水漫滩。

竖井直径9m，竖井深度11.7m。

4.7.4.2　末端多功能雨水泵站

末端多功能雨水泵站，具有截流主干管系统的初雨提升处理功能、暴雨排涝功能及晴天雨水放空处理功能。

雨水处理规模近期5万m^3/d，由2台处理提升处理泵组成（一用一备），单台处理量2 083m^3/h，扬程范围20.4～34.7m；

暴雨排涝规模：30m^3/s，由8台排涝泵组成，包括2台小泵与6台大泵，其中两台小泵单台流量2.00m^3/s，扬程9.20～15.7m；6台大泵单台流量4.33m^3/s，扬程9.20～15.7m。

本泵站采用沉井法施工。施工工艺为不排水下沉和水下封底。本泵站矩形沉井，内壁平面尺寸约为24m×24m，刃脚端部至池顶全高约35m，分4次浇筑3次下沉；井筒壁厚为1 000～2 000mm。

4.7.4.3　雨水处理站与生态湿地

采用三级复合垂直流人工湿地，复合垂直流人工湿地9.6公顷（1号湿地1公顷，2号湿地8.6公顷）。降雨时净化大口径管道输送初期雨水；晴天时净化污水处理厂达标后尾水。其中：净化污水处理厂尾水规模：8万m^3/d，水力负荷0.83m/d；净化雨水处理站出水规模：5万m^3/d，水力负荷0.52m/d。

垂直流人工湿地深度1.5m，主要采用砾石+铝污泥填料结构。湿地采用穿孔管布水方式均匀布水，从下游填料进水到上游填料上部经穿孔管收集出水，进水配水管及出水管均采用可调式PVC配水、排水系统。

建设高效水处理设施1座，包括高效污水净化器5套、加药系统1套。高效污水净化器单台处理规模为400～450m^3/h，包括快混区、絮凝区和沉淀区。加药系统包括PAC、PAM加药系统各1套。污泥回流泵5台（Q=98m^3/h，H=11m）、潜水排污泵3台（Q=35m^3/h，H=15m）。

4.7.4.4　景观设计

（1）定位：镇江名片—绿洲大海绵：末端水处理+景观生态公园+科普旅游；

（2）塑造：场地记忆的尊重+创新；功能+设计美学+文化人性化；

（3）经营：运营思维下的开发模式，项目策划和经营模式（图4.9-4）。

4.7.4.5　二级管网建设

1.新河桥二级管网

新河桥二级管道位于润州区，以新河桥泵站为起点，沿新河西岸布设DN2 000顶管，

1. 湿地广场
2. 磁分离设备间
3. 净化湿地
4. 过渡缓存塘
5. 调节池
6. 花海步道 / 规划道路
7. 湿地植物台
8. 湿地步道
9. 水道驿站
10. 湿地入水
11. 群岛汉道
12. 湿地记忆岛
13. 湿地记忆步道
14. 镇江印象 - 远眺台
15. 静水湖面
16. 金山渡口
17. 观鸟站
18. 生态淀滩
19. 溪涧汇塘
20. 水 4.0 互动广场
21. 亲子果园
22. 城巾农业
23. 亲水学台
24. 花台
25. 金山水樹
26. 金湖浮桥
27. 污水厂入口
28. 苗圃基地

100 200 500m

N

（a）主要节点区位图

图 4.7-4　景观设计效果图（一）

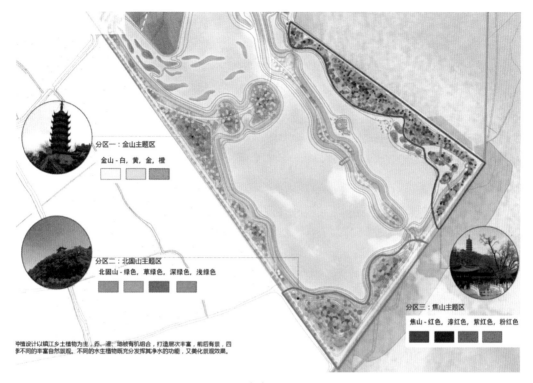

分区一：金山主题区

金山 - 白，黄，金，橙

分区二：北固山主题区

北固山 - 绿色，草绿色，深绿色，浅绿色

分区三：焦山主题区

焦山 - 红色，漆红色，紫红色，粉红色

种植设计以镇江乡土植物为主，乔、灌、地被有机组合，打造层次丰富，前后有景，四季不同的丰富自然景观。不同的水生植物既充分发挥其净水的功能，又美化景观效果。

（b）景园

01. 溪涧汇塘
02. 水4.0 戏水园
03. 缓坡驳岸
04. 亲水学台
05. 城市农业
06. 亲子果园
07. 花台
08. 金山水榭
09. 金湖浮桥
10. 次入口
11. 苗圃基地

（c）智园 - 平面图

图 4.7-4　景观设计效果图（二）

用于收集新河桥泵站及江南泵站服务片区及新河桥西侧排口对应服务片区的初期雨水，输送至竖井 Y-1，结合末端雨水泵站及处理设施，削减服务范围内的合流制溢流污染。

本工程服务范围约 0.31km²，设计标准按一年一遇（80.6mm 计）设计，新河桥二级管道设计流量约 2.42m³/s。

2. 宝塔路二级管网

宝塔路二级管道位于润州区宝塔路，以中华路为起点，竖井 Y-3 为终点，顶管为 $DN2\ 200$ 钢筋混凝土管，主要作用为：结合末端雨水泵站及处理设施，削减服务范围内的合流制溢流污染。

本工程服务范围约 1.38km²，设计标准按一年一遇（80.6mm 计）设计，宝塔路二级管道设计流量约 7.77m³/s。

3. 绿竹巷二级管网

绿竹巷二级管道位于京口区东吴路，以绿竹巷为起点，梦溪路为终点；管道全长约 335m。管沟埋深为现状地面以下约 2 ~ 4m。

4.7.5 建设成效

沿金山湖多功能大口径管道系统工程，是以金山湖水环境容量为目标，运用 TMDL 理念，采用"深层截流主干管＋末端调蓄及生态处理"技术方案，协调统筹解决多个片区（8.75km²）排水防涝和水环境问题，有效补充城市排水系统，解决了老城区地上建筑密集、地下管线错综复杂以及无法碎片化处理的技术难点。对高密度老城区水环境综合治理，具有强烈的创新性、探索性与实践性（图 4.7-5 ~ 图 4.7-7）。

图 4.7-5 沿金山湖多功能大口径管道系统工程效果图

图 4.7-6　中国建设科技集团领导赴镇江海绵城市项目考察调研

图 4.7-7　镇江沿金山湖溢流污染综合治理项目大口径管道全线贯通仪式

第 5 章

特色经验

5.1　建设模式经验

2015 年 4 月，镇江市被财政部、住房和城乡建设部、水利部批准为国家第一批海绵城市建设试点城市。同年 5 月，镇江市政府决定以 PPP 模式实施海绵城市试点项目并启动相关工作。镇江海绵城市 PPP 项目严格按照国家和省的相关规范要求实施，同时被财政部和国家发展改革委列入典型案例，肯定了其投融资方式的创新。

5.1.1　项目分解创新——项目合理分解边界明确

1. 科学打包

项目严格按片区打包整合，也就是按试点区 29.28km² 综合达标进行立项和可研，以源头削减、过程控制和系统治理三位一体的方式进行整体打包运作，建设内容包括雨水泵站建设、管网工程建设、水环境修复、排水防涝达标工程建设等，以实现有效应对 30 年一遇降雨、面源污染削减 60%（以 SS 计）、年径流总量控制率 75%、雨水利用率等多目标，项目设计覆盖了试点工作的全部目标和功能。

2. 边界清晰

镇江市海绵城市建设项目权责划分明确，体现在 PPP 实施方案及 PPP 合同中，从权利义务边界、交易边界、履约保障边界、调整衔接边界等四个方面约定清晰。

（1）权利义务边界

明确了项目资产权属、社会资本承担的公共责任、政府支付方式和风险分配结果等。同时还明确了政府方和社会资本方的基本权利义务，以及在投资、建设、运营、移交各阶段的权利义务，尤其是政府的融资监管权、介入权、社会资本的出资及融资义务等。

（2）交易边界

明确了双方合作的合同期限、项目公司的股权机构、融资结构、回报方式、项目投资计价原则、运营的范围、标准、成本核算、股权转让、绩效考核、项目公司收费定价调整机制和产出说明等。

（3）履约保障边界

主要明确强制保险方案以及由投资竞争保函、建设履约保函、运营维护保函和移交维修保函组成的履约保函体系。包括提交建设、运营、移交履约保函的要求，对包含的提交时间、担保事项、兑取程序、补足要求等都作了明确要求。

（4）调整衔接边界

对项目在运作过程中可能出现的各方违约或不可抗力事件出现时的应急处置、政府的临时接管和提前终止、合同变更、合同展期、项目新增改扩建需求等应对措施。

3. 周期合理

镇江 PPP 项目从项目谋划、采购、合同订立、公司设立、开始运营到合同期末，始终坚持将海绵城市规划、设计、建设、竣工验收、运营调度、抢险应急指挥等全生命周期作为合同内容，对全生命周期的绩效进行考核评价，并依据考核结果进行支付和奖惩。考虑到项目合理的投资回报和长期社会效益，本项目最终享有特许经营权 23 年（建设期 3 年，运营期 20 年），符合相关要求规定。

5.1.2　资本遴选创新——社会资本科学审查

严格按照《财政部关于印发〈政府采购竞争性磋商采购方式管理暂行办法〉的通知》（财库〔2014〕214 号）第二章关于"磋商程序"的要求制定了采购的流程，以体现和反映出整个采购程序的客观科学，整个磋商文件从文件的构成、文件的递交、文件的澄清和修改、报价、响应、磋商与评审、供应商澄清、确定成交、询问及质疑等各个方面充分体现出 PPP 项目采购过程中对社会资本采购的公平竞争性。

在市场测试及资格审查阶段，实施机构与咨询顾问一起，先后与近 20 多家社会资本方进行了两轮一对一的初步会谈，修改完善实施方案。

在社会采购阶段，引入竞争性磋商选择社会资本，竞争性磋商及评审工作由江苏省政府采购中心组织。评审采用综合评分法，评分标准除政府购买服务报价外，重点从技术、管理、市场开拓能力、产业链完备和资本运作能力等方面设置评分点，同时对投资人的发展历程、股东背景、自身优势、注册资本及净资产等财务指标、相关业绩、收益率要求、融资资金来源渠道等方面进行全方位覆盖，使拥有技术 + 资本 + 资源的社会资本的投资人能脱颖而出，最终选择了中国光大水务集团作为本项目的合作伙伴。

5.1.3　付费机制创新——按效付费的绩效考核机制

制定了《镇江市海绵城市建设 PPP 项目绩效考核及付费暂行办法》，成为 PPP 项目绩效考评指引和绩效评价结果与政府付费机制建构的重要依据。按照财政部规范性文件的要求，由项目实施机构（镇江市住建局）会同财政部门和相关行业主管部门一起实施考核。

依据《镇江海绵城市 PPP 项目绩效考核机制》，财政局按年度支付经审计核定的可用性付费的 70%，另外 30% 的可用性付费根据建设期与运营期绩效考核结果按比例付费。具体付费公式如下：

当年政府可行性缺口补助支出数额 =70%×当年政府支付的投资回报 +（30%×当年政府支付的投资回报 + 当年运营收入）× 运营期考核系数 – 当年使用者付费收入建设期考核奖惩金额。

5.1.4　成本补偿创新——广领域扶持

镇江市海绵城市建设不仅对直接参与海绵城市建设与管养的单位有补偿政策、对本市海绵产业链中的其他单位（如海绵设施生产单位、设计单位）都有相应的成本补偿手段。

一是为降低海绵产业的投资成本,鼓励全社会参与海绵城市建设,镇江市制定了《镇江市海绵城市建设试点项目奖补办法》,对海绵院落改造中的企业、已建成的商业开发

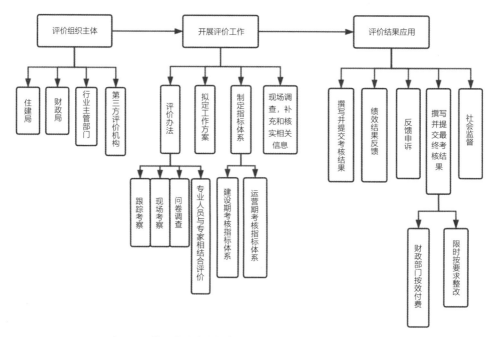

图 5.1-1 镇江市海绵城市建设 PPP 项目绩效考核及付费流程图

小区综合项目功能性、技术合理和先进性、景观性等相关因素，分别按不高于海绵城市建设改造上限控制成本的 20%、35%、50% 给予补助，通过奖补的形式鼓励、引导社会主体积极参与海绵城市建设。

二是搭建政银企信用融资平台，推动银行开发适合政府采购中标企业的融资产品和贷款方式。引导各类社会资本投入海绵产业领域，通过兼并、收购、参股、控股、联合等形式的资本运作，整合产业资源，扩张发展。

三是加强专业人才培养。加强对管理人员、从业人员的业务培训，积极开展学术交流、技术研讨等活动，不断提高海绵城市建设管理水平。支持本地院校设立海绵产业相关专业，培养复合型和应用型人才，提升海绵经济理论和实践应用能力。

5.2 规划设计经验

5.2.1 海绵城市系统化设计——厂网河湖系统化设计

镇江市海绵城市建设试点设计延伸与拓展了海绵城市建设内涵，具有多维度、多层次特点，厂网河湖系统化设计。

海绵城市建设是一项复杂的系统工程，从目标需求可分为水安全、水环境、水生态、水资源和水文化五个方面，五个方面的目标需求呈层层递进的关系，从解决水安全、水环境问题递进至水生态修复，进而水资源提升和水文化的打造。从多重目标又衍生出相对应的主要管控指标。面对系统的复杂性，须以系统思维、生态理念综合施策，建立厂网河湖系统化设计思路、理念方法和技术措施，从而在海绵城市建设中消除黑臭水体、解决城市内涝、补充城市水资源等方面产生综合效益，全方位增加城市水安全保障能力（图5.2-1）。

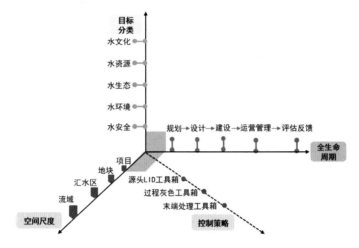

图 5.2-1 海绵城市多层次内涵

在镇江海绵城市建设与实践中，本着先行先试、不断探索的方式，结合黑臭水体治理、污水系统提质增效，逐渐形成"源头减排—过程控制—系统治理"的系统性化设计。源头减排包括污水管网空白补齐、雨污分流改造及混接点改造以及 LID 生态化措施的建设。过程控制通过管网的更新修复建设，实现清污分离、雨污分流，进而实现污水收集转输系统增效，入河污染降低；通过点状调蓄池、线状调蓄管道、泵站建设等，降低合流制溢流频次和污染，提升水环境质量和水安全保障能力。同时，加强对管道污泥的处理处置，实现泥水并重。在此基础上，进行污水厂扩容与提标，河道内源治理、生态修复及活水保质等，最终实现"厂网河湖一体"（图5.2-2）。

面对镇江海绵试点区建筑密度高、用地紧张、老旧小区管网设施陈旧、河道湖泊雨季污染严重等难题，以厂网河湖系统化设计理念，创新采用"绿色优先、灰绿结合"技术手段，制定最大日负荷总量（TMDL）计划，以"流域—汇水区—地块—项目"多空间多维度，层层递进，逐级分解，通过径流总量控制和水质水量的模拟耦合，梳理和论证海绵城市工程包，进而实现试点区"水安全、水环境、水生态、水资源、水文化"的综合目标。

镇江试点区源头 LID 改造项目 124 余项，在实现源头小区道路雨污分流改造的同时，创新采用缝隙式结构透水铺装、介质土材料雨水花园、绿地贴等技术，实现 101 053m³ 雨水控制；新建沿金山湖截流主干管 6.4km（内径 4m）、小米山路管道 0.95km（内径 2.8m）、龙门泵站（35m³/s）、海绵公园泵站（8m³/s）及配套排水管网，实现雨水转输、

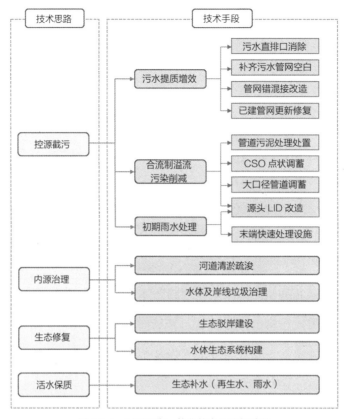

图 5.2-2 厂网河湖一体化技术思路与手段

调蓄、储存；进行末端征润洲污水厂升级改造，污水处理系统进一步提升增强；创新运用重力流湿地、多级生物滤池、生态湿地等技术实施后续处理，虹桥港、玉带河、金山湖等水体水质显著提升，河道主要水质指标地表水Ⅳ类标准，湖泊水质Ⅲ类标准。创新性搭建智慧化的运维管理平台、打造"海绵+"的建设新模式，实现了"厂网河湖"的系统治理与综合管控，为全国高密度老城区海绵城市建设与运行提供了重要的技术借鉴。

5.2.2 海绵城市建设目标细化——TMDL 理念运用与实践

镇江市海绵城市试点区建设创新性地采用国外先进的流域污染物总量控制（TMDL）技术，将污染物总量分配到各排水分区及工程设施上，通过源头削减、过程控制和末端处理来达到海绵城市建设水质和水量的耦合目标。

镇江市海绵城市试点区域大部分为老城高密度居住区、棚户区，污染源密集，只对单独的污染源规定排放浓度，不能保证整个地区（或流域）达到环境质量标准的要求，应以环境质量标准为基础，考虑自然特征，计算出为满足环境质量标准的污染物总允许排放量，然后综合分析所在区域（或流域）内的污染源，建立一定的数学模型，计算每个源的合理污染分担率和相应的允许排放量，求得最优方案。因此，采用 TMDL

理念，从水环境保护目标出发，以受纳水体对某种污染物的最大允许排放量（即受纳水体的环境容量）为依据，确定污染物的最大排放负荷或最小削减量，从而对非点源污染进行卓有成效的控制管理，甚至对城市规划产生一定的影响，从而真正做到对城市径流污染的"源头控制"。

5.2.2.1　基本理念

TMDL源自《美国清洁水法》（*Clean Water Act*）303（d）条款，由美国联邦政府环保局作为最高负责单位。TMDL是指在满足特定水质标准的条件下，水体能够接受的某种污染物的最大日负荷量，污染物来源种类包括点源、面源和内源底泥污染等。

$$最大容许负荷量 = \sum 点源排放量 + \sum 面源排放量 + 安全值 \qquad (5.2-1)$$

TMDL工作的核心是根据水体水环境容量和污染物排入量，确定需要削减的污染负荷，并将削减量分配到各个污染源，将进入水体的污染物削减到环境容量所能允许的范围内。

以美国为主要实施国家的TMDL管理体系经过近20年的实践取得了较好的效果，得到国际广泛认可，具体工作流程如图5.2-3所示，总体步骤为摸清本底→对症下药→滚动监管，以真正达到"鱼翔浅底"的治水目标。

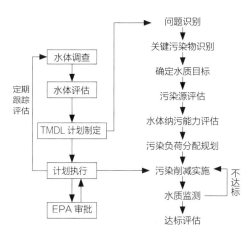

图5.2-3　美国TMDL体系建设工作路线图

TMDL的技术体系为我国海绵城市建设提供了重要的思路和技术基础，可用于海绵城市顶层设计中的目标分解和方案优化研究。

镇江借鉴TMDL流域水环境治理体系的先进理念，针对镇江市水环境污染的关键原因和治理中的关键问题，对主城区典型全年的径流污染排放负荷进行估算，计算目前水体水环境容量，进行污染源解析。在此基础上结合镇江海绵城市建设任务，建立基于TMDL体系的水量、水质削减目标及分解技术体系。

5.2.2.2　工作思路

镇江 TMDL 体系工作路线如图 5.2-4 所示，整体工作共分 5 个部分：

第一部分本底分析：以目标水体为出发点，从水域、陆域和空域各层面进行数据收集和分析，包括点源和面源污染以及目标水体的基本数据等。分析内容包括汇水范围分析、土地利用状况分析以及水文分析和污染分析等。

第二部分确定设计原则：通过数据分析明确水体主要污染物，以及污染物整治的优先级，同时评估目标水体的水文状况，制定水环境管理需求下的水文设计条件。

第三部分目标水体水环境容量确定：利用模型进行水环境容量评估，结合水文条件及水质目标，评估出目标水体关键污染物及其他污染物的最大容许负荷量。

第四部分整治规划：先依据目标水体的水环境容量、水体和排污现况，同时考虑城市发展规划，合理分配点源和面源排放量。以分阶段、分目标的方式，规划目标水体的整治策略，达到水质目标。

第五部分是管考规划：目的是定期评估整治结果，适时的修正与优化整治工作。依水体规模、污染状况、目标规划制定考核方法、频次和标准。同步规划管理和运维体系，包括监测系统、定期评估机制（每 1 ～ 3 年一次），以持续、滚动、适时调整整治工作，有效达到最终水体水质目标。

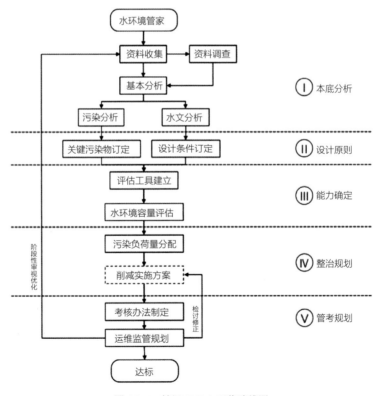

图 5.2-4　镇江 TMDL 工作路线图

工作中海绵办积极与领导、专家进行技术交流（图5.2-5），在镇江海绵城市顶层设计评审会中，与会各方探讨系统性治理应"鸟瞰大地，穿越历史，师法自然，崇尚智慧"（图5.2-6）。

图5.2-5　市海绵办与到访的中国市政华北总院领导及专家进行技术交流

图5.2-6　镇江海绵城市顶层设计评审会

5.2.2.3　工作内容和成果

1.基础分析

（1）气象分析

镇江市属北亚热带季风气候，四季分明，温暖湿润，热量丰富。受大陆、海洋以及来自南北天气系统的影响，气候比较复杂，年际间变化较大，易形成某些特殊的气候，如风力偏大、气温偏高等。

本项目引用与分析的气象监测记录以丹徒站（区站号58252）近10年（2007—

2019 年）的数据为主，镇江常年平均气温为 16.7℃，月均气温如图 5.2-7 所示，以 7 月平均 28.5℃最高，其次为 8 月，1 月平均 3.3℃最低。历史最高为 2013 年 8 月 10 日的 40.5℃，历史最低为 2016 年 11 月 23 日的 -10℃。

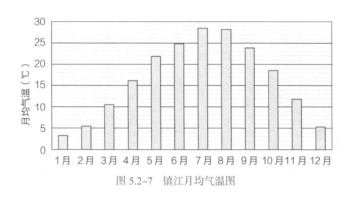

图 5.2-7 镇江月均气温图

镇江夏季主要风向为东、东南风，冬季为东北风，如图 5.2-8 所示，年最大风速 8.6m/s，常年平均风速 1.9m/s，月均风速如图 5.2-9 所示。

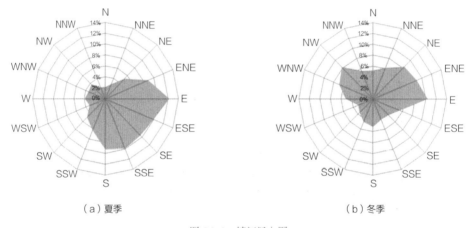

（a）夏季　　　　　　　　　　　　　　　　　　　（b）冬季

图 5.2-8 镇江风向图

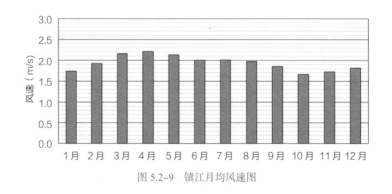

图 5.2-9 镇江月均风速图

镇江 2007—2017 年平均湿度 68.6%，月均湿度如图 5.2-10 所示，其中以 7 月平均湿度最高，3 月为最低。镇江常年平均气压是 1 012.9 Pa，平均日照时数 1 962.7h，年平均无霜期 239 天，平均雾日 10.5 日，最多雷暴日数 37 日。

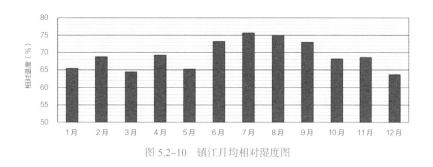

图 5.2-10　镇江月均相对湿度图

（2）降雨分析

本项目引用与分析的降雨监测记录以丹徒站（区站号 58252）38 年（1980—2018 年）的数据为主，镇江常年平均降雨是 1 003.8mm，月平均雨量如图 5.2-11 所示，雨量集中在 6 ~ 8 月。

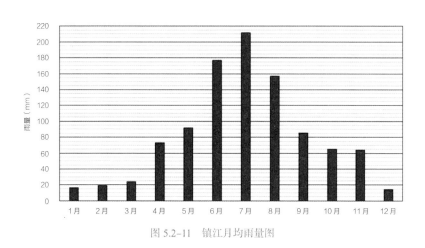

图 5.2-11　镇江月均雨量图

根据 39 年的日降雨数据，分析日雨量几率，结果如图 5.2-12 所示，90% 保证率的日降雨是约 25.4mm。

本项目引用与分析的蒸发监测记录以丹徒站（区站号 58252）近 10 年（2007—2016 年）的数据为主，镇江常年平均蒸发量是 870.4mm，月均蒸发量如图 5.2-13 所示。

（3）土地利用类型分析

本项目研究范围中建筑为 18.726%，绿地为 32.329%，道路为 34.014%，水体为 66.438%，其他类型为 25.412%，各类型下垫面占比及分布如图 5.2-14 所示。

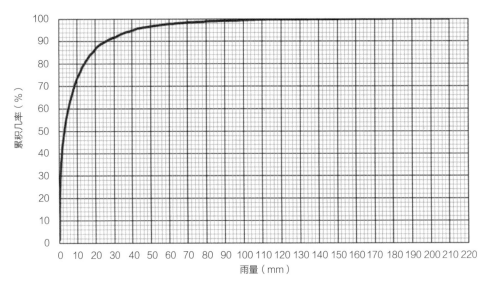

图 5.2-12　镇江日雨量累积几率图

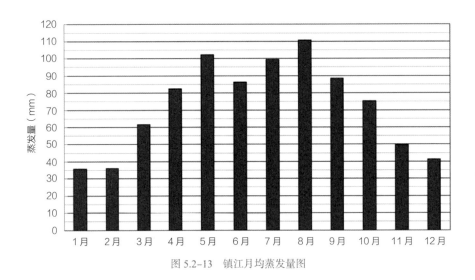

图 5.2-13　镇江月均蒸发量图

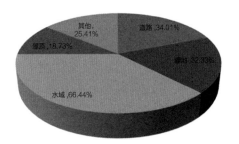

图 5.2-14　各类型下垫面占比图

2. 设计原则确定

镇江市金山湖水系属于平原河网,依《金山湖水系控制运行方案》(镇防指发〔2016〕7 号),正常蓄水位为 5.8m。根据金山湖北固山站连续一年实际水位监测数据(2015/12/21—2017/11/15)可知,枯水季平均最低水位为 5.5m,因此确定设计水文条件为水位 5.5m。

3. 关键污染物确定

金山湖过去多次发生藻华事件,由于藻华与营养盐类高度相关,且依据上位规划,金山湖水质管控的指针项目为 COD 和营养盐类,故可将营养盐类、COD 等指标为关键污染物。

4. 水环境容量分析

根据镇江水功能区划和水质目标要求,金山湖支流(运粮河、古运河、虹桥港)水质目标为地表水 Ⅳ 类水,金山湖水质目标为地表水 Ⅲ 类水,因目标对象为金山湖,关键污染物指标为 TP,具体各指标要求见表 5.2-1、表 5.2-2。

金山湖地表水水质标准   表 5.2-1

指标	COD	NH_3-N	TP
浓度(ppm)	20	1	0.05

河道地表水水质标准   表 5.2-2

指标	COD	NH_3-N	TP
浓度(ppm)	30	1.5	0.3

根据水质目标要求水环境容量 COD 指标各水体为:古运河 539.71kg/d,运粮河 270.62kg/d,虹桥港 264.27kg/d,金山湖 401.00kg/d(仅针对沿金山湖排口)。NH_3-N 指标各水体为:古运河 20.60kg/d,运粮河 14.39kg/d,虹桥港 2.40kg/d,金山湖 25.51kg/d(仅针对沿金山湖排口)。TP 指标各水体为:古运河 1.63kg/d,运粮河 1.35kg/d,虹桥港 0.30kg/d,金山湖 1.39kg/d(仅针对沿金山湖排口)。

5. 整治规划

(1)污染负荷分配

本项目范围内无点源排口,因此本处仅对面源污染负荷进行分配。根据"三河一湖"水质目标(表 5.2-1 及表 5.2-2),通过模型体系进行模拟,评估河湖各污染指标日平均浓度 95% 达标允许 5% 偏差情况下的入河湖污染削减需求量及比例如表 5.2-3 所示。表中所示现状负荷是指海绵建设后的下河湖污染负荷日均总量,其中运粮河 NH_3-N 和 TP 不需要再进行削减,COD 还需削减 35.56% 日污染负荷才能达到水质目标。古运河各指标达标情况均较差，其中 COD 需削减 80.17%，NH₃-N 需削减 75.35%，TP 需削减 85.44%。金山湖各指标达标均已达标，无需额外削减。虹桥港情况最差，为达标各指标削减要求为 COD 为 87.04%，NH₃-N 为 99.03%，TP 为 99.07%。

总体而言，金山湖及运粮河达标情况较好，古运河和虹桥港较差，在下一步工作中需要重点进行污染削减管控。

三河一湖水质达标各指标削减百分比

表 5.2-3

流域	COD（kg/d）			NH₃-N（kg/d）			TP（kg/d）		
	现状负荷	目标负荷	削减比	现状负荷	目标负荷	削减比	现状负荷	目标负荷	削减比
运粮河	834.34	537.62	35.56%	12.73	94.28	—	5.32	7.71	—
古运河	5 500.35	1 090.49	80.17%	393.45	96.98	75.35%	50.98	7.42	85.44%
金山湖	96.10	485.34	—	1.80	37.13	—	1.38	2.21	—
虹桥港	2 038.49	264.27	87.04%	248.00	2.40	99.03%	32.32	0.30	99.07%

（2）整治实施

按照 TMDL 技术路线，以"三河一湖"中的运粮河为例，进行排口排水影响程度分析，从而为工作整治规划提供参考。

1）运粮河片区概况

运粮河所在片区总面积为 160.5hm²，北临征润洲路，东临云台山路，南侧为航运路及中山北路，西侧为桃西路，镇江市沿江主干道长江路自西向东贯穿其中，片区的主要水系为运粮河，片区雨水管网收集后排入运粮河。

运粮河片区地势为东高西低、南高北低，下垫面类型主要包括屋面、水面、绿地、道路等。运粮河片区居住小区包括了云台山西片区、金西花园等，建设时间较短，建筑立面较新，小区景观类型丰富，基础设施齐全；老旧小区包括了云台山西片区、金西花园等。

运粮河片区为合流制、分流制共存的排水体制，雨水及合流制排水收集排至运粮河，污水进入污水处理厂。该片区包含桃园泵站、江南泵站以及新河桥泵站三个雨水泵站，泵站的规模分别为 2.4m³/s、3.0m³/s、3.66m³/s。其中，桃园泵站服务范围为运粮河片区中山北路以西区域，新河桥泵站服务范围为中山北路以东，云台山路以西的区域，江南泵站服务范围征润洲路以东区域，桃园泵站及新河桥泵站排至运粮河，江南泵站排至金山湖（图 5.2-15）。

该片区有三个雨污泵站，分别为桃园泵站、新河桥泵站以及江南泵站，运行调度工况相似，均将各自服务区内生活污水泵送至沿运粮河污水截流管道，流至下游平政桥泵站，初小雨期间，协同污水截流至截污管道中，可实现一定程度的初雨处理。运粮河片区的降雨最终主要通过以下途径进行水的自然或社会循环：①运粮河；②三个雨污泵站协同污水泵送下游截污管道；③片区内下渗；④片区内蒸发。

图 5.2-15　运粮河片区区位图

2）影响系数

排口排污影响程度以影响系数作为评定标准，愈大则应削减污染愈多，负荷削减分配比例越高。影响系数计算公式如下：

$$A_{ij} = \frac{C_{ij} - C_j}{C_i} \qquad （5.2-2）$$

式中　A_{ij}——排口 i 的影响系数；

　　　C_{ij}——排口 i 影响下考核断面 j 的水质浓度；

　　　C_j——无排口 i 影响下考核断面 j 的水质浓度；

　　　C_i——排口 i 的水质浓度。

运粮河国控断面以上主要有 Y190551、Y190330、Y5567、OF32 四个排口，如图 5.2-16 所示。为了探究各排口污染物排放对国控断面水质的影响，从而有针对性地给出管控建议，采用 HEC-RAS 水质模型在运粮河进行模拟，根据模拟结果计算各排口的影响系数。

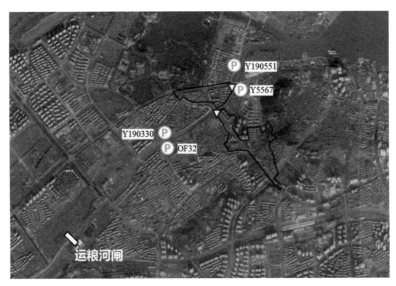

图 5.2-16　运粮河主要排口分布图

本项目从各排口污染物排放的数据中选取了一次排污过程进行模拟。时段为 2005 年 7 月 11 日—17 日。各排口污染物排放数据统计如表 5.2-4 所示。

各排口污染物特征值比较　　　　　　　　　　　　　　　　　表 5.2-4

排口	COD（mg/l）		NH₃-N（mg/l）		TP（mg/l）	
	均值	最大值	均值	最大值	均值	最大值
Y190551	0.631	67.021	0.062	4.384	0.008	0.657
Y190330	0.079	8.893	0.01	1.151	0.001	0.144
Y5567	176.524	1 243.639	20.593	27.59	2.617	3.492

可以看出，在选取的时段内，Y5567 排口排放 3 种污染物浓度的均值和最大值均为 3 个排口中最大的，从这个角度看 Y5567 是排放污染物最多的排口，其次是 Y190551，最后是 Y190330。

模型模拟中水量部分采用不稳定流分析计算，上下游边界条件采用水位过程线，排口流量作为侧入流处理。水质模拟中考虑污染物的降解和输移。为了直观地比较各排口污染物排放对下游断面水质的影响，污染物的上下游边界和初始条件均设为 0mg/l。在本次模拟中，由于 OF32 排口的排放量为 0，该排口不纳入影响系数分析。模型模拟的各排口去除后，国控断面水质浓度如图 5.2-17 ～图 5.2-19 所示。

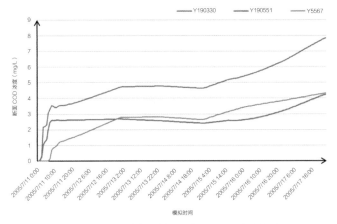

图 5.2-17 去除相应排口后断面 COD 浓度序列

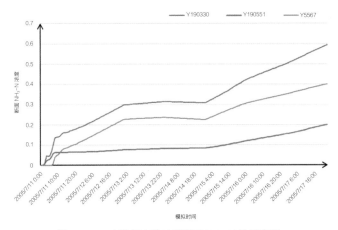

图 5.2-18 去除相应排口后断面 NH_3-N 浓度序列

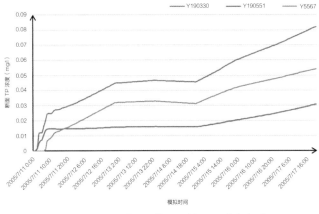

图 5.2-19 去除相应排口后断面 TP 浓度序列

从上图可以初步分析，去除 Y190551 排口后，国控断面的水质改善在三个排口中最为明显。采用模型模拟结果，依据式 5.2-2 进行计算，各排口对国控断面水质的影响系数如表 5.2-5 所示。

各排口不同污染物影响系数 表 5.2-5

排口	COD	NH$_3$-N	TP
Y190330	0.064	0.059	0.060
Y190551	0.546	0.913	0.792
Y5567	0.029	0.073	0.082

从表 5.2-5 可以看出，在 COD、NH$_3$-N、TP 三项水质指标中，Y190551 均为影响系数最大的排口，且其值远远大于其他 2 个排口。Y190551 排口与下游国控断面的距离最远，污染物降解的时程最长，而影响系数却最大。从这个角度看，改善国控断面的水质需要严格限制 Y190551 排口的污染物排放。

5.2.3 海绵城市建设成效评估——水环境水质水量模拟耦合

镇江市海绵城市试点区建设以 TMDL 为核心技术，建立陆域、河道水文、水动力、水质模型，采用 HSPF、HEC-RAS、SWMM、EFDC 等模型对镇江"三河"（运粮河、古运河、虹桥港）、"一湖"（金山湖）污染总量（TMDL）进行模拟模型分析，对方案实施后年径流总量控制率、径流污染控制率、内涝防治成效等进行评估，进行目标可达性分析，确保方案能达到镇江市海绵城市建设目标要求。SWMM 模型用于评估径流控制成效、面源污染削减成效和内涝防治成效；HEC-RAS 模型通过闸站操作优化、堤坝改善等进行防洪成效评估、河流水质变化评估；EFDC 模型用于模拟湖体水质变化情况。

5.2.3.1 模型构建

模型需综合考虑目标流域属性特征（如面积、用途、主要用地类型、地理条件、经济状况等）、资料的完整度、管理目标、成本效益等因素。此外还需考虑环境的复杂性，如含有多种土地利用和水体功能，如城区、郊区、自然河道、人工运河、湖库、河口、海湾等，通常这种情况需要多种类型的模型联合运用。模型构建流程如图 5.2-23 所示，构建成果如图 5.2-24 所示。

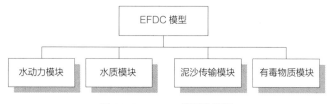

图 5.2-20 EFDC 模型总框架

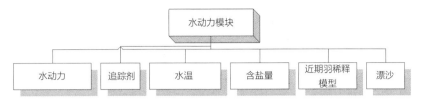

图 5.2-21 EFDC 模型水动力模块框架

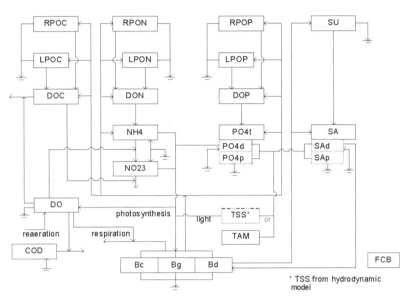

图 5.2-22 EFDC 模型水质模块框架

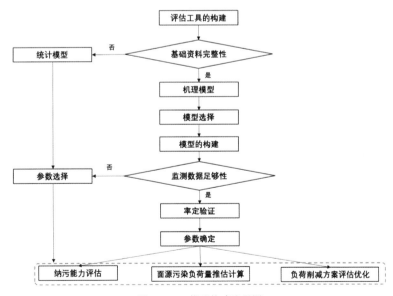

图 5.2-23 模型构建流程图

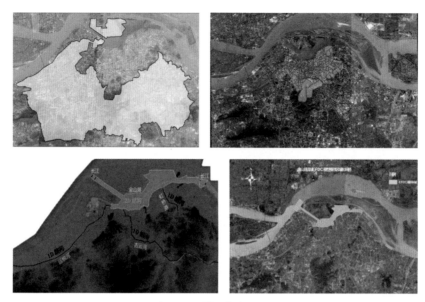

图 5.2-24 模型构建成果图

5.2.3.2 参数的选择

各类模型包含很多计算参数，需对模型中的关键或灵敏度较高的参数进行率定及验证。率定及验证需根据实际监测数据进行合理调整及优化，具体流程如图 5.2-25 所示。若无实际监测数据，则可查阅国内外文献或参考相关项目经验进行合理选值，直到模型模拟结果与实际数据之间的误差在可接受范围内，才能使模型比较真实地反映客观规律。

不同类别的模型其模拟对象不同，流域水环境治理对象为流域、管网、河湖（库），因此所涉及的模型模拟参数类别和取值不同。

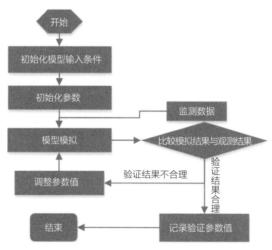

图 5.2-25 模型参数率定与验证流程图

1. 水文参数

水文模拟过程中需综合考虑土地利用类型、下垫面覆盖、土壤类型、汇流路径等对地表产流的影响，因此水文模型的参数与上述因素有关，主要相关参数及建议值如表 5.2-6 所示。

水文模型相关参数汇总表 表 5.2-6

参数名称	单位	参考范围
不透水区曼宁系数	—	0.01 ~ 0.1
透水区曼宁系数	—	0.1 ~ 0.9
不透水区注蓄量	mm	1.2 ~ 5.1
透水区注蓄量	mm	2.5 ~ 10.2
污染物累积系数	—	0.01 ~ 30
污染物冲刷系数	—	0.001 ~ 1

2. 管网水动力参数

排水管网模型是基于实际管网数据构建的模型，因此模型中所涉及的参数分为确定性参数和不确定性参数。确定性参数通常是管径、管长及材质等，这部分参数是真实数值不需要率定及验证。不确定性参数为管道的粗糙系数。管道粗糙系数根据不同的管道材质选取合适的数值，可参考《室外排水设计规范》GB 50014—2006，如表 5.2-7 所示。

排水管渠粗糙系数 表 5.2-7

管渠类别	粗糙系数 n	管渠类别	粗糙系数 n
UPVC 管、PE 管、玻璃钢管	0.009 ~ 0.011	浆砌砖渠道	0.015
石棉水泥管、钢管	0.012	浆砌块石渠道	0.017
陶土管、铸铁管	0.013	干砌块石渠道	0.02 ~ 0.025
混凝土管、钢筋混凝土管、水泥砂浆抹面渠道	0.013 ~ 0.014	土明渠（包括带草皮）	0.025 ~ 0.03

3. 河道水动力参数

曼宁系数是水动力模型的重要参数，通常受地形和水流条件影响，实际模拟中曼宁系数无法直接测量，可根据观测数据或文献参考率定，具体取值如表 5.2-8 所示。

河道曼宁经验参数汇总表   表 5.2-8

类型	河道特征		曼宁系数
人工河道	底部混凝土	边坡混凝土	0.012
	底部砾石	边坡混凝土	0.02
	底部砾石	边坡石灰泥	0.023
	底部砾石	边坡堆砌石	0.033
自然河道	河道无杂物，无弯曲		0.025 ~ 0.04
	河道弯曲，有少量杂草		0.03 ~ 0.05
	河道弯曲，有杂草和蓄水区域		0.05
	山区溪流，河道中有较多大型石头		0.04 ~ 0.1
	河道中有大型植被存在		0.05 ~ 0.2

4. 水质参数

水质模型可模拟不同污染物质在河道中进行传输、扩散、吸附、沉降及生化反应等过程，从而反映水体中污染物随空间和时间的迁移转化规律。因此水质模型中需率定的关键参数为表征水质变化过程的参数，通常在水质模型中考虑污染物在水体中的运动变化为平流输送、输移、反应衰减、底泥交互、复氧等。与上述反应变化相关的参数如表 5.2-9 所示。

水质模型主要参数汇总表   表 5.2-9

参数名称	单位	取值范围
有机氮水解速率	/day	0 ~ 5
20℃氨氮的硝化作用速率	/day	0.01 ~ 0.2
20℃亚硝化速率	/day	0.01 ~ 0.3
20℃亚硝氮向硝氮转化的速率	/day	0.01 ~ 0.4
反硝化速率	/day	0.05 ~ 0.3
20℃ BOD 的降解速率	/day	0.09 ~ 0.2
有机磷降解速率	/day	0 ~ 5
有机磷沉降速率	m/day	0 ~ 2
SS 沉降速率	m/day	0 ~ 2
有机氮沉降速率	m/day	0 ~ 2
浮游藻类的沉降速率	m/day	0 ~ 5
浮游藻类的呼吸速率	$gO_2/m^2/day$	0 ~ 1

参数名称	单位	取值范围
浮游藻类最大生长速率	/day	1.5 ~ 3
浮游藻类的死亡速率	/day	0 ~ 1
底泥需氧量	$gO_2/m^2/day$	0 ~ 0.83
BOD 扩散系数	—	1 ~ 2
硝酸盐的扩散系数	—	1 ~ 2
亚硝酸盐的扩散系数	—	1 ~ 2
氨氮的扩散系数	—	1 ~ 2

5.2.3.3　模型耦合

各类模型耦合关系如图 5.2-26 所示。HSPF 模拟范围为金山湖流域郊区地带，并将郊区支流模拟结果汇入"三河"模型内；SWMM 模拟范围为金山湖流域建城区地带，并将建城区管网模拟结果汇入"三河"模型内；HEC-RAS 则接受 HSPF 及 SWMM 的模拟结果，模拟金山湖流域运粮河、古运河、虹桥港，作为三河模拟水质及水力的用途；EFDC 则接受 HSPF 及 SWMM 的模拟结果，模拟金山湖流域运粮河、古运河、虹桥港及金山湖，执行"三河"及金山湖之水动力及水质模拟。

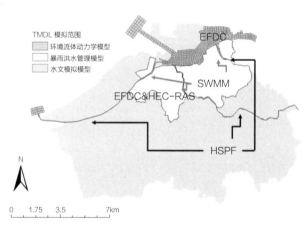

图 5.2-26　各模型在金山湖流域接口范围

图 5.2-27 为模型架构流程及耦合情形，HSPF 及 SWMM 接受了大气降雨输入数据,经由模拟产出径流及面源水质等数据,输入 HEC-RAS 及 EFDC 作为入流边界条件,"三河"（运粮河、古运河、虹桥港）及金山湖的流量、水位及水质。并且可进一步使用 EFDC 模拟金山湖流量、水位及水质变化。

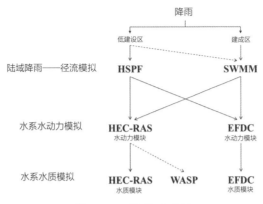

图 5.2-27　模型架构流程

　　HSPF 和 SWMM 模型模拟的结果,包括流量和水质,都要对应到相应的 EFDC 网格。HSPF 的输出分为两类:一类是河道输出,代表的是真实的支流;另一类是在 EFDC 模型网格周围的直接汇水区域,这些区域的径流直接进入 EFDC 的网格。图 5.2-28 显示的是 HSPF 模拟的结果流入 EFDC 网格的位置。

　　跟 HSPF 的结果相似,SWMM 的模拟结果也输出成时间序列。SWMM 的模拟结果以三种不同的方式进入水体,包括有直接从汇水区的地表排入河中(subcatchment)、排口(node)以及堰和管道(link)的方式输出,图 5.2-29 为 SWMM 的结果汇入 EFDC 网格的位置。

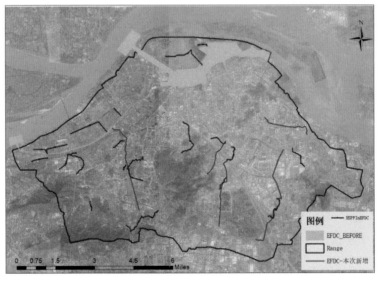

图 5.2-28　HSPF 与 EFDC 耦合关系图

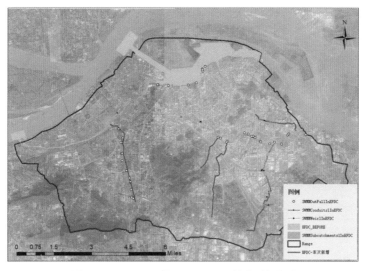

图 5.2-29　SWMM 排口和 EFDC 网格的对应关系

　　模型系统的主要目的是供未来评估分析镇江"三河一湖"TMDL 都市防涝的方案，优化利用模型达到最佳规划、设计效果。其中 HSPF 为模拟郊区，未来方案规划评估时，可配置 LID、BMP 设施、源头管理措施、水土保持方案，评估径流控制成效及面源污染削减成效。SWMM 为模拟建城区，未来方案规划评估时，可配置 LID、管网改善、CSO 改善、末端设施、大口径，评估径流控制成效、面源污染削减成效及内涝防治成效。HEC-RAS 为运粮河、古运河及虹桥港，未来方案规划评估时，可优化闸站操作、堤坝改善、水质改善措施，评估防洪成效及河流水质变化。EFDC 为模拟运粮河、古运河、虹桥港及金山湖，未来方案规划评估时，可优化换水操作、湖体疏浚，评估湖体防洪成效及湖体水质变化（图 5.2-30）。

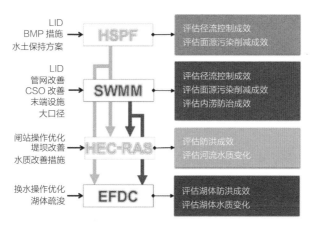

图 5.2-30　各模型构建目的

5.3 工程技术经验

5.3.1 高密度老城区水环境综合治理技术创新——超大口径管道应用

镇江市海绵城市试点区以老城区为主,建筑密度高、地下管线错综复杂。在源头 LID 应做尽做,且充分利用现有排水排涝系统的前提下,为提高排涝标准、改善运河水质、保护金山湖,达到海绵城市建设的目标,因地制宜创新性地提出镇江金山湖合流制溢流污染水环境综合治理工程。以金山湖水环境容量为目标,运用 TMDL 理念,首次采用"深层截流主干管+末端调蓄及雨水处理"技术方案处理合流制溢流污染问题,统筹解决多个片区(8.75km²)排水防涝和水环境问题,有效补充城市排水系统,解决了老城区地上建筑密集、地下管线错综复杂以及无法碎片化处理的技术难点。该理念及技术手段在老城区水环境综合治理治理方面具有重大创新与突破,该技术在全国具有领先水平。

在镇江市沿金山湖多功能大口径管道系统工程中采用内径 4m 超大口径管道进行雨水的转输蓄存,是目前国内最大口径的钢筋混凝土排水管。由于该系统工程技术的复杂性,实际工程案例的相对缺乏,在方案、设计、建设及施工方面存在众多技术难点和重点,为了更好地指导优化本工程,梳理本工程的重难点,降低项目施工和运行风险,中国市政工程华北设计研究总院牵头,联合新地中联工程设计有限公司、中国水利水电科学研究院和江苏满江春城市规划设计研究有限责任公司共开展 9 个相关专题研究工作,突破工程技术重难点问题,实现了超大口径管道应用过程中的创新研究应用。

通过构建 TAP、CFD 水力模型,并结合物理模型,对工程中深层管道、竖井及泵站等流态进行分析论证,优化相应结构型式;通过管节制作、施工及验收标准研究,为工程施工、验收提供指导;通过气动通风分析及臭气控制研究,为系统工程后期运维提供方法和策略。通过水力学流态模型研究、竖井及泵站物理模型研究、系统气动通风分析、臭气控制研究以及大口径管道的管材及接口研究等,为超大口径管道的设计—施工—运维提供了重要依据。

5.3.1.1 水力学流态模型应用

水力学流态模型研究应用主要是针对超大口径管道系统的输水能力、水动力学、泥沙、泵站运行等问题进行研究,以起到规避涌浪流带来的可能风险及辅助方案论证和设计优化作用。

水力学流态模型主要包括两部分:①瞬变流及浪涌分析;②泵站计算流体力学(CFD)模型。

1. 瞬变流及浪涌分析模型应用

使用 TAP 模型对不同工况下大口径管道系统中的流态进行模拟,分析系统可能产生的浪涌现象，模拟水流在隧洞内的各种复杂的水力学现象，判断浪涌发生的可能性，同时提出防止措施，以辅助方案论证并为方案设计的优化提供依据（图5.3-1、图5.3-2）。

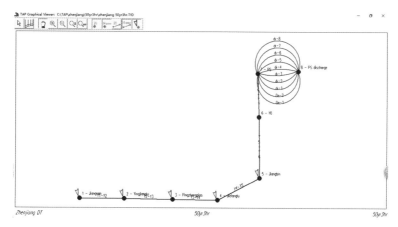

图5.3-1　TAP浪涌模型界面

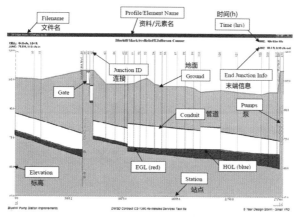

图5.3-2　TAP浪涌模型结果分析界面

TAP模型模拟了不同重现期、不同历时下的设计降雨，以及实测降雨数据下超大口径管道在快速填充过程中以及稳定填充过程中，管道内部水面急剧变化过程和伴随的一些负压、空腔和气穴的发展过程。

（1）在不同设计重现期和降雨历时的设计降雨条件下，模型模拟得到的总水头线位于地面线之下，没有出现溢流。因此，进入大口径的流量和末端泵站设计能力相匹配。大口径的设计规模、尺寸以及末端泵站的设计能力合理。

（2）在24小时降雨过程中，每个竖井和末端泵站的水位、流量、流速均比较平稳。

（3）不同重现期降雨的短历时（3h）状态下，以及大口径管道内雨水的快速填充过程中，局部区域会出现一些掺气、负压等不利现象，但是负压的水头不超过3m，且时间间隔在数秒之内，掺气的停留时间也在几秒内，均不会对于钢筋混凝土管壁造成破坏性结果（图5.3-3）。

图 5.3-3　竖井水力模型

2. 泵站计算流体力学（CFD）模型研究

使用CFD模型对超大口径管道系统中的末端泵站进行模拟，模拟不同泵站布局和不同进水水力条件下，泵站水力流场分布情况，优化泵站布局设计、结构尺寸设计、整流构筑物设计（图5.3-4 ～图5.3-6）。

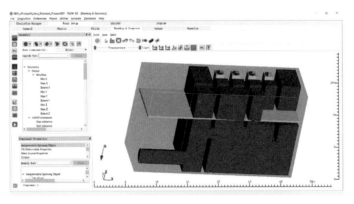

图 5.3-4　几何结构输入界面

5.3.1.2　竖井及泵站物理模型应用

镇江沿金山湖多功能大口径管道工程由浅层汇水系统、8个入流竖井、大口径顶管和末端泵站组成。浅层汇水系统为适应地形条件和满足汇水要求，使得竖井入流不

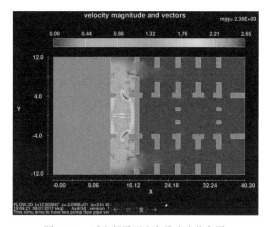
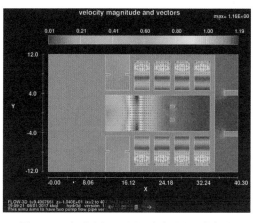

图 5.3-5　近底部平面流态及流速分布图
（模拟工况 1：八台泵运行，12 秒时刻）

图 5.3-6　水泵吸水口下平面流态及流速分布图
（模拟工况 1：八台泵运行，9.5 秒时刻）

仅流量大小不一，而且入流方向及高程各异，导致工程系统的运行条件、运行方式和水力特征复杂多变，并伴随有水流掺气排气现象。对于这些复杂的水流现象，目前理论分析计算还不能满足解决实际工程问题的需要。

通过竖井水流的物理模型试验研究竖井水力特性，指导特殊入流竖井型式和布置构造方式的设计。同时，论证排水泵站水泵进水通道结构型式的可行性，并针对存在问题提出必要和合理的整流措施，优化水泵进水通道的水流条件，为流道设计和水泵的安全可靠运行提供科学依据。

1. 竖井物理模型应用

模型构建研究内容：测试竖井过流能力，分析竖井消能效果；观测竖井水流的掺气和排气状况，优化排气方案；提出入流对竖井底部防冲刷及气蚀的结构型式（图 5.3-7 ~ 图 5.3-9）。

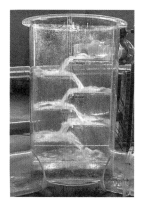

图 5.3-7　竖井系统物理模型实物图

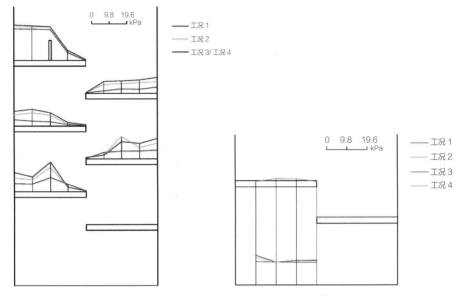

图 5.3-8　迎江路泵站节点竖井折板时均压力分布图

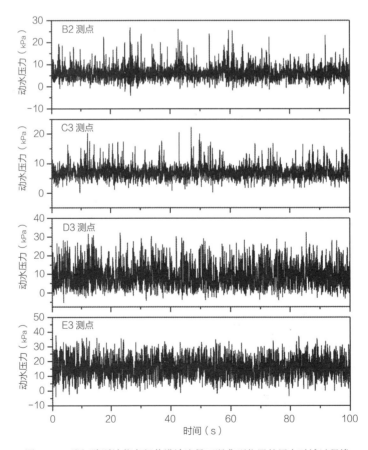

图 5.3-9　迎江路泵站节点竖井设计流量工况典型位置的压力时域过程线

2. 泵站物理模型应用

模型构建研究内容：优化进水流道布置；提出导流、整流措施的水泵流道优化布置建议；提出泵站调度运行方案的优化建议（图 5.3-10、图 5.3-11）。

图 5.3-10　泵站系统物理模型实物图

图 5.3-11　工况 8 运行条件下 8 号泵喇叭口附近流态（左侧）

通过建立竖井和末端多功能雨水泵站的物理模型，通过竖井水流的物理模型试验研究竖井水力特性，指导特殊入流竖井型式和布置构造方式的设计。同时，论证排水泵站水泵进水通道结构型式的可行性，并针对存在问题提出必要和合理的整流措施，优化水泵进水通道的水流条件，为流道设计和水泵的安全可靠运行提供科学依据。

5.3.1.3　系统气动通风分析及臭气控制

根据镇江市海绵城市沿金山湖多功能大口径管道系统工程系统方案和运行工况，

大口径管道在填充、充满、空置和检修时均需要进行制定相应的空气管理方案，从而降低系统运行风险，缓解甚至避免臭气对周围环境产生空气污染影响，在系统检修时减少臭气对检修维护人员生命安全产生威胁。

系统气动通风分析及臭气控制研究内容：①制定大口径系统在填充、充满、空置和检修时四种运行状态下的通风方案；②确定大口径系统通风除臭设施的布置；③确定各竖井通风方案；④通过对主流除臭工艺的比选，确定系统除臭工艺并计算除臭设施规模（图 5.3-12、图 5.3-13）。

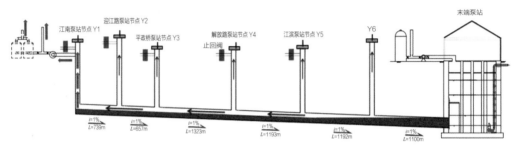

图 5.3-12　大口径管道末端充满时空气流向示意图

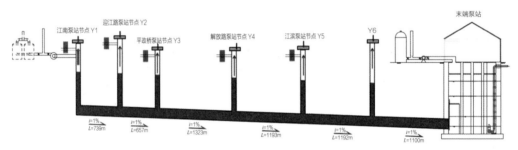

图 5.3-13　大口径管道完全充满时空气流向示意图

根据大口径系统运行方式，对于雨水转输和调蓄管道，系统没有持续臭气供给，无法维持除臭微生物代谢，因此生物过滤技术不适用本项目；而化学洗涤器因其设备和计量系统较复杂，且存在一定安全隐患，从管理和运行等方面考虑不推荐采用化学反应法。

活性炭吸附法虽适用于本项目低浓度臭气的处理，且应用成熟广泛、操作便捷，但因需根据运行情况更换活性炭，运行成本较高。相比活性炭吸附法，低温等离子除臭工艺占地更小，对于本项目可考虑与现有泵站合建。低温等离子除臭工艺一次性投资较少，运行成本低，虽相对于其他除臭工艺其去除率较低，但结合本项目大口径系统不接纳旱季污水的运行工况，推荐采用低温等离子除臭工艺。

5.3.1.4 DN4 000 大口径的管材及接口应用

1. 超大口径混凝土原型管材结构及密封性能研究

本工程管径 DN4 000，覆土深度达 30m，管内水工作压力达 0.2MPa，管外外水压力力达 0.275MPa，经常需要排空，产品标准《混凝土和钢筋混凝土排水管》GB/T 11836—2009 中的口径范围最大也只有到 DN3500、内水压力试验值 0.1MPa，超出国标规范。

为了实现重点工程—截流主干管建设的安全、经济和高效，确保本工程的安全实施和运行，有必要针对上述工况下的管材进行混凝土原型管材结构受力性能及密封性能试验，展开相关研究工作，为管道的设计计算、管节制作和顶进施工验收标准的制定提供技术支持，同时为工程决策提供技术服务。

为了充分了解和研究超大口径超高覆土顶进施工的 DRCP 管道的力学性能，验证其工程实施的可靠性、可行性和安全性，对上述管材进行原型管试验，试验内容包括管节三点法外荷载试验、管节内水压试验、管节接口内水压试验、管节接口张角内水压试验、管节接口外水压试验、管节接口转角外水压试验（图 5.3-14 ~ 图 5.3-17）。

图 5.3-14　管节外压试验照片

图 5.3-15　管节接口水压试验图管节接口水压试验

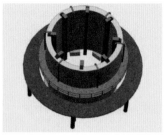

图 5.3-16　管节接口外水压试验示意图

图 5.3-17　管节接口外水压设备细节

2. 钢承口式钢筋混凝土顶管管节制作、施工及验收标准

本工程管线敷设的公称内径 4 000mm 的钢承口式钢筋混凝土排水管是目前国内最大口径的钢筋混凝土排水管,在江苏省属首次开发应用。

对于管材的生产制作、顶进施工和质量验收尚无例可循。为保证工程质量,特研究制定超大口径管道顶管管材制作、施工及验收标准,为工程设计施工及验收等提供重要依据。

《内径 4 000mm 钢承口式钢筋混凝土顶管管节制作、施工及验收标准》参照国家标准《混凝土与钢筋混凝土排水管》GB/T 11836—2009、建材行业标准《顶进施工法用钢筋混凝土排水管》JC/T 640、协会标准《给水排水工程顶管技术规程》CECS 246—2008 和上海市地方标准《超大型钢筋混凝土顶管管节制作、施工及验收规程》DG/TJ 08—2221—2016、J13698—2017 中相关条款的内容,针对工程实际情况,以工程设计的要求为前提,依据管材生产试制和试验研究得出的参数,结合参编施工企业和质量检测中心的意见,经多次修改完成了本标准的制定。

主要包括:①总则;②术语;③基本规定;④管节制造;⑤顶管施工;⑥质量验收;⑦程监测与环境保护;⑧施工记录。

5.3.2　雨水生态处理技术创新——高效低能耗控制径流污染

为了达到试点区海绵城市径流污染控制等目标要求,试点区建设了多个雨水处理工程。常规雨水处理技术如磁絮凝、高效沉淀、纤维滤池等需要加药处理,产生二次污染。本项目设计过程中对多种雨水处理技术进行对比论证,创新性地选择高负荷重力流湿地技术、多级生态滤池、绿地贴、SUNTREE 沉砂技术等雨水生态处理技术，污染物去除效率高，处理负荷高，生态效果好，有效控制径流污染，达到海绵城市建设目标要求。

5.3.2.1 高负荷重力流湿地技术

主要特点：增加预处理，提高处理效率，出水稳定。

高负荷重力流湿地技术在重力流湿地前段创新性地运用斜管沉淀池技术进行雨水污染的预处理，有效去除约 80% 悬浮物及 COD 含量，为后续人工湿地创造有利条件，保障人工湿地处理效率。

高负荷重力流湿地技术由进水槽、斜管沉淀区、生态处理单元和出水盲管组成。高负荷重力流湿地技术具有如下特点：

（1）处理介质可设计成高下渗率介质（>150mm/h）；

（2）介质土是将沙子、红土、椰糠等以一定的比例进行拌合，具有良好的孔隙率，既有良好的保水性，又有良好的透水性。渗透率能够达到 150mm/h 以上，能够有效固磷除氮，经过处理的雨水多数指标能够达到国家地表水Ⅲ类水标准；

（3）进水区可使用筛网、斜管等对悬浮物进行拦截；

（4）重力流湿地上可覆盖人形步道或与其他景观元素结合，景观效果好。

玉带河河道水质长期劣Ⅴ类，孟家湾水库及玉带河上游综合整治项目针对每个排口沿河岸两侧共建设了 13 块重力流湿地，占地 9 194hm²，日处理能力 35 000m³/d，实现初期雨水和 CSO 溢流污染的控制。高负荷重力流湿地以其独特的设施构造、巧妙的水处理设计和独特的介质配比实现对各类污染物的高效去除，同时可与其他景观元素结合，景观效果好。

本项目创新地采用高负荷重力流湿地对径流雨水进行生态化处理，是师法自然的重要体现，在实现污染物净化的同时，提升了周边景观效果；有效提升了玉带河水质，改善了沿河人居环境（图 5.3-18、图 5.3-19）。

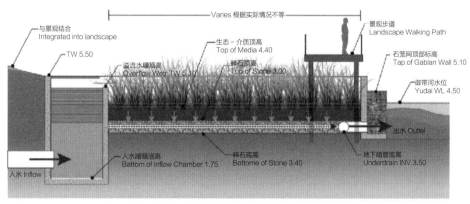

重力流过滤池剖面图 Gravity Swale Section

图 5.3-18 高负荷重力流湿地

图 5.3-19　高负荷重力流湿地建成效果图

5.3.2.2　多级生物滤池技术

主要特点：梯田式多级生物滤池，减缓上游地表径流、削减洪峰，"绿色"的生物除氮构造，污染物去除率高，实现生态景观效益和经济效益。

多级生物滤池由碎石和渗透率高的介质土填料构成的生物处理构筑物，雨污水与填料表面上生长的微生物接触，有效去除污染物，雨污水得到净化。采用绿色雨水原则和建设工艺，使用"绿色"设施和过程削减污染物，实现生态景观效益和经济效益。多级生物滤池采用梯田式布置，使水流慢下来，减缓上游的地表径流、削减洪峰，调节季节性雨水。建立"绿色生态"的生物除氮构造体系，污染物去除效率高。

多级生物滤池由分水槽、进水槽、升流槽、生态处理槽和出水槽组成，具有如下优点：

（1）占地小、负荷高，表面水力负荷可达 $10m^3/（m^2 \cdot d）$；

（2）污染物去除效果好，COD、TSS、TP、TN、NH_3-N 去除率可达 85%、80%、50%、25%、25%；

（3）介质土是将沙子、红土、椰糠等以一定的比例进行拌合，具有良好的孔隙率，既有良好的保水性，又有良好的透水性。渗透率能够达到 150mm/h 以上，能够有效固磷除氮，经过处理的雨水多数指标能够达到国家地表水Ⅲ类水标准（图 5.3-20）。

海绵公园项目雨水处理及孟家湾水库水质处理中采用了多级生物滤池对径流雨水进行处理净化，控制面源污染，实现入河污染物削减的目的。海绵公园项目多级生物滤池占地 $2\ 400m^2$，处理量 $25\ 000m^3/d$。孟家湾水库多级生物滤池处理能力 $15\ 000m^3/d$，周边 $76hm^2$ 地块雨水引入多级生物滤池处理后进入孟家湾水库，一方面进行雨水处理，另一方面净化后雨水作为玉带河源头补水。

在海绵城市建设中，径流污染控制率是重要指标之一，针对面源污染的处理净化技术在国内仍属于摸索阶段，本项目中多级生物滤池对雨水处理的创新性运用对技术的发展与创新具有重要意义。

图 5.3-20　多级生物滤池建成效果图

5.3.2.3　基于湿地系统的高吸附基质应用创新

主要特点：选择高效去除氮磷的基质，提高湿地系统污染物去除效果。

人工湿地是一个综合的生态系统，它应用生态系统中物种共生、物质循环再生原理，在一定的填料上种植特定的湿地植物，从而建立起一个人工湿地生态系统，当污染水通过系统时，其中的污染物质和营养物质被系统吸收、转化或分解，从而使水质得到净化。

填料是人工湿地的主要组成部分，湿地填料通过吸附、沉淀、过滤等物理化学作用去除水体污染物，并可为微生物附着和植物生长提供适宜条件，以达到生物脱氮、除磷的目的，是人工湿地净化效率的关键性因素。

镇江沿金山湖 CSO 溢流污染综合治理工程初期雨水生态处理技术采用人工湿地技术，为了提高湿地对氮磷等污染物的去除效果，本工程湿地设计过程中，对湿地填料的选择及组配方案进行了创新性研究，选择了高效去除氮磷的高吸附基质。

首先，以给水厂铝污泥作为主要原料，通过研究铝污泥制粒制备过程中的各种控制条件，分析不同因素对制粒的影响，获得最佳的铝污泥制粒方法。铝污泥颗粒制成功后，研究了不同制粒方法、吸附时间、初始污水浓度等因素对铝污泥颗粒净水及吸磷性能的影响，并模拟了人工湿地进行试验。铝污泥不同厚度实验结果表明，铝污泥厚度为 1.0m 厚度时的净化效果好于铝污泥厚度为 0.6m 厚度时的效果。不同吸附时间（10min、30min、60min、90min）实验表明，吸附时间 60min 时，铝污泥对 TP、SS 去除率最高（图 5.3-21 ~ 图 5.3-23）。

图 5.3-21　铝污泥造粒实验

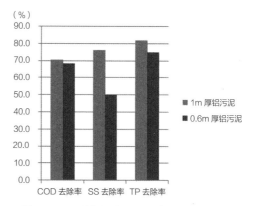

图 5.3-22　不同厚度铝污泥对污染物去除效果

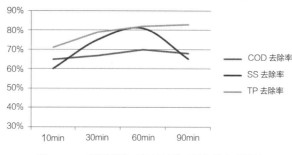

图 5.3-23　不同吸附时间铝污泥对污染物去除效果

其次，对粗砂、火山石、椰糠、活性氧化铝、陶粒等湿地常用材料进行不同组合（表5.3-1），作为湿地介质进行试验。进行了透水试验、渗透性试验，并对比试验结果。

最后，选取一种常用介质进行了介质级配试验（图 5.3-24 ~ 图 5.3-26）。

结果表明，①介质 1、介质 3、介质 7 对污水的净化效果好于其他 6 种介质。②介质 9 渗透性最好。介质 9 对低浓度原水效果好，对普通污水，介质 9 去除效果不明显。介质 9 长时间后表面覆盖生物膜处理效果会提高。③介质 9 级配试验效果的去除率差别不明显。④介质 9 成本最低，适合作为湿地介质。在强化除磷阶段，可考虑介质 3和介质 7。

不同介质表　　　　　　　　　　　　　　　　　表 5.3-1

介质序号	介质成分
介质 1	秸秆陶粒、黄砂
介质 2	黄砂、椰丝、黄土
介质 3	黄砂、沸石、石灰石
介质 4	污泥陶粒
介质 5	铝污泥

介质序号	介质成分
介质 6	粗砂、活性氧化铝、椰糠
介质 7	粗砂、火山石、椰糠
介质 8	粗砂、铝污泥
介质 9	25mm 砾石、8mm 砾石

 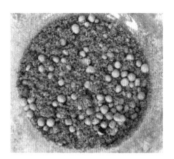

图 5.3-24　介质配制　　　　　图 5.3-25　配制后的介质

 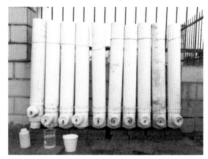

图 5.3-26　实验装置

5.3.2.4　SUNTREE 沉砂设备

主要特点：无动力，沉砂效果好，悬浮物去除效率高。

SUNTREE 沉砂设备是一种新型的沉砂设备，有效去除雨水中大部分颗粒性污染物，包括水平格栅和垂直挡板。水平格栅位于上方，截流颗粒较大的污染物；垂直挡板将沉淀室分为三个部分，通过降低流速，来提高水中颗粒物质的沉降效率，进而去除污染物。

SUNTREE 沉砂设备可用于源头截污、末端雨水处理站或调蓄池预处理，有效拦截漂浮垃圾、去除水中悬浮物、沉淀泥沙。

镇江沿金山湖 CSO 溢流污染综合治理工程中创新性地应用 SUNTREE 沉砂设备，去除雨水中悬浮物，有效控制初期雨水污染，提升金山湖水质（图 5.3-27、图 5.3-28）。

图 5.3-27 SUNTREE 沉砂设备安装过程　　图 5.3-28 SUNTREE 沉砂设备建成效果

5.3.2.5 绿地贴技术

主要特点：减缓径流，防治内涝，绿期长，维护简单。

绿地贴完全挣脱了传统屋顶绿化观念和思路的束缚，根据"创可贴"原理研制而成，筛选佛甲草作为主要绿化植物品种，结合多样性和本土性，摒弃了传统"野生杂草"的观念，让屋顶野生草种自然生长，自我维持和交替，因而可以做到基本无需人工干预和管理，无需浇水、施肥、洒药，每年绿期超过 300 天，使屋顶有限度回归自然，能对建筑物体破坏自然生态起到很好的补偿修复作用。同时绿地贴特有的防塞排水装置可有效防止水流中的杂物堵塞屋顶下水口入口，具备缓冲结构，能够克服水流的冲击力，减缓径流，防止内涝。绿地贴从根本上解决了目前屋顶绿化成本高、用水、用肥、用药等问题，是现有屋顶绿化观念和思路的创新性变革。

为了提高产品竞争力，由镇江市水业总公司控股的绿坤环保科技有限责任公司在镇江市京口区及丹徒区设立了数十亩专业的种苗培育基地，避免了远距离运输，不但保证了绿地贴的产品质量，而且降低了综合成本，提高了绿地贴产品市场竞争力。截至 2021 年 7 月，绿地贴产品已经在江滨新村海绵改造、香江花城小学、金山小学、镇江市第三中学、镇江市外国语学校等学校的海绵改造中使用，由于其结构简单，安装方便，而且绿地贴可以自然生长，基本无需人工干预和管理，在截流了初期雨水的同时还美化了环境，深受广大居民和学校师生好评（图 5.3-29~ 图 5.3-31）。

图 5.3-29　京口区谏壁苗圃基地

图 5.3-30　三茅宫二区屋顶改造前　　　　　　图 5.3-31　三茅宫二区屋顶改造后

5.4　智慧管理经验

智慧海绵城市系统是以新一代信息技术（以云计算、大数据、移动互联网、物联网等为代表）和科学管理理论为基础，辅助对城市范围内水的循环全过程进行最优化管理，提高政府和相关各方在规划控制、投资决策、运营管理、预警和应急指挥等方面的综合绩效和科学化水平，有效应对自然灾害和生态危机，在城市化过程中促进人与水、人与自然相和谐。

镇江智慧海绵管控平台在镇江市供排水数字化系统的基础上，综合应用地理信息、在线监测、自动化控制、计算机模型等技术建设镇江市智慧海绵城市系统，为城市水务管理者在海绵城市规划、设计、工程建设和运营管养等各阶段提供科学的辅助策略手段，提升镇江市水务管理的智慧化水平。

5.4.1　需求分析创新——全生命周期角度分析

5.4.1.1　用户分析

镇江海绵城市系统的使用单位包括：

（1）政府主管部门，包括住房和城乡建设部、省住房和城乡建设厅、镇江市住建局、镇江市水利局、镇江市规划局、审图办；

（2）镇江市海绵城市建设指挥部；

（3）镇江市给排水管理处；

（4）PPP 公司；

（5）海绵城市项目施工单位、设计单位、建设单位以及管养单位。

5.4.1.2　角色分析

镇江海绵城市系统的角色设计为：

（1）政府主管部门（包括住房和城乡建设部，省住房和城乡建设厅，镇江市住建局、规划局、水利局）：海绵城市建设监管；

（2）镇江市海绵城市建设指挥部：海绵城市建设组织与协调；

（3）镇江市给排水管理处：海绵城市运营维护；

（4）PPP公司：海绵城市PPP项目投资、建设、运营、管养；

（5）海绵城市建设项目参与单位（包括项目施工单位、设计单位、建设单位以及管养单位）：信息提交。

5.4.1.3 需求分析

从海绵城市设施全生命周期角度对镇江市智慧海绵系统建设需求进行分析，见表 5.4-1。

镇江市智慧海绵系统建设功能需求分析表 表 5.4-1

分类一	分类二	政府主管部门	海绵城市建设指挥部	给排水管理处	PPP公司	项目参与单位	公众
政府监管需求	资金监管	√	√				
	效果监管	√	√				
规划和设计需求	审核	√	√	√			
	存档			√			
	科研			√			
	辅助决策		√	√			
	信息提交				√	√	√
	规划预演	√	√				
工程建设管理需求	过程监管		√	√			
	信息提交		√		√	√	√
运行维护管理需求	运行调度			√			
	管理养护			√		√	
	效果评估	√	√	√			
	信息提交				√	√	√
城市排水防涝管理需求	内涝预警	√		√			
	内涝风险评估		√	√			
	内涝现状评估	√	√	√			
	应急指挥调度			√			
	信息提交			√	√	√	√
城市黑臭河道管理需求	水环境风险评估		√	√			
	基础 GIS 应用			√			
	水环境状况评估	√	√	√			
	信息提交			√	√	√	√
信息化管理需求	系统管理			√			
	数据维护			√			
	模型维护			√			

各项需求的详细内容如下：

1. 政府监管需求

2. 资金监管需求

为镇江市政府提供海绵城市建设专项资金使用情况进行监管的电子化服务平台。

需求单位：政府主管部门、镇江市海绵城市建设指挥部。

效果监管需求：依据住房和城乡建设部《海绵城市建设绩效评价与考核办法（试行）》（2015 年 7 月），海绵城市建设绩效评价与考核分三个阶段：城市自查、省级评价和部级抽查。建立各级政府部门对海绵城市建设效果评估的监管平台，可为镇江市、江苏省住房和城乡建设厅及住房和城乡建设部提供方便的查询界面和统计数据。

需求单位：政府主管部门，镇江市海绵城市建设指挥部。

3. 规划和设计需求

（1）审核需求：规划、设计方案、施工图等阶段的项目审核，包括全流程的电子化审核和方便的模型支持。

需求单位：镇江市给排水管理处行业监管科。

（2）存档需求：规划、设计方案、施工图等阶段的资料存档。

需求单位：镇江市给排水管理处行业监管科。

（3）科研需求：对镇江市海绵城市运行数据进行分析、整理，解决海绵城市规划设计中急缺数据的问题。

需求单位：镇江市给排水管理处行业监管科。

（4）辅助决策需求：对规划和设计成果进行评估，科学辅助决策者判断规划或设计方案的可行性。

需求单位：海绵城市建设指挥部，镇江市给排水管理处行业监管科。

（5）信息提交需求：各参与单位按要求填写相应信息，提交相关资料，公众可通过多种开放平台提交评价。

需求单位：PPP 公司，海绵城市项目规划设计单位，公众。

（6）规划预演：用于对不同事项发生情况下的模拟预测，以为管理者提供决策支持。

需求单位：政府主管部门，镇江市海绵城市建设指挥部。

4. 工程建设管理需求

（1）过程监管：镇江市海绵城市示范区所有项目规划、设计、建设、验收全过程的电子化监管，包括流程审批和文件归档等；以及 3 年后镇江市海绵城市建设项目的评估、审核。

需求单位：政府主管部门，镇江市海绵城市建设指挥部，镇江市给排水管理处行业监管科。

（2）信息提交：建设单位、监理单位等参与镇江市海绵城市建设工作的单位按照要求填报建设过程相关信息和上传相关资料。可通过多种开放平台提交评价、投诉信息和照片等。

需求单位：PPP 公司，海绵城市项目建设和监理单位，公众。

5. 运行维护管理需求

（1）运行调度：镇江市海绵城市设施实施运行监控及调度。

需求单位：镇江市给排水管理处行业监管科。

（2）维护管理：镇江市海绵城市设施巡查、养护管理。

需求单位：镇江市给排水管理处行业监管科。

（3）效果评估：镇江市海绵城市实施效果监控与评估。

需求单位：镇江市海绵城市建设指挥部，镇江市给排水管理处行业监管科。

（4）信息提交：PPP 公司、管养单位和公众提交相关信息和上传资料。

需求单位：PPP 公司，海绵城市项目建设和监理单位，公众。

6. 城市排水防涝管理需求

（1）内涝预警：依据气象信息和监测结果，利用模型对可能的内涝位置进行预警。

需求单位：主管政府部门，镇江市给排水管理处行业监管科。

（2）内涝风险评估：对特殊事项（包括设计降雨条件、现状条件改变）发生时的城市内涝风险进行评估。

需求单位：镇江市给排水管理处行业监管科。

（3）内涝现状评估：对镇江市内涝现状进行评估，对内涝点改造实施效果进行跟踪监控和评估。

需求单位：政府主管部门，镇江市海绵城市建设指挥部，镇江市给排水管理处。

（4）应急指挥调度：对强降雨天内涝应急管理相关工作进行指挥与调度。

需求单位：相关主管部门，镇江市给排水管理处行业监管科。

（5）信息提交：PPP 公司、管养单位和公众提交相关信息和上传资料。

需求单位：PPP 公司，海绵城市项目建设和监理单位，公众。

7. 城市黑臭河道治理需求

（1）水环境风险评估：对特点事项（包括设计降雨条件、现状条件改变）发生时的城市水环境风险进行评估。

需求单位：镇江市海绵城市建设指挥部，镇江市给排水管理处行业监管科。

（2）基础 GIS 应用：地图查询、操作和统计功能。

需求单位：镇江市给排水管理处行业监管科。

（3）水环境状况评估：对镇江市水环境质量进行评估，对水环境质量改造实施效果进行跟踪监控和评估。

需求单位：政府主管部门，镇江市海绵城市建设指挥部，镇江市给排水管理处。

（4）信息提交：PPP 公司、管养单位和公众提交相关信息和上传资料。

需求单位：PPP 公司，海绵城市项目建设和监理单位，公众。

8. 信息化管理需求

（1）查询需求：建立镇江市海绵设施电子地图，用于查询及管理全部海绵及相关设施的建设及运行数据。

需求单位：江苏满江春城市规划设计研究有限责任公司科研部。

（2）数据维护需求：镇江市海绵城市数据中心各类数据的维护。

需求单位：江苏满江春城市规划设计研究有限责任公司科研部。

（3）模型维护需求：镇江市海绵城市各类模型的维护。

需求单位：江苏满江春城市规划设计研究有限责任公司科研部。

5.4.2 架构设计创新——多层次设置业务应用系统

镇江市智慧海绵系统主要包括数据中心建设和业务应用系统建设。数据中心包括数据汇集平台和应用服务平台。业务应用系统包括海绵设施效果评估子系统、海绵城市项目审批子系统、海绵工程建设管理子系统、海绵设施运营调度子系统、海绵设施管养维护子系统、公众服务子系统、城市排水防涝与应急指挥调度指挥子系统、城市黑臭河道综合管控子系统、海绵城市评估和智慧决策子系统共 9 个子系统。系统总体架构如图 5.4-1 所示。

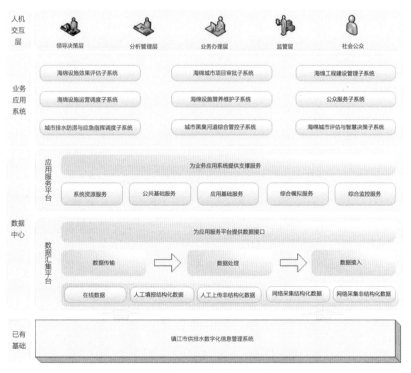

图 5.4-1　镇江市智慧海绵系统总体架构

5.4.3　建设内容创新——管理者需求全覆盖

5.4.3.1　监测体系建设

监测系统建设是镇江市智慧海绵系统建设的重要组成部分，应按照国家对海绵城市试点城市考核要求和镇江市海绵城市管理自身需求制定监测方案、选择高性价比的监测设备实施监测。

1. 监测系统建设目标

基于镇江市示范区海绵城市建设主要目标、海绵设施维护管理需求和城市自查、省级评价与部级抽查要求，建立综合监控系统和评价体系对镇江市示范区海绵实施效果进行评估和监控。

2. 监测内容

主要监测内容包括降雨量监测、受纳水体监测、市政管网监测、海绵设施监测。

（1）雨量监测：按照每 $5km^2$ 一个雨量计的原则尽可能均匀布置雨量计，以获得更准确的雨量及模型输入数据；

（2）受纳水体监测：通过 3 条河道的水量和水质监测，掌握示范区整体的径流量削减水平和面源污染控制水平；

（3）市政管网监测：通过市政管网关键节点水量和水质监测，掌握典型区域（排水分区和地块级别）海绵设施运行整体效果；

（4）海绵设施监测：通过典型海绵设施出入口水量和水质监测，掌握典型设施的径流量控制效果和面源污染削减能力。

通过以上监测，可科学全面地分析镇江市海绵城市实施效果。

镇江海绵城市建设期间共对 16 个汇水区关键节点及排口、14 个河道断面监测点进行在线监测详细名称见表 5.4-2、图 5.4-2。

各在线监测点信息汇总表　　　　　　　　　　　　　　　表 5.4-2

类别	站点名称	安装设备
汇水分区排口及管网关键节点	江滨路雨水井	流量计
	金山桥	流量计 2 台（分流）、SS、自动采样仪
	太平路	流量计
	朱方路	流量计
	宝塔路与大西路交叉口	流量计
	桃西路中山北路	流量计、SS
	中信银行	流量计
	运河路	流量计
	宗泽路	流量计
	江河汇	流量计、SS

続表

类别	站点名称	安装设备
汇水分区排口及管网关键节点	江苏大学雨水井	流量计、SS、采样仪
	江山名州	流量计、SS
	中北桥北侧溢流口1	压力水位计
	中北桥北侧溢流口2	压力水位计
	中山桥五星电器旁	流量计
	江滨泵站北入口	流量计、SS
河道	经七路团结河	流量计、SS
	江大机电培训学院旁	流量计、SS
	凤凰山路御桥港	流量计2台（分流）、SS
	长山堤水站排口	流量计、SS
	新河桥河道	流量计、SS
	王龙桥	流量计、SS
	永庆桥	流量计2台（双向）、SS、雨量计、自动采样仪
	玉带河盖板涵	压力水位计、SS
	孟家湾水库	压力水位计、雨量计、SS、采样仪
	虹桥港湿地河道	流量计、SS
	御桥	流量计、SS
	运粮河	流量计、SS
	古运河上游（黎明河）	流量计、SS
	沧浪桥（闸口下游）	流量计、SS

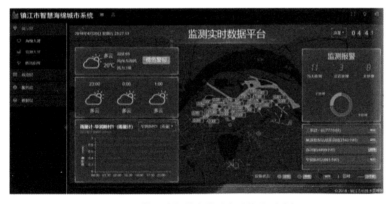

图 5.4-2　镇江市智慧海绵城市系统监测平台

5.4.3.2　数据中心建设

在海绵城市综合管理数据库的基础上，构建以数据为核心的新型海绵城市管理模式。基于大数据云计算等技术手段为基础，通过物联网、互联网等各种手段保存海量动态数据，通过对数据进行加工整理、清洗、抽取、转换等，在海量数据中获取有价值的数据，用数据说话、用数据决策、用数据管理、用数据创新，实现数据变现，通过数据可视化前端展现、数据挖掘分析，提供科学合理的决策依据。以现场数据为工作基础，以数据分析为工作手段，以数据反馈为优化依据，支持排水负荷分析、事故预警、调度控制、运营养护等科学预测分析工作，简化相关业务流程，驱动业务管理。以动态数据驱动海绵城市管理模式的转型与升级，建立健全的智慧水务科学管理以及智慧水行业整体解决方案，打造海绵城市顶级水行业大数据品牌。

数据中心包括数据汇集平台和应用服务平台。

1. 数据汇集平台

以高效的信息资源开发利用为目标，采用大数据库技术，依托大数据管理平台，整合海绵城市全业务数据资源，构建智慧海绵城市集中统一的大数据中心，为智慧海绵各应用系统提供标准化、单一版本的数据支撑。

数据汇集平台需要进行：①实时监控数据的收集、整理，各类业务数据的填报，以及网络等公开数据的收集。②为基础平台提供接口。数据汇集平台总体架构见图5.4-3。

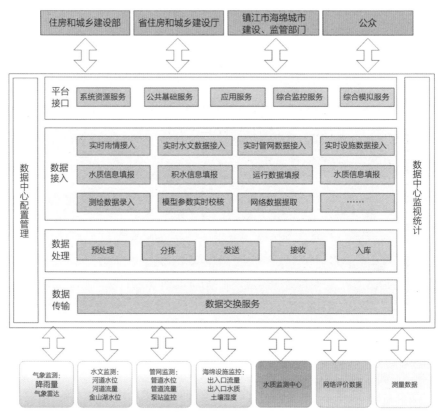

图 5.4-3　数据汇集平台总体架构

2. 应用服务平台

应用服务平台用于对基础数据进行分析、处理并为应用系统提供支撑服务，包括系统资源服务、公共基础服务、应用基础服务、综合模拟服务和综合监控服务共五部分（图 5.4-4、图 5.4-5）。

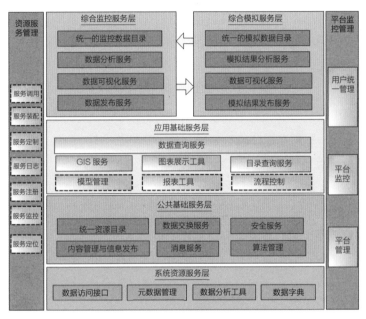

图 5.4-4　应用支撑平台总体架构

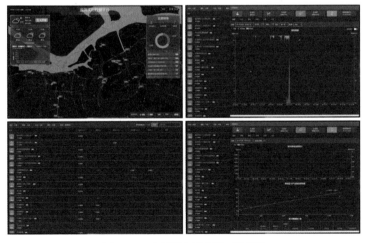

图 5.4-5　应用服务平台界面示意图

5.4.3.3　业务应用建设

根据镇江海绵城市系统需求分析内容，业务应用的建设目标为：

1.建立一张图的海绵体数据查询和展示 GIS 平台

利用地理信息系统，建立海绵设施从总体工程布局、区域海绵系统，到局部海绵设施，再到设施相关数据的查询和展示平台，实现全部海绵设施从总体到局部在一张图上的查询和浏览。

2.为各级管理层提供保障海绵城市实施效果的评估和监管平台

以用户需求为导向，为国家、省、市相关主管部门和各类用户量身定做系统功能和应用流程、提升系统操作的便捷性，为各级管理层提供保障海绵城市实施效果评估和监管的智慧化平台。

3.以数据为中心，实现基于大数据的分析和可视化展示

建立大数据中心，开发数据收集平台、数据展示平台和数据应用服务接口，为各级用户提供高质量的数据及数据分析结果，提高管理科学性。

4.联合模拟，建立从源头到末端的水环境综合模拟系统

实现地表径流、源头削减、管网输送、受纳水体的耦合模拟，为工程规划、设计、预评估，内涝应急指挥管理、海绵设施联合调度等工作提供决策支持。

5.实现全流程电子化管理，建立隐蔽性工程可追溯机制

实现海绵城市从规划、设计、施工到管养全生命周期的电子化管理，记录海绵城市工程设计、建设和养护过程的全部重要信息，建立隐蔽性工程建设过程可追溯机制，保障设施高效运行。

因此，镇江海绵城市系统业务应用系统建设内容包含海绵城市考核评估子系统、项目全生命周期管理子系统、海绵设施联合调度子系统、防汛应急调度子系统、城市黑臭河道管控子系统、公众服务子系统六大业务应用。

1.海绵城市考核评估系统

海绵城市考核评估系统从基本条件、建成效果、可持续性和创新评价四个方面为出发点，对镇江市海绵试点区海绵城市建设进行全方位、精细化、自动化的考核评估。系统依据不同指标的特点，使用多种方式对考核评估的指标进行分析和可视化。对于定性指标，能提供友好、便捷的查询和展示界面；对于定量评价指标，系统集成先进的海绵城市项目评估方法和算法，可根据相关数据进行自动计算，包括设施、项目、汇水区和试点区范围的计算。为住房和城乡建设部海绵城市评估考核组提供界面友好、方便快捷的平台。海绵城市考核评估系统功能结构图如图 5.4-6 所示。

（1）基本条件评价

本模块是基于"验收标准"提出的基本条件评价的基本原则进行开发和设计。根据"验收标准"，基本条件评价包括海绵城市建设组织工作机制、海绵城市专项规划、片区（含片区）详细规划或建设方案、城市规划落实情况、海绵城市建设宣传及公众参与五项评价指标。

基本条件评价为定性评价。系统将"验收标准"要求的相关组织机制文件、规划文件、政策文件等资料进行收集、统一管理和展示，管理人员可通过该模块查看各项文件，从而直观了解是否建立了海绵城市建设组织工作机制、是否编制了海绵城市专项规划、是否编制了片区（含片区）详细规划或建设方案，评价城市规划落实情况、评价海绵城市建设宣传及公众参与情况。用户也可以对这些文件进行预览，也可以下载相应文件。基本条件评价界面示例图如图 5.4-7 所示。

图 5.4-6　海绵城市考核评估系统功能模块图

图 5.4-7　基本条件评价界面示例图

（2）建成效果评价

本模块是基于"验收标准"提出的建成效果评价的基本原则进行开发和设计。根据"验收标准"，建成效果评价包括实际年径流总量控制率、常规雨水系统能力、内涝防治系统能力、水体质量、热岛效应强度、雨水径流污染物削减率、雨水资源利用率、综合效果公众满意度共 8 项评价指标。

例如实际年径流总量控制率考核评估模块实现对于海绵城市建设关键指标——年径流总量控制率的计算、考核与可视化展示。系统以"验收标准"为依据，支持容积核算法、流量监测法、模型计算法 3 种计算方法，针对不同方法进行计算，综合展示建设区的海绵城市建设效果。支持实际值与设计值之间相互校验分析。同时，支持年径流总量控制率的源头设施—地块—排水分区—示范区域的层层追溯，基于动态监测数据实现年径流总量控制率计算结果的动态更新。年径流总量控制率界面示例图如图 5.4-8 ~ 图 5.4-10 所示。

（3）可持续性评价

本模块是基于"验收标准"提出的可持续性评价的基本原则进行开发和设计。根据"验收标准"，可持续性评价应从运营维护、制度保障、人员保障和资金保障方面进行评价。

可持续性评价为定性评价。系统对海绵城市建设各系统（源头减排系统、排水管渠系统、排涝除险系统、应急管理系统）的运营维护进行记录，水体日常养护和水质长效保持运行情况进行记录，并对区域雨水排放制度、海绵城市建设规划、设计、施工、运营管理工作制度的发布文件，区域排水防涝预警系统、应急联动管理和应急预案的发布文件等文件进行归档上传，来完成该项指标的考核。用户也可以对相关文件进行下载和查看。可持续性评价界面示例图如图 5.4-11 所示。

图 5.4-8　年径流总量控制率界面示例图
（容积核算法）

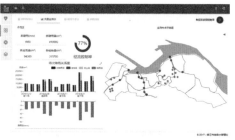

图 5.4-9　年径流总量控制率界面示例图
（流量监测法）

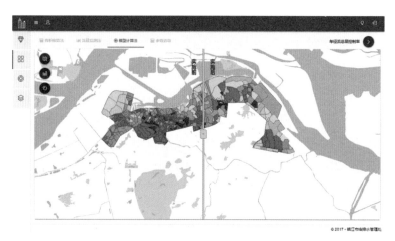

图 5.4-10　年径流总量控制率界面示例图
（模型评估法）

（4）创新性评价

本模块是基于"验收标准"提出的创新性评价的基本原则进行开发和设计。根据"验收标准"，创新性评价应从组织模式与机制、建设管理、PPP 方式、系统性与综合性方面进行评价。

创新性评价为定性评价，包括组织模式与机制、建设管理、PPP 方式、系统性与综合性共 4 项指标。系统通过对成立综合协调机构、成立专业技术服务机构、雨水收费管理制度或污水排放交易制度、社会资本参与工程项目、社会资本评估考核、投资效益平衡的相关文件进行归档管理来完成该项指标的考核。并支持在系统上查看文件和下载。创新性评价界面示例图如图 5.4-12 所示。

图 5.4-11　可持续性评价界面示例图

图 5.4-12　创新性评价界面示例图

2. 项目全生命周期管理系统

海绵城市项目管理可以划分为四个阶段：第一，通过海绵城市项目的专项规划，确定项目相关指标，包括年径流总量控制率、径流污染控制等，明确项目的实施红线；第二，根据项目规划的目标及位置，结合实施区域的现实情况，进行合理的设计，主要分为方案设计阶段和施工图设计阶段；第三，施工单位参照总体设计图及大样图进行施工，过程中通过监理来严格把关，确保施工过程符合相关标准；第四，竣工后，项目的管理与维护移交相关管养单位，进行周期性的养护，以保证设施能长期良好运行。

该系统对海绵项目从专项规划、海绵设计、海绵施工到运营管养整个生命周期进行管理。收集海绵城市项目的规划信息、设计信息、位置信息、设施建设信息以及运营管养等内容的管理，方便海绵城市建设管理部门对项目进行全过程的跟踪，了解项目的进展情况，及时发现隐蔽工程存在的问题，实现对海绵城市建设的有效评估和监控，提高海绵城市项目设计和建设质量，保障整体效果（图 5.4-13）。

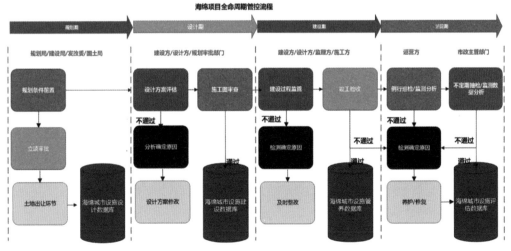

图 5.4-13　海绵城市项目全生命周期管理流程图

镇江市海绵城市项目业务审查流程图如图 5.4-14 所示。系统形成"政府规章统筹、规划条件前置、建设监管落实、运营维护保障"的长效管理模式。海绵城市建设从项目立项、规划审批、土地出让、施工许可、竣工验收和运行维护全过程建立起一套完善有效的制度体系和辅助平台。

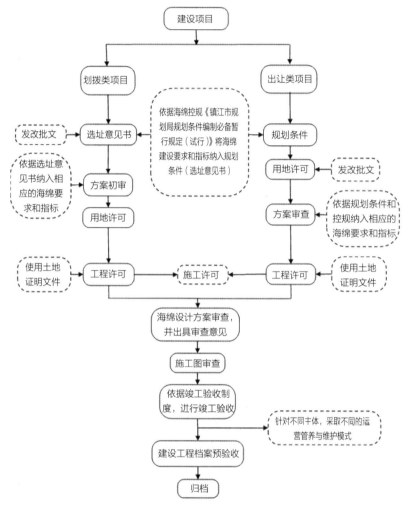

图 5.4-14　镇江市海绵项目业务审查流程图

项目全生命周期管理系统包括规划管理、设计管理、施工管理、管养管理四个功能模块。

（1）规划动态管控

依据《镇江市海绵城市专项规划》和镇江市试点区海绵城市顶层设计方案，对海绵城市相关规划指标进行动态管控。严格控制各管控分区海绵建设指标，对完成系统方案设计的管控分区的项目指标进行动态管控（图 5.4-15）。

图 5.4-15　规划项目列表

（2）设计科学审核

以国家文件为依据，无缝对接《海绵城市建设术指南》，参考国外 LID 设计手册和工具，进行自主研发，融设计、分析、模拟于一体。可进行海绵城市设计方案模拟分析，考核是否达到设计指标。同时也可辅助进行现场勘查、方案设计、方案评估、资料上传和存档（图 5.4-16）。

（3）施工精细监管

将 LID 项目按照施工工序划分为现状、开挖、验槽、不透水土工布、回填、盲管、介质土、施工完成共 8 个阶段，每个阶段按照要求提交现场照片，保存施工过程信息，建立隐蔽信息可追溯机制（图 5.4-17）。

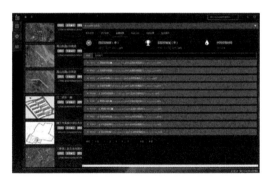 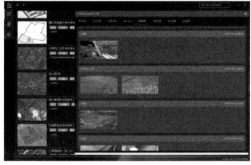

图 5.4-16　设计方案自动评估界面图　　　　图 5.4-17　施工过程精细化监管界面图

（4）智慧运营管养

利用二维码为每个海绵设施 / 设备建立"身份系统"。建立基于监测数据、移动互联技术的海绵城市设施智慧管养平台，实现各类海绵设施巡检、养护工作的智能化、自动化与精细化（图 5.4-18）。

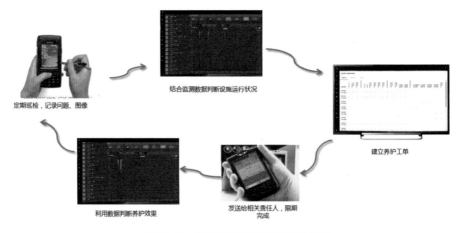

定期巡检，记录问题、图像　　结合监测数据判断设施运行状况　　建立养护工单

利用数据判断养护效果　　发送给相关责任人，限期完成

图 5.4-18　海绵设施智慧管养流程示意图

3.海绵设施联合调度系统

海绵城市建设采用灰绿结合的手段，绿色手段主要指低影响开发技术，包括源头的雨水花园、生态草沟及末端的湿塘等，灰色手段主要为传统的钢筋混凝土结构的设施，包括地下管道、调蓄池等。这些新建设施之间，新建设施与原有的城市排水系统之间都存在联动关系，通过对系统合理的调度可有效减少合流制溢流污染，最大限度地发挥设施的使用效率。国外很多城市都采用实时控制的方法进行合流制溢流污染频率削减的管理。系统功能模块如图 5.4-19 所示。

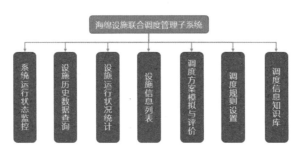

海绵设施联合调度管理子系统

系统运行状态监控｜设施历史数据查询｜设施运行状况统计｜设施信息列表｜调度方案模拟与评价｜调度规则设置｜调度信息知识库

图 5.4-19　设施联合调度系统功能模块设计

总调度指挥中心通过多网架构实现所辖海绵城市自动化系统在线数据采集、调度控制和集中展示。实现一体化的运营管理与无人值守全自动运行。系统将具备仿真、自学习和实时控制功能（图 5.4-20）。

基于监测和模拟数据，对海绵设施（包括灰色和绿色基础设施）的运行进行科学调度。通过雨量站、管网监测点、排口水位监测点、泵站运行实测、调蓄设施实测等实时监测数据，控制 CSO 排放（图 5.4-21）。

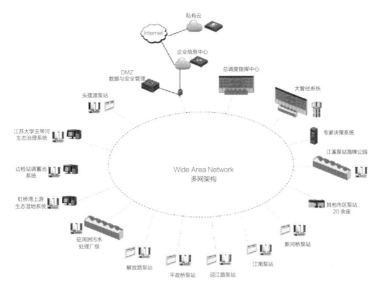

图 5.4-20　镇江市海绵城市联合调度系统网络架构图

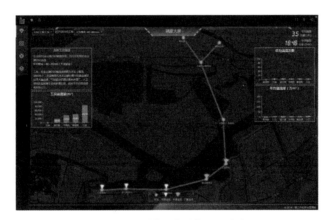

图 5.4-21　联合调度系统界面设计

4.防汛应急调度子系统

防汛应急指挥子系统作为城市水务管理的一个业务系统，主要负责：与当地气象和内河防汛信息集成，建设一套数据管理机制，实现水务相关数据的采集、管理和共享；实现对实时监测数据分析，对异常数据进行报警，起到预警预报作用；实现汛期的快速反应，将超标降雨产生的内涝危害降到最低，最大限度保障人民生命财产安全。

当排水系统发生检查井溢流、路面塌陷、管道破裂、管道堵塞和危险污染物排入等紧急事故时，发现并快速反馈问题、准确通知相关责任人、跟踪记录处理过程等非常重要，高效的应急处理能最大限度地减少突发公共事件造成的损失，保证管网尽快恢复正常。综合运用在线监测预警、模拟分析、GPS 定位技术、移动终端手机等信息化技术设计和构建防汛应急指挥调度子系统，为排水系统的应急抢险提供全流程、精细化和标准化的管理模式，大幅提高应急响应速度并辅助应急方案科学决策。

防汛应急指挥调度子系统提供了防汛准备、汛情信息处理、指挥调度、防汛评估等功能模块，通过对河道水位监测、泵站监测、低洼地区积水实时监测及报警，并结合模型，达到雨前、雨中、雨后的管理，为指挥调度城市防汛抢险工作提供科学、准确的依据。系统包括防汛准备、汛情信息处理、指挥调度、防汛评估四个功能模块。

（1）防汛准备

防汛准备与预警模块包括防汛预案管理、防汛人员物资情况、防汛设备、清淤情况等准备工作的落实情况，实现对于汛前各项准备工作的编辑、记录，发现隐患，落实安全度汛措施；同时基于气象部门的降雨预测数据，建立城市暴雨内涝灾害仿真模型，进行城市内涝风险分析。总指挥根据降雨量预报数据和模型模拟结果确定相应的防汛级别，发布警情并将信息通过短信发给相关人员，所有人员全部到岗，所有巡查人员全部上路，按照各自角色分工进行工作（图 5.4-22）。

（2）汛情信息处理

通过汛情信息处理模块，可以了解现场巡查人员、社会公众报告、监测数据报警以及通过客户服务热线、网络投诉等其他途径上报的警情信息，对警情信息进行统一管理。采用地图的形式，显示警情点的地图分布和详细列表，同时，可对警情状态（等待处理、正在处理、处理完毕、已经反馈、已经解除）进行警情个数的分别统计（图 5.4-23）。

图 5.4-22　防汛准备界面示意图　　　　　　图 5.4-23　汛情信息处理界面示意图

（3）指挥调度

调度指挥模块实现对汛情相关信息的统览，包括泵站运行情况、雨情、水情信息、抢险队伍位置、可调度性、警情统计信息等；同时实现对于各个警情点抢险队伍、物资的科学调度、综合防控，通过与 M/S 端信息交互，达到警情的快速跟踪处理，例如调度人员可根据现场人员的位置，将警情快速派发给附近的抢险队，抢险队在手机端上收到工单信息后快速对警情进行处理，在地图上可以随时查看处理人员位置以及处理情况（图 5.4-24）。

图 5.4-24　指挥调度界面示意图

（4）防汛评估

结合系统记录的大量的警情数据，数据分析人员可以通过汛后评估模块对数据进行分析，为防汛评估提供依据。例如，可进行警情点与易积水点的关联分析，实现对于积水点的管理，包括发生频次、位置、原因、处理措施等，为积水点工程改造提供科学依据。

通过雨量站、管网监测点、排口水位监测点、泵站运行实测、调蓄设施实测等实时监测数据，经过运行模型的模拟，为市政排水调度管理机构提供数据支持，还可以通过广播、电视等媒体为广大老百姓提供出行指南。将河道流域、重点防洪工程、重点河道堤防、城市立交桥、城市重点低洼地带等信息进行管理，实现信息的获取、输入、操作、传输、可视化、查询、分析等功能，为指挥调度防汛抢险救灾工作提供科学、准确的依据（图 5.4-25）。

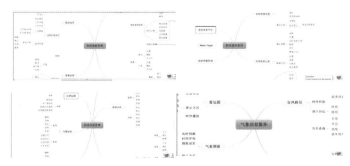

图 5.4-25　防汛指挥调度系统功能设计示意图

5. 城市黑臭河道综合管控子系统

黑臭水体的治理是海绵城市建设的主要内容。城市黑臭河道综合管控子系统主要依据《城市黑臭水体整治工作指南》和《国务院关于印发水污染防治行动计划的通知》（国发〔2015〕17号）等相关文件的要求和精神，实现对城市黑臭水体建设工程监管的智慧化管理平台。主要实现对城市黑臭水体治理数据的统一管理，包括对黑臭水体相关地理信息、监测信息、文档和图片信息的查询、统计以及专题图渲染。管理人员通过系统可以方便地对黑臭水体相关信息进行查询，提高管理效率。通过建立多渠道监管模式，包括公共参与、不定期巡查、按要求上报等方式，系统实现对黑臭河道治理工程建设过程的动态和长效监管，保障水环境治理工程实施效果。

城市黑臭河道综合管控子系统包括五个功能模块，分别为整治动态、河道信息、长效管理、整治工程和水质信息。

（1）整治动态

整治动态功能在首页上对提取的核心信息进行展示，主要包含新闻动态、问卷调查、河道概览、政策法规、公众建议、实景照片等，重点突出黑臭河道关键指标实时监测情况及动态评估结果等信息，在此可以选择感兴趣的统计数据进行显示。整治动态界面示例图如图5.4-26所示。

图5.4-26　整治动态界面示例图

（2）河道信息

以信息化的手段展示黑臭河道基础静态水文信息（如河长、起止点位等）以及动态水质监测信息，通过图层控制手段实现河道基础信息与水质状况的叠加显示，便于管理者直观、高效地掌握全市范围内黑臭河道的空间分布状况。

河道信息实现城市水系的地图概览、统计查询、分类查看。主要包括水系、排水口、监测点、流域范围等数据。

河道信息查询中设置有框选查询功能。可通过鼠标在地图窗口上点选查询的要素，如监测点，即可简单完成查询操作，地图右侧直接得出查询结果。

点选河段，地图右侧可得选中的河段信息，点选河段界面如图5.4-27所示。

（3）长效管理

长效管理功能包括网页端和手机端，分为河道信息和督查信息两部分，河道信息中将河长单位与联系方式等管理信息与河道紧密关联。督查信息中将电脑端与微信端联动，并以河道为载体，实现微信上报河道问题转发给河长单位，河长单位处理后反馈给督查人员，电脑端同步更新问题处理流程。

长效管理主要实现城市河道信息的查看管理，用户可以直观地查看当前城市的河道信息以及河段的统计情况，长效管理界面示例图如图 5.4-28 所示。

图 5.4-27　河段信息界面示例图

图 5.4-28　长效管理界面示例图

（4）整治工程

整治工程模块把现有的工程数据，通过设置条件参数，进行筛选和统计，方便管理者查看。整治工程界面示例图如图 5.4-29 所示。

图 5.4-29　整治工程界面示例图

点击工程列表，右侧弹出工程的详细信息，点击标签页分别查看基本信息、工程进展和影像资料。

（5）水质信息

将水质监测点按照河道进行归类，并可以通过搜索进行快速的检索。通过勾选监测点，可以实现数据曲线的对比功能，如图 5.4-30 所示。

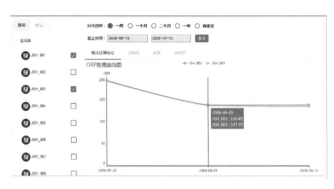

图 5.4-30 水质数据曲线

6. 公众服务子系统

海绵城市建设过程如果缺少公众参与环节，海绵城市建设效果论证和评价的结论具有片面性，公众也无法真正理解海绵城市建设意义。基于这个问题，国家鼓励民众参与到海绵城市建设中来。

公众服务子系统为公众参与海绵城市建设提供了全景展示的平台。通过数字化技术手段对镇江市典型海绵项目进行全方位采集与存储，再通过互联网以网络视频、Flash 等形式展现在观众面前。在公共场合设置一些 VR 头盔，公众可以进行 360° 全景观察，从而直观了解海绵项目的结构和建设效果，提高了公众的参与度和对海绵城市建设的认知度。项目应覆盖道路广场类、公园绿地类、建筑小区类等不同类型（图 5.4-31）。

图 5.4-31 公众服务子系统界面示例图

第6章

试点成效

6.1 综合效益

6.1.1 治理内涝积水，提升防洪排涝能力

6.1.1.1 防洪能力得到有效提升

根据水利局统计，镇江目前已达到承诺的城市河道防洪标准达到"长流规"中镇江的设防标准，能够抵御1954年型洪水，部分堤岸实现了防长江洪水标准100年一遇，防洪堤实现达标率100%。

试点期内，镇江对建设时间旧、环境面貌老旧的河道进行了重点治理，实施了运粮河（金山桥—新河桥段）整治工程及虹桥港河道整治工程，市区范围内的河道整体达到防洪标准。运粮河（金山桥—新河桥段）整治工程全长440m，设计防洪标准为抵御长江50年一遇洪水，主要工程内容为浆砌块石拆除、清障清杂、河道清淤、灌注桩、混凝土挡墙施工等。虹桥港河道整治工程整治范围为宗泽桥至老河口段，工程总长1290.3m，虹桥港闸外港按照100年一遇达标设计，2级堤防，闸内堤防为3级堤防。

6.1.1.2 消除历史内涝积水片区

试点期间，镇江重点实施了玉带河积水区、江滨积水区、小米山路积水区、黄山天桥珍珠桥积水区、头摆渡积水区等8个积水片区的整治工程，完成了历史积水片区的整治（表6.1-1、图6.1-1）。

根据2017年汛期多场强降雨实地监测数据显示，历史积水片区已全面消除，在降雨量小于25.5mm/d（对应年径流总量控制率75%）时，试点项目区域能够实现雨水不外排。

易淹易涝片区整治工程一览表 表6.1-1

序号	项目名称	工程规模	完成情况
1	古城路江滨新村处积水改造	周边管网新改建1380m，新建顶管井8座，接收井9座	已完成
2	小米山路（松江路）积水改造	周边管网新改建600m，新建检查井1座，顶管井3座，接收井4座，出水口1座	已完成
3	南苑新村、邮电宿舍、解放路6号积水改造	周边管网新改建693m，新建检查井15座，顶管井1座，出水口1座	已完成
4	八角亭、京口路、学府路、京口区政府积水改造	周边管网新改建840m，顶管井3座，接收井4座，出水口1座	已完成
5	黄山天桥积水改造	周边管网新改建1730m，雨水沟80m，顶管井5座，接收井5座，出水口1座	已完成
6	陆角桥泵站及外围管道改造	周边管网新改建563m，雨水边沟517m，新建检查井8座，顶管井1座，接收井2座，出水口3座，新建光明河雨水泵站18m³/s	已完成
7	铁路下穿段（珍珠桥旁）积水改造	周边管网新改建365m，新建雨水截流沟：725m，新建立交泵站1.5m³/s	已完成

序号	项目名称	工程规模	完成情况
8	左湖互通积水点改造	周边管网新改建 375m，雨水边沟 40m，新建检查井 10 座，顶管井 1 座	已完成

图 6.1-1　镇江市江滨新村第二社区一期项目改造前后对比

6.1.1.3　提升城市内涝防治能力

经过三年试点，镇江完成了管网完善、拓宽河道工程、梳理水系及管渠工程、金山湖调蓄等工程，内涝防治能力得到全面提升。

2017 年初，已经建成了以城市排水管网地理信息系统和数学模型等为基础的智慧供排水系统平台。综合 2017 年实地监测数据，利用模型完成了城市排水防涝能力评估、城市面源污染评估和城市内涝风险评估。评估结果显示，各片区整体达到了 30 年一遇的内涝防治标准，老城区连片综合治理效果已显现（图 6.1-2、图 6.1-3），内涝风险得到了有效控制。

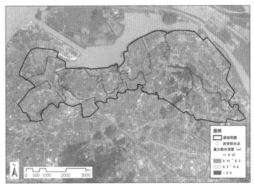

图 6.1-2　试点建设前积水分布图（30 年一遇）　　　图 6.1-3　试点建设后积水分布图（30 年一遇）

6.1.2　消除黑臭水体，提升水体环境质量

6.1.2.1　黑臭水体全部消除

城区 7 条黑臭水体已全部完成整治任务，其中，试点区范围内虹桥港、一夜河的

整治主体工程于 2018 年 6 月结束，黑臭水体已全面消除，2018 年 5 月的水质监测结果显示，水质达到Ⅳ类水标准（图 6.1-4）。

6.1.2.2 地表水体水质达标

经过 3 年试点建设，地表水水质全部达标，水质达到Ⅳ类水标准。2018 年度监测金山湖、运粮河、古运河、虹桥港、跃进河、一夜河、玉带河等 13 个断面，其中达标断面 12 个，整体地表水水质达标率为 92.3%。其中，金山湖原三号码头、运粮河新河桥、古运河迎江桥、虹桥港沧浪桥为水功能区水质监测断面，水功能区水质达标率为75%（虹桥港于 2018 年 1—4 月进行黑臭水体整治，2018 年 5 月前沧浪桥断面水质因工程实施影响，1—9 月的月均水质为地表水Ⅴ类标准，现状水质已达到地表水Ⅳ类标准）。地表水水体水质达标率达到《财政部 住房城乡建设部 水利部关于批复 2015 年中央财政支持海绵城市建设试点实施计划的通知》（财建〔2015〕896 号）中批复的 75%指标要求（表 6.1-2）。

（a）虹桥港整治前　　　　　　　　（b）虹桥港整治后

（c）一夜河整治前　　　　　　　　（d）一夜河整治后

（e）玉带河整治前　　　　　　　　（f）玉带河整治后

图 6.1-4　试点区内黑臭水体整治前后对比图

序号	河湖名称	断面名称	2015年水质	2018年1~9月水功能区水质	2018年5月水质	城市河湖水质不低于Ⅳ类	是否达标
1	金山湖	塔影湖	Ⅴ	/	Ⅱ	Ⅳ	达标
2		原三号码头	Ⅴ	Ⅱ	Ⅱ	Ⅳ	达标
3		北固山	Ⅴ	/	Ⅱ	Ⅳ	达标
4		焦南闸	Ⅴ	/	Ⅱ	Ⅳ	达标
5	运粮河	新河桥	劣Ⅴ	Ⅲ	Ⅲ	Ⅳ	达标
6		润州路	劣Ⅴ	/	Ⅳ	Ⅳ	达标
7	古运河	迎江桥	Ⅲ	Ⅲ	Ⅲ	Ⅳ	达标
8		中山桥	Ⅳ	/	Ⅲ	Ⅳ	达标
9	虹桥港	沧浪桥	劣Ⅴ	Ⅴ	Ⅲ	Ⅳ	未达标
10		九里街	劣Ⅴ	/	Ⅳ	Ⅳ	达标
11	跃进河	跃进河	劣Ⅴ	/	Ⅳ	Ⅳ	达标
12	一夜河	一夜河	劣Ⅴ	/	Ⅲ	Ⅳ	达标
13	玉带河	江大校区	劣Ⅴ	/	Ⅳ	Ⅳ	达标

注：金山湖原三号码头、运粮河新河桥、古运河迎江桥、虹桥港沧浪桥为水功能区水质监测断面，其他为非水功能区监测断面。

6.1.3 推进生态修复，提升城市生态品质

试点期间，镇江水系的生态环境得到提升，生态格局得以初步建立，发挥了山水空间的大海绵功能，试点区年径流总量控制率提升至76.06%，恢复水岸线4.2km，水域面积提升至6.72%，地下水埋深显著提升。

6.1.3.1 水体岸线生态优美

试点期内，镇江主要实施了古运河（平政桥至迎江桥）西侧及南侧更新改造项目和虹桥港生态修复工程、孟家湾及玉带河项目、一夜河水质提升项目，完成4.2km的生态岸线修复，超过"至少恢复生态岸线1.2km"的任务。

古运河（平政桥至迎江桥）西侧及南侧更新改造项目总长约750m，建设内容为两岸挡墙修缮、水系梳理改造及其他附属工程，在河道沿线打设杉木桩、种植水生植物，设置清水平台。虹桥港生态修复工程项目生态修复段为象山桥至虹桥港闸段，长约1 138m，采用河水内循环、生物聚生毯和生态浮岛等综合技术净化虹桥港水质，恢复虹桥港自然生态环境；孟家湾及玉带河项目改造的生态岸线长为2 300m，水库岸边和河道两岸通过生态护岸，重力流湿地、多级生物滤池等设施对水质进行净化。

6.1.3.2 天然水域面积增加

通过试点前后卫星遥感解译和水文资料对比分析，试点前，根据水文统计资料，镇江水域面积率为6.4%，试点期间，通过玉带河改造、虹桥港河道拓宽及其他河道的

治理，新增水域面积约 5.47 万 m²，至 2018 年 5 月，试点区水域面积为 1.96km²，水面率达到 6.72%，已完成承诺的 6.2% 水域面积率试点目标（图 6.1-5、图 6.1-6）。

图 6.1-5 试点前镇江水域分布图

图 6.1-6 试点后镇江水域分布图

6.1.3.3 地下水位逐步回升

镇江水文局通过长期对地下水水位观测，根据统计报告显示，海绵试点前后镇江站井地下水埋深由 36.03m（2014 年）提高到 22.31m（2016 年），地下水埋深显著提升。

镇江市深层地下水历年平均埋深表　　　　　　　　　　表 6.1-3

年份 / 站名	谏壁站（m）	镇江站（m）	上荣站（m）	埤城站（m）	湾山站（m）	八桥站（m）
2013	3.16	58.57	7.34	−1.02	8.5	1.15
2014	3.05	36.06	5.58	−1.02	7.67	0.97
2015	3.06	25.93	4.19	−1.17	2.35	0.81
2016	4.23	22.31	4.84	−1.04	2.49	0.57
2017	2.64	—	4.56	−1.11	1.8	0.72

注：镇江站井因焦山路施工被毁，2017 年无资料。

6.1.3.4 热岛效应有所缓解

试点期间，镇江市从水体整治、绿化、海绵设施布局等方面入手，通过开展拓宽河道、提升水库库容、增加绿化覆盖等工程，有效缓解了试点区的热岛效应强度。建成区内和建成区外的自动气象站数据显示，2016 年夏季 6—8 月建成区内平均气温为 28.88℃，热岛效应强度为 0.42℃，2018 年夏季 6—8 月建成区内平均气温为 29.8℃，建成区内低于建成区外 0.48℃。对比 2018 年夏季与 2016 年夏季结果，城市热岛效应强度下降 0.9℃（图 6.1-7）。

6.1.3.5 城市景观风貌提升

经过三年试点，镇江完成建设了海绵公园、孟家湾湿地公园、征润洲湿地公园、虹桥港生态湿地公园、向家门公园、长江路三角绿地等 18 个城市公园、绿地、湿地，城市变得更加宜居，居民休闲游憩空间大幅增加，市民活动场所得到极大丰富，为居民提供了优质水景观、水文化、水生态的产品供给（图6.1-8、图6.1-9）。

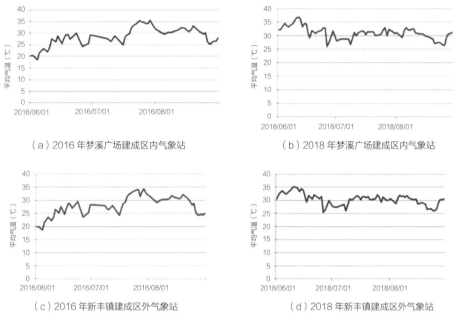

（a）2016年梦溪广场建成区内气象站　　　　　　（b）2018年梦溪广场建成区内气象站

（c）2016年新丰镇建成区外气象站　　　　　　（d）2018年新丰镇建成区外气象站

图6.1-7　气象站监测气温变化

图6.1-8　海绵公园

（a）江苏大学　　　　　（b）孟家湾公园　　　　　（c）向家门公园　　　　　（d）玉山公园

图6.1-9　各类海绵工程

6.1.4　雨水污水回用，提升资源利用效率

6.1.4.1　雨水资源化利用

通过海绵城市建设，在试点区内建设各类雨水利用设施，因地制宜采取公园、湿地、

雨水收集利用系统以及各小区的雨水罐等提升雨水综合利用效率，起到削减洪峰和面源污染作用的同时，提升雨水利用率，实现综合效益。试点区内主要的雨水利用工程包括海绵公园、江苏大学玉带河重力流湿地、试点区内开发企业自建的雨水利用收集系统以及各小区内的雨水罐。试点期年均雨水利用率达到9.68%，超过4.70%试点目标（表6.1-4、表6.1-5）。

试点区内主要雨水利用设施利用率　　　　　　　　　　　　表6.1-4

设施	日利用能力（m^3）	年均利用量（m^3）
海绵公园调蓄池	500	35 743
孟家湾水库及江苏大学玉带河重力流湿地	50 000	1 830 443
雨水调蓄模块及雨水罐	5 792	414 045
总计		2 280 231
年均雨水利用率	= 年均利用量 / 年均降雨量	
9.68%	=2 280 231/23 555 023	

试点区内雨水模块及雨水罐清单　　　　　　　　　　　　表6.1-5

序号	项目名称	占地面积（hm^2）	雨水收集利用系统（m^3）
1	招商北固湾	/	250
2	润康城	6.19	200
3	镇江凤凰文化广场	/	300
4	镇江中南世纪城大三期三组团	4.87	100
5	梦溪嘉苑五期	3.542	100
6	中南望江	/	300
7	镇江中南御锦城3.2期	3.362	80
8	梦溪嘉苑四期	1.014	100
9	镇江太古山二区	3.42	200
10	镇江宾馆地块一区	7.27	100
11	镇江浙信汽车厂地块住宅区	6.409	100
12	向家门街头绿地	/	200
13	2077青年汇	/	400
14	华润新村	/	120
15	镇江市第三中学等585个雨水罐	/	175.5

续表

序号	项目名称	占地面积（hm^2）	雨水收集利用系统（m^3）
16	红豆香江银座	/	50
17	江山名洲五期	3.5	180
18	宜嘉湖庭花园二期	6.7	175
19	江苏大学附属医院食堂外围道路管网工程	/	15
20	实验小学	/	90
21	江二社区	1.9	2
22	朝阳门小区	2.2	60
23	三茅宫二区	3.3	150
24	镇江市中医院	0.3	150
25	京口区人民法院新建审判法庭项目	0.586	50
26	上河御府	/	50
27	359 经济适用房	/	100
28	中冶蓝湾	/	150
合计			3647.5

6.1.4.2 污水再生利用

镇江城区污水处理主要由京口污水处理厂、征润洲污水处理厂两个厂承担。京口污水处理厂再生水生产能力为 4 万 m^3/d，再生水回用率达到 12.2%，主要用于玉带河、一夜河补水以及厂内自用。其中，一夜河日补水量 0.30 万 m^3/d，玉带河、厂内自用量为 0.432 万 m^3/d。征润洲污水处理厂因不在试点区，再生水量暂不计入（图 6.1–10 ~ 图 6.1–12）。

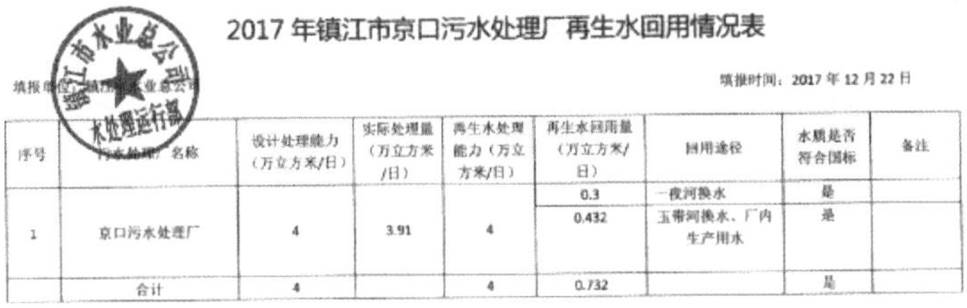
2017 年镇江市京口污水处理厂再生水回用情况表

填报单位：镇江市水业总公司　　填报时间：2017 年 12 月 22 日

序号	污水处理厂名称	设计处理能力（万立方米/日）	实际处理量（万立方米/日）	再生水处理能力（万立方米/日）	再生水回用量（万立方米/日）	回用途径	水质是否符合国标	备注
1	京口污水处理厂	4	3.91	4	0.3	一夜河换水	是	
					0.432	玉带河换水、厂内生产用水	是	
	合计	4		4	0.732		是	

图 6.1–10　再生水回用

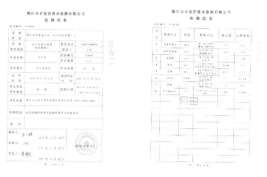

图 6.1-11　京口污水处理厂再生水水质

图 6.1-12　玉带河再生水回用

6.1.5　改善居住环境，提升百姓幸福指数

针对雨污混流、排水不畅、设施老化、配套不足，百姓在征询意见中反映强烈的这些民生问题，在海绵城市改造中都得到了解决。镇江市在实施老旧小区改造过程中，侧重于解决小区实际问题，以"服务和改善民生"为第一要务，主要以"路平、灯亮、水绿"为核心，认真做好门前的小径、墙边的水沟、路边的缘石，打造精致的社区小品，细心做好民生工程的最后一步路，实现了"既满足海绵建设标准，又统筹兼顾群众需求"。

6.1.5.1　改造老旧小区

经过 3 年的海绵城市建设，镇江市共对 45 个小区、共计 200 公顷范围进行了全面改造，新增及改造广场 5 个，面积超过 10 公顷，3 万余居民直接受益，小区环境有了翻天覆地的变化。海绵改造完成后，真正实现了"小雨不湿鞋、大雨不内涝"，居住环境得到改善（图 6.1-13）。

6.1.5.2　改造棚户区

试点期间，共进行棚户区、城中村改造 2 245 户，总面积 43.79 万 m²。主要包括一夜河长江村 651 户，17.3 万 m²；虹桥港周家庄周边改造 198 户，3.86 万 m²；御带河孟城社区 832 户，15.13 万 m²；会莲庵街 773 户，7.5 万 m²。

| （a）朝阳门改造前 | （b）朝阳门改造后 |

| （c）华润新村改造前 | （d）华润新村改造后 |

| （e）三茅宫二区改造前 | （f）三茅宫二区改造后 |

图 6.1-13　小区海绵化改造对比

6.1.5.3　公众满意度高

社会公众对老旧小区改造、积水区改造、黑臭水体、海绵城市建设的满意率分别达到 96.41%、99.09%、91.39% 和 92.73%（图 6.1-14）。

试点推进中，老百姓充分体验了海绵城市建设带来的变化，老城区城市面貌得到提升，增加小区景观和亲水游憩空间，越来越多的老小区享受到海绵改造带来的生活红利。海绵城市改善居民生活环境的效果受到了群众的一致好评，居民纷纷给政府点赞，已有多个小区赠送锦旗和感谢信（图 6.1-15 ～图 6.1-17）。

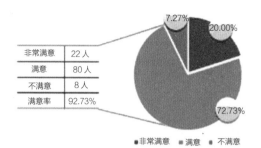
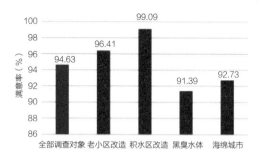

非常满意	22人
满意	80人
不满意	8人
满意率	92.73%

图 6.1-14　公众对海绵城市建设的总体满意分析

图 6.1-15　东吴新苑居民赠送锦旗

图 6.1-16　锦旗和感谢信

图 6.1-17　相关新闻报道

6.2　目标指标完成情况

通过 3 年试点建设，已完成海绵城市建设试点的目标指标，试点区初步构建了"人水和谐"的发展基础。

水生态方面，以蓝线、绿线、生态红线为抓手，形成了"山水林田湖"生态格局，初步构建了"一带、两湖、七轴"的水系结构和"一环两核、两楔两带"的绿地系统框架，实现了城市"自然生长"；水安全方面，试点区实现了排水防涝全提升、易淹易涝全消除、雨水径流有效控制的目标；水环境方面，黑臭水体全消除，基本构建了清洁、健康的水环境系统；水资源方面，提升了城市雨水集蓄利用能力，使雨水成为市政用水的补充，并同步提升了再生水的利用率。

试点区目标与指标完成情况详见表 6.2-1。

试点区目标与指标完成一览表 表 6.2-1

类别	分项指标	批复指标	指标完成
水生态	年径流总量控制率	75%（25.5mm）	年径流总量控制率达到 76.06%
	生态岸线恢复	1.2km	对虹桥港、孟家湾及玉带河、古运河等生态岸线修复 4.2km
	天然水域面积保持度水环境	6.2%	建设后试点区水面率 6.72%
水环境	地表水体水质达标率	75%，IV类以上	地表水体水质达标率为 92.3%
	初雨污染控制	60%	TSS 削减率达到 62.78%
水资源	雨水资源利用率	4.7%	试点区雨水资源化利用率 9.68%
	污水再生利用率	—	试点区污水资源化利用率 12.2%
防洪排涝	防洪标准	50 年一遇	达 50 年一遇防洪标准
	防洪堤达标率	100%	100%
	内涝防治标准	30 年一遇	内涝全面消除，达 30 年一遇防涝标准
机制建设	规划建设管控制度	有	制定了政府规范性文件和部门实施细则，规划建设管控制度已在全市范围内落实
	技术规范与标准建设	有	编制了规划设计导则、标准图示等地方标准规范
	投融资机制建设	有	制定了海绵城市建设投融资方面的政府规范性文件和实施细则
	绩效考核与奖励机制	有	制定了明确的绩效考核与奖励机制
	相关企业发展优惠政策	有	制定了海绵产业发展规划和优惠政策
显示度	连片示范效应	是	试点区全面完工，连片示范效应明显，群众满意度高

关键指标说明：

①年径流总量控制率 76.06%（25.5mm）：镇江依据各片区中各地块雨水排口的实测数据，通过 SWMM 模型的水量校核，分析得出试点区年径流总量控制率由 53.58% 提升至 76.06%，已满足试点区年径流总量控制率 75% 的要求。

②生态岸线恢复 4.2km：试点期内，主要实施了古运河（平政桥至迎江桥）西侧及南侧更新改造项目和虹桥港生态修复工程、孟家湾及玉带河项目、一夜河水质提升项目，共完成 4.2km 的生态岸线修复。

③天然水域面积保持度 6.73%：通过卫星遥感解译和水文资料对比分析，2018 年第一季度试点建设竣工后，镇江市海绵城市试点区水域面积增为 1.97km²，新增水域面积约 9.94 万 m²，水面率为 6.73%。

④地表水体水质达标率 92.3%（IV类以上）：2018 年度海绵城市建设断面水质监测，共监测 6 条河，13 个断面，水质达标率为 92.3%。

⑤初雨污染控制 62.78%（以 TSS 计）：在试点区 TMDL 方案指导下实施，试点区内河道水质均有好转，各污染物大幅削减，削减率 62.78%；CSO 建设完成后 72.8%。

⑥雨水资源利用率 9.68%：主要在海绵公园、江苏大学玉带河重力流湿地、试点区内开发企业自建的雨水利用收集系统以及各小区内的雨水罐开展雨水资源化利用，年均利用量为 228 万 m^3，年均雨水利用率达到 9.68%。

⑦污水再生利用率 12.2%：根据再生水回用统计情况，主要用于玉带河、一夜河等水动力不足的河道补水以及京口污水厂厂内自用，日再生水回用量为 0.732 万 m^3/d，试点区内再生水回用达到 12.2%。

⑧防洪标准 50 年一遇：镇江目前已达到承诺的城市河道防洪标准达到"长流规"设防标准，实现了防长江洪水标准 50 年一遇，能够抵御 1954 年型洪水。

⑨防洪堤达标率 100%：实施了运粮河（金山桥—新河桥段）整治工程及虹桥港河道整治工程，市区范围内的城市河道基本达标，防洪堤达标率 100%。

⑩内涝防治标准 30 年一遇：经 SWMM 对试点完成的区域评估，内涝风险得到有效控制，历史积水点全部消除，各片区整体达到 30 年一遇的内涝防治标准。

⑪连片示范效应排水区达标 100%：根据达标的排水分区面积总和与试点区面积之比得到完成面积比例，计算结果显示，试点区各排水区全面达标，海绵建设项目基本完成。

6.3 建设进度及完成度

6.3.1 项目数量与投资情况

试点区内计划建设各类海绵项目共计 158 项，包括老旧小区改造、管网建设、CSO 大口径管网等多种项目类型，总投资 40.6 亿元，试点区项目及投资见表 6.3-1。

试点区项目及投资列表   表 6.3-1

序号	片区	项目名称	投资（万元）
1	金山湖风景区	一泉宾馆周边道路（金山湖路）	3 000
2		环金山湖停车场	1 000
3		金山湖污水管网建设（应急水源保护）	660
4	头摆渡片区	春色江南丝竹苑	318
5		春色江南香柳苑	255
6		丰盛山庄二期	1 500
7		润州区民政局	5.65
8		三茅宫北花苑	350
9		三茅宫二区	4 650
10		三茅宫三区	2 468

序号	片区	项目名称	投资（万元）
11	头摆渡片区	三茅宫市场及西南侧居住区	360
12		三茅宫一区	2 052
13		天元一品	317
14		馨兰苑	227
15		月亮湾雅苑	100
16		镇江润康城	4 333
17		镇江市交通工程建设管理处	14
18		镇江市实验学校	80
19		行知路综合改造工程	771
20		头摆渡泵站扩建工程	1 350
21	黎明河片区	太古山路（中山西路－宝盖路）	1 000
22		中国人民银行	19
23		维也纳国际酒店	3.5
24		金鳌苑大酒店	8
25		红光宾馆地块	3.5
26		红光路（太古山路－黄山北路）	1 000
27		太古城一区及二区	7 000
28		赛珍珠文化公园	500
29		润州山路（中山西路－宝盖路）	1 500
30		黎明河CSO综合治理工程雨水处理设施	5 000
31	运粮河片区	金西花园	470
32		运粮河花园	200
33		金山小学	6.75
34		六中	415
35		春天里北侧地块（中山北路）	3 200
36		新河桥二级管网及截流系统优化	2 000
37		江南泵站扩建工程	3 000
38	古运河片区	镇屏山西地块	1 230
39		中山东路	2 500
40		迎江路（长江路－大西路）（古运河上段整治）	4 100
41		西津渡－古渡文化旅游项目（历史文化街区）含西津渡（云台山西片区、蒜山公园）	2 000
42		镇江第三中学	108
43		镇江日报社	7
44		镇江市中华路中心小学	21

序号	片区	项目名称	投资（万元）
45	古运河片区	镇江崇实女子中学	139
46		电力路道路提升及海绵化改造（供电公司、国税局、工商银行、东翰宾馆）	3 100
47		镇江市第一人民医院	600
48		慧鑫源宾馆	3.5
49		格林豪泰酒店	3.5
50		黄山北路二级管网及截流系统优化	2 000
51	解放路片区	滨江1号南侧地块	500
52		解放路屋顶花园	182
53		镇江港务公司	6
54		镇江市江滨医院	300
55		解放路	1 200
56		镇江市实验小学	150
57		镇江市物价局	8
58		中国银行	18
59		镇江烟草专卖	18
60		皇冠花园	2 100
61	绿竹巷片区	花山湾8区	600
62		甘露苑	132
63		花山湾五区	1 850
64		镇江市外国语学校	85
65		京口区实验小学	1
66		化山湾2区	600
67		花山湾4区	600
68		花山湾6区	600
69		花山湾1区	1 000
70		花山湾3区	930
71		花山湾10区	600
72		置业新村	387
73		梦溪路56号	146
74		梦溪路68号	24
75		绿竹巷积水改造	4 800
76		北固大涵二级管网及截流系统优化	1 000
77	江滨片区	东吴新苑	1 040
78		江二社区一期	2 294

序号	片区	项目名称	投资（万元）
79	江滨片区	江滨新村 30 号	563
80		制药厂地块	2 730
81		招商北固湾地块	5 000
82		镇江市检察院	12
83		镇江市航道管理处	23
84		镇江市江滨实验小学	120
85		大东三角地	1 136
86		阳光世纪花园紫荆苑	400
87		阳光世纪花园云杉苑	24
88		阳光世纪花园百合苑	98
89		阳光世纪花园梧桐苑	500
90		青少年活动中心	120
91		润江家园	1 250
92		江滨新村二社区二期	3 500
93		古城路、尚德路积水区整治	14 400
94		小圩子路	1 500
95		江滨新雨水泵站建设	2 000
96		海绵公园建设	9 000
97	虹桥港片区	茶山小区	1 000
98		香江花城小学	180
99		象山医院	7
100		焦山路	9 000
101		香江银座（香江世纪名城）	1 600
102		欧龙小学	300
103		镇江市中医院	550
104		梦溪嘉苑四期	700
105		京口路停车场	1 000
106		实验高中	88.86
107		梦溪嘉苑五期	2 478
108		京口路东段（欧龙小学 – 汝山路南段）	315
109		向家门海绵绿地建设	5 000
110		京口大学生创业园	3 000
111		桃花坞 10 区 –1	1 200
		桃花坞 10 区 –2	
		桃花坞 10 区 –3	

序号	片区	项目名称	投资（万元）
111	虹桥港片区	桃花坞 8 区	1 200
112		松盛花苑	351
113		华润新村	2 400
114		东吴路 86 号	200
115		小米山路管道调蓄工程	2 800
116		江山名洲五期等地块	3 000
117		虹桥港水系周家庄综合整治	5 000
118		边检站积水区整治及调蓄池建设工程	2 700
119		小米山路易涝区达标工程（党校段）	793.5
120		虹桥港水质生态研究及示范工程	400
121	玉带河片区	玉带河江大校园内 LID 综合治理及景观	2 000
122		江苏大学教工宿舍 LID 改造	2 500
123		谷阳路 LID 改造	1 000
124		玉带河花园	300
125		宗泽路（孟家湾路）（孟家湾安置房）	2 000
126		玉带河下段海绵改造	10 000
127		孟家湾水库及玉带河上段综合治理	6 500
128	焦东片区	中冶蓝湾二期等地块（优山美地）	4 500
129		宜嘉湖庭二期等地块	3 143
130		禹山北路 LID 改造	2 728
131		禹山东路 LID 改造	1 390
132		中南御锦城 3.2 期	3 000
133		中南世纪城北地块（中南大三期三组团）	5 000
134		禹象路（清流路 – 江滨路）	300
135		象山景观工程建设	710
136		长江雨水泵站	4 650
137		一夜河等河道生态修复改造	7 000
138		东圩区引水活水工程	351
139		铁路河、潮水沟整治工程	651
140	其他	朝阳门小区生态化排水工程结合老小区改造	857
141		金山水城四期（长江花园）	2 200
142		金山水城三期西地块	1 000
143		三山旅游服务基地（魔幻海洋世界）	26 000
144		征润洲水源地原水水质安全保障工程	8 248
145		征润洲污水处理厂改扩建工程项目	22 800

序号	片区	项目名称	投资（万元）
146	其他	学府路易涝区达标工程	566
147		南苑新村易涝区达标工程	270
148		梳儿巷积水区整治	1 000
149		御桥村雨水泵站	2 847
150		龙门泵站建设工程	12 000
151		光明河泵站	4 000
152		北固湾生态浮岛工程	455
153		六角桥区域泵站生态修复	1 000
154		沿金山湖 CSO 综合治理项目	60 000
155		跃进河水质处理工程	1 400
156		焦山东湿地生态环境修复工程（焦北滩堤防及水环境整治工程）	10 000
157		长江滩涂整治及生态修复工程（京江路北侧）（引航道闸站、泵站）	15 500
158		智慧海绵应用系统	3 000

6.3.2 项目完成情况

项目建设范围覆盖试点区内外，在城市尺度构建了涵盖"源头—过程—末端"的海绵城市工程体系。至 2020 年 7 月，已完成 157 项，整体完成度高、显示度好。目前，各排水分区均达到方案制定的目标，已具备连片示范展示的能力。

未完成的 1 个项目为片区提升工程，不影响试点区目标任务的达成。正在建设中的沿金山湖 CSO 综合治理项目，为进一步提升金山湖污染防控能力的工程措施，建成后将有效防止金山湖蓝藻暴发风险（图 6.3–1）。

6.4 机制建设情况

6.4.1 组织推进机制

镇江在组织架构上实行"高位推进、高效协同"，使决策迅速落实到位。

1. 高位推进

在决策层，由市长亲自挂帅任领导小组组长，分管副市长任海绵指挥部指挥长，指挥部成员包括了各成员单位的主要领导，高规格配置的领导组织有利于快速传达相关政策，落实相关决议。

2. 高效协同

在执行层，海绵办由住建、规划、财政等相关职能部门抽调骨干人员组成，业务水平较高，在海绵方案审批、施工图审查、现场监督管理等环节能较快融入海绵城市建设中，高效协同。

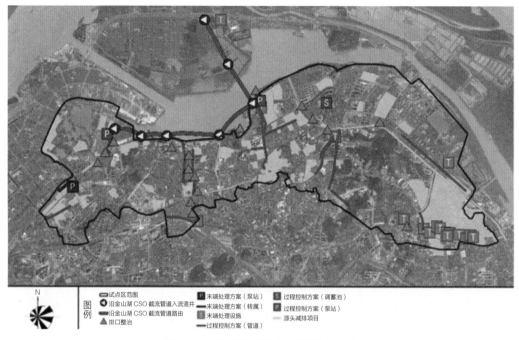

图例
- ▭ 试点区范围
- ▬ 沿金山湖 CSO 截流管道入流竖井
- ▬ 沿金山湖 CSO 截流管道路由
- △ 排口整治
- ▬ 末端处理方案（泵站）
- ▬ 末端处理方案（转属）
- ▬ 末端处理设施
- ▬ 过程控制方案（管道）
- ⒮ 过程控制方案（调蓄池）
- ⒫ 过程控制方案（泵站）
- ▪ 源头减排项目

图 6.3-1　试点区海绵城市建设项目分布图

6.4.1.1　海绵城市建设工作领导小组

镇江市成立了由镇江市长任组长的海绵城市建设工作领导小组（以下简称海绵领导小组）。海绵领导小组成员单位包括镇江市政府办公室、市委宣传部、发改、财政、国资、国土、环保、水利、规划、交通等市级职能部门，丹徒、京口、润州、镇江新区等相关区政府（管委会），相关市属重要企业共 28 家单位，各成员单位的一把手领导或常务分管领导任成员。海绵领导小组的构成、各成员单位职责以及成员均由市政府办公室单独发文明确，各成员单位明确分管职能职责，落实领导和具体负责人，按各自职能组织开展海绵城市建设工作。

6.4.1.2　海绵城市建设指挥部

海绵领导小组下设海绵城市建设指挥部（以下简称指挥部），市分管副市长任指挥长，分管城建工作的市政府副秘书长和住房和城乡建设局局长任副指挥长。指挥部每年下达任务并分解至各成员单位，将考核纳入政府年度目标，同时对成员单位和社会主体开展日常性督查。

镇江市建立了"条块结合"的工作推进机制，将海绵城市建设工作任务按属地管理原则分解落实到各相关区、园区，将建设指导和督促配合工作按职责落实到市级各相关职能部门。试点项目推进过程中,逐步形成了海绵指挥部牵头,住建部门具体负责,发改、水利、财政、规划、国土、环保为主体,财政、公安、交通、城管、教育、物价等部门全程跟进,各区全力配合,监察局、政府督查室负责行政效能督查的工作框架,确保各项工作有序推进。试点期内，定期和不定期召开指挥部工作会议、工作协调会、海绵办会议、议事晨会等各种会200余次，及时协调解决项目建设过程中存在的矛盾和问题，高效推进海绵城市建设工作。

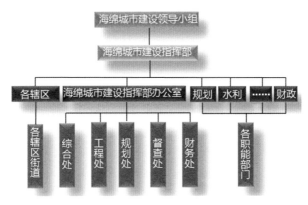

图 6.4-1　海绵试点期组织机构图

6.4.1.3　海绵城市建设管理办公室

指挥部下设海绵城市建设管理办公室（以下简称海绵办）作为日常的运作和执行部门，由市住建局局长任指挥部办公室主任。海绵办内设规划处、工程处、财务处、督查处、综合处五个部门，现有人员40余人，均由财政局、住建局、水利局和规划局等相关部门抽调骨干人员组成。

根据《关于调整市海绵城市建设指挥部成员的通知》（镇海绵建指〔2016〕2号），各部门职责分工如下：

规划处：负责对体现海绵城市建设要求的相关规划进行编制和修编；分解落实海绵城市建设总体目标，编制海绵城市建设分年度计划；统筹协调规划、国土、发改、住建、环保等部门在相关审核过程中，对建设项目的海绵城市建设内容、标准进行审核把关。

工程处：负责海绵城市建设工程计划编制、实施；对相关社会主体、城市建设主体和PPP公司海绵城市建设项目进行指导；对工程项目进行验收和绩效评价等。

财务处：负责海绵城市建设资金的筹措、管理、使用；组建PPP公司，管理和使用海绵城市国家补贴资金。

督察处：负责对海绵城市建设工作的督查和考核，牵头做好国家、省对海绵城市建设年度考核等工作。

此外，指挥部注重加强建设过程中的监督管理。指挥部对各责任主体进行督查、工程质量联合巡查、发放各类推进通知单等。

6.4.1.4　机构设置和协调制度文件

为明确海绵城市推进过程中的指挥部和相关职能部门的分工，厘清部门权责，镇江先后印发 14 项文件，统筹各部门之间的联动和协同（表 6.4–1）。

镇江市有关海绵城市建设机构设置和协调制度相关文件一览表 表 6.4–1

序号	文件名	印发单位	颁布时间
1	镇江市人民政府办公室关于成立市海绵城市建设工作领导小组的通知（镇政办发〔2014〕198 号）	市政府办	2014.12
2	镇江市人民政府办公室关于明确镇江市海绵城市建设领导小组成员单位职责的通知（镇政办发〔2015〕30 号）	市政府办	2015.1
3	镇江市人民政府办公室关于成立市海绵城市建设指挥部的通知（镇政发〔2015〕162 号）	市政府办	2015.9
4	镇江市人民政府办公室关于明确镇江市海绵城市建设领导小组成员单位职责的通知（镇政办函〔2015〕140 号）	市政府办	2015.9
5	关于明确镇江市海绵城市建设指挥部办公室各处室人员组成及工作职责的通知（镇海绵建指办〔2015〕1 号）	市海绵办	2015.12
6	关于印发《镇江市海绵城市建设指挥部办公室工作制度》的通知（镇海绵建指办〔2015〕2 号）	市海绵办	2015.12
7	镇江市人民政府办公室关于调整市海绵城市建设工作领导小组成员的通知（镇政办发〔2015〕159 号）	市政府办	2015.9
8	关于调整市海绵城市建设工作领导小组成员的通知（镇海绵建组〔2016〕1 号）	海绵领导小组	2016.2
9	关于调整市海绵城市建设指挥部成员的通知（镇海绵建指〔2016〕2 号）	指挥部	2016.2
10	镇江市海绵城市建设工作协调机制	指挥部	2016.10
11	镇江市人民政府办公室关于进一步明确"一湖九河"水环境综合整治工作各相关单位职责的通知	市政府办	2016.3
12	关于进一步加强海绵城市规划建设和管理的实施意见（镇海绵建指〔2018〕2 号）	指挥部	2018.6
13	关于同意市给排水管理处增挂"镇江市海绵城市建设管理办公室"牌子等事项的批复（镇编发〔2018〕7 号）	市机构编制委员会	2018.6
14	关于下达 2018 年镇江市海绵城市建设工作任务的通知（镇海绵建指〔2018〕1 号）	指挥部	2018.3

6.4.2 绩效考核机制

为提高镇江海绵城市水平，镇江建立了"多目标、多对象、多方式"的严格的考核督查制度。

1. 多目标

多目标指以试点区综合达标为最终结果的前提下，按类别细化到水生态、水资源、水环境、水安全等方面，按内容落实到黑臭水体整治、城市防洪和排水防涝、水生态保护和修复、水环境治理等具体事项，在空间上细化到流域尺度、城市尺度、试点区尺度、汇水区尺度、地块尺度，在时间上明确到包括试点期、后试点期等，通过层层分解层层落实，实现可考核可量化可跟踪可比较的目标。

2. 多对象

多对象指的是考核对象涉及全市 28 家海绵城市建设相关的部门和单位、PPP 公司、开发商等多主体，实现全社会动员。

3. 多方式

多方式指的是在传统现场巡查、部门自查、突击检查、政府督查等方式的基础上，增加了智慧海绵监测平台、无人机等现代技术手段，提高考核在时间空间上的准确度。

6.4.2.1 政府部门管理绩效考核

市政府、市海绵办制定了《镇江市海绵城市建设试点工作督查考核办法》《镇江市海绵城市重点工作目标绩效管理考核办法》等一系列制度文件，在全市范围内开展海绵城市建设督查、绩效考核工作，考核结果纳入政府年度目标管理，并分别报送市目标办、绩效办和国资委，与各单位年度绩效管理考核挂钩。

1. 考核对象

根据《镇江市海绵城市建设试点工作督查考核办法》《镇江市海绵城市建设试点工作任务纳入政府年度目标管理考核细则》，市海绵城市建设指挥部负责全市海绵城市建设工作督查考核的组织、协调和指导。考核对象为全市域范围的各区政府、管委会、各相关主管局机关、各政府投资主体共 28 个单位。考核对象按承担职能分两个序列：第一序列为承担海绵城市管理的职能部门（简称管理类），如发改委、国土局、规划局、住建局等；第二序列为承担海绵城市建设工程任务的投资主体（简称工程类），如各区政府、管委会、城建集团、文旅集团等。

2. 考核办法和内容

考核内容为海绵城市试点管理任务和工程建设任务的完成情况，年度考核结果分别报送市目标办、绩效办和国资委，与各单位年度绩效管理考核挂钩。督查考核分为月度督查考核、半年督查考核、年度督查考核和不定期督查考核，主要采取部门自查、听汇报、查阅台账、现场检查及效果评估等形式。督查考核采用评分法，满分为 100 分。督查考核成绩由半年及年终稽查考核成绩组成，其中半年和年终督查考核成绩分别占 30%、70%。半月及不定期督查考核根据各责任主体工作情况，给予通报表扬或批评，并在年度考核中酌情予以加减分。参加考核的部门分别按综合得分从高到低排列，分别评出优秀、良好、达标和不合格四个等级。考核得分 90 分以上为优秀，80 分以上、90 分以下为良好，60 分以上、80 分以下为合格，60 分以下为不合格。

督查考核完毕后，月底前督查处形成督查专报报指挥长、副指挥长。对达不到建设进度要求的项目，由指挥部办公室下发海绵城市项目推进通知单，对海绵规划设计方案、工程质量、效果不达标的下发海绵城市项目整改通知单。建立推进通知单、整改通知单的反馈机制，对再次督查仍无法完成任务的，发生 1 次扣 2 分。指挥部根据年度督查考核结果，每年对考核结果为优秀的部门和单位予以通报表彰，并给予一定资金补助。对年度督查考核不合格的部门和单位，应在考核结果公布后的 1 个月内，向指挥部做出书面报告，提出限期整改措施，对整改不到位的，将对相关部门、单位和责任人按有关程序追究其责任。

6.4.2.2 PPP 主体项目绩效考核

镇江制定了《镇江市海绵城市建设 PPP 项目绩效考核及付费暂行办法》《镇江市海绵城市建设 PPP 项目绩效考核办法（暂行）》《镇江市海绵城市 PPP 项目绩效考核实施细则（暂行）》等制度文件，由镇江住建局为主体加强对项目建设、运行实际效果的常态化考核监督，通过科学设定付费方式，实现按效果付费。

6.4.3 项目管控机制

镇江市已制定的项目规划建设管理体系，实现了"全空间、全项目、全周期"管控。

1. 全空间

不仅全面涵盖试点区 $29.28km^2$，而且对于试点区外的项目也同样适用，实现了全域空间的广覆盖。如《镇江市海绵城市管理办法》（镇江市政府 4 号令）的第三十三条明确规定"辖市海绵城市管理工作参照本办法执行"，为镇江下辖的丹阳、扬中、句容3 个县级市海绵建设管理提供了合法的依据。

2. 全项目

镇江市所有新建、改建、扩建项目的建设和管理均需遵守《镇江市海绵城市建设施工图设计与审查要点（试行）》《镇江市海绵城市建设（LID）规划设计导则（试行）》等标准规范以及《镇江市海绵城市建设（LID）规划管理办法（试行）》等制度文件，保证了海绵城市建设不留"死角"。

3. 全周期

管理体系从项目立项可研开始，到竣工验收、运营维护收尾，各环节均有对应的部门和工作内容，各管理环节环环相扣，全程有制度。

6.4.3.1 项目管理流程

对于一般的城建海绵项目，项目管理流程包括发改委立项—国土局审批用地—规划局审批规划方案—环保局环评审查—海绵办审查海绵专项方案—住建局审查施工图纸并颁发施工许可证，住建局和海绵办负责施工过程管理和竣工验收，运维单位负责竣工验收后的设施运行和维护。重大海绵城市项目规划和设计方案必须通过市长常务会、市规划委员会项目专题审查（图 6.4-2）。

6.4.3.2 项目立项

《镇江市海绵城市管理办法》《市本级政府投资项目管理工作导则（试行）》要求，市发改委在对政府投资项目的可行性研究报告、初步设计和概算审批时，应当要求项目单位加入海绵城市专项内容，对具体建设标准、内容和方案进行论证落实。

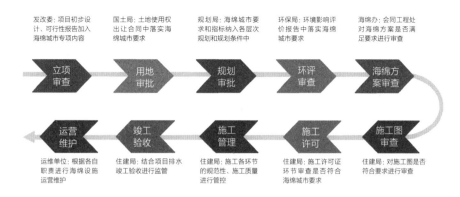

| 发改委：项目初步设计、可行性报告加入海绵城市专项内容 | 国土局：土地使用权出让合同中落实海绵城市要求 | 规划局：海绵城市要求和指标纳入各层次规划和规划条件中 | 环保局：环境影响评价报告中落实海绵城市要求 | 海绵办：会同工程处对海绵方案是否满足要求进行审查 |

立项审查 → 用地审批 → 规划审批 → 环评审查 → 海绵方案审查

运营维护 ← 竣工验收 ← 施工管理 ← 施工许可 ← 施工图审查

| 运维单位：根据各自职责进行海绵设施运营维护 | 住建局：结合项目排水竣工验收进行监管 | 住建局：施工各环节的规范性、施工质量进行管控 | 住建局：施工许可证环节审查是否符合海绵城市要求 | 住建局：对施工图是否符合要求进行审查 |

图 6.4-2　项目管控流程

6.4.3.3　土地出让和划拨

《镇江市海绵城市管理办法》第十六条要求，市国土局根据规划条件在建设用地划拨决定书或土地使用权出让合同中应当将海绵城市建设作为基本内容予以载明。对具有涵养水源功能的城市林地、草地、湿地等地块出让和使用进行管控，保证海绵城市建设项目土地需求。

6.4.3.4　规划管控

坚持"一张蓝图干到底"的理念，强化规划引领作用，在《镇江市城市总体规划（2002—2020）》（2017 年修订）指引下，将《镇江市海绵城市专项规划》作为系统建设思路，在其他相关专项规划中明确海绵城建设要求，深化控制性详细规划、修建性详细规划的海绵城市指标，并将其作为管控抓手，形成一套海绵城市规划编制体系（图 6.4-3）。

6.4.3.5　技术方案审查

按照《镇江市海绵城市建设规划设计方案审查工作制度》《镇江市海绵城市建设（LID）规划设计导则（试行）》《镇江市排水建设工程设计施工图审查和工程验收规定》等文件要求，镇江市的新、改、扩建工程项目均应按海绵城市建设要求进行海绵城市建设规划设计方案设计，海绵办规划处牵头对海绵设计方案进行会审，并由海绵办出具海绵设计方案技术审查意见加以落实。

6.4.3.6　施工图审查

依据《镇江市排水建设工程设计施工图审查和工程验收规定》和《镇江市海绵城市建设规划设计方案审查工作制度》，建设单位在委托建设工程施工图设计的同时，应同步委托设计海绵技术方案，落实雨水滞渗、收集利用、削峰调蓄等低影响开发控制措施和指标。各建设主体在施工图报审时，应同时将海绵城市建设规划设计方案的审查意见报住建局。住建局应结合海绵办审批通过的海绵城市建设规划设计方案，根据低影响开发的有关规定、规范及控制指标等相关要求进行全面审查并提出明确意见。

6.4.3.7 施工管理

指挥部印发了《镇江市海绵城市建设工程标后管理制度》《镇江市海绵城市建设工程施工现场管理规定》，对海绵城市工程建设过程中的施工管理和组织做了具体规定。海绵办会同市住建局组成工程督查小组，加强施工各环节的规范性、对施工质量进行管控。

6.4.3.8 竣工验收

镇江已出台《镇江市排水建设工程设计施工图审查和工程验收规定》《镇江市海绵项目竣工验收管理办法》等制度，对工程验收的前提条件、验收流程、验收标准、验收内容、工程验收组人员构成等具体要求做出了明确规定。

根据文件要求，市住建局会同指挥部组成竣工验收组，结合项目排水竣工验收一并进行，在验收合格后出具竣工验收报告。竣工资料、竣工图（含电子图文）等验收过程中的相关记录应报送指挥部备案。

为保证项目的后期质量，在指挥部的统一部署下，工程部门、设计单位和PPP公司对已经竣工、基本竣工的项目组织了工程"回头看"，并建立了群众投诉受理机制。

6.4.3.9 海绵设施运营维护

镇江有关部门已出台《镇江市海绵城市设施运行维护管理暂行办法》，针对不同海绵城市设施类型，由各运维单位根据各自职责进行海绵设施运营维护，确保设施建成后能够长久可靠的发挥作用。

镇江市针对海绵城市设施类型，明确了不同的管养主体和措施：

（1）小区改造的海绵城市设施，由建设单位组织竣工验收，验收合格后，保洁、绿化等日常养护按物业管理相关规定仍交还原管养主体运行管养。属海绵城市设施结构层的功能性养护，由市住建局每年安排海绵设施功能性养护计划，委托专业单位实施周期性的冲洗、检修等工作。

（2）市政公用项目的海绵城市设施，包括雨水花园、下凹式绿地、植草沟、透水铺装、雨污水管网、监测仪表等，由建设主体组织竣工验收，验收合格后按照《镇江市人民政府办公室关于镇江市建成区市政基础设施移交管养的实施意见》确定的管养职责分别向管养责任主体办理移交管养手续，由各管养主体负责管养，并落实管养经费。

（3）PPP公司建设的污水处理厂、雨水泵站、管网、公共调蓄池、河道及排口在线处理装置等公共海绵项目设施，根据镇江市海绵城市建设PPP项目协议落实管养责任，实现按效果付费，市财政局承诺将镇江市海绵城市建设PPP项目列入财政购买服务项目，购买服务资金列入年度财政预算和中长期财政预算，确保PPP公司有效运营。

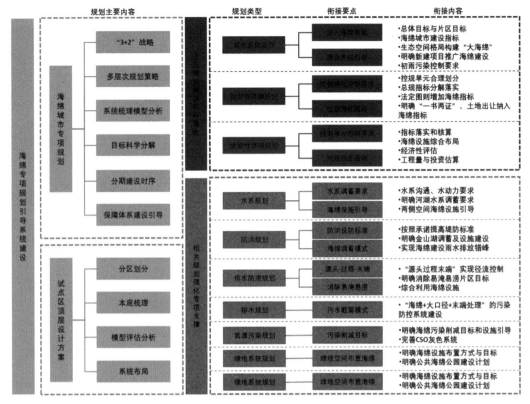

图 6.4-3 规划编制体系组织构架示意图

6.4.4 政策法规机制

镇江市出台的海绵城市建设制度文件"把准切入点、精准规范管控行为、准确合法合规",体系完备、过程覆盖完整。镇江在现有城市建设管控机制基础上,根据海绵城市建设特点对部分环节进行了优化和完善,符合现行国家和省的法律规定。如《镇江市海绵城市建设(LID)规划管理办法(试行)》根据《中华人民共和国城乡规划法》等 6 项规定制定,明确了海绵项目审批阶段发改委、住建局、规划局、水利局等规划建设管理部门的具体事项,既符合现有各部门的行政管理职权,又有机融入了海绵城市建设的要求,具有可推广、可复制的条件。

镇江市通过早期低影响开发建设经验的积累,不断发现实施过程中出现的问题和薄弱环节,积累立法素材,完善了建设管控的各环节。

《镇江市海绵城市管理办法》(镇江市政府 4 号令)于 2017 年 6 月 7 日经市政府第 4 次常务会议讨论通过,并于 2017 年 8 月 1 日起施行。作为镇江海绵城市建设的纲领性文件,《镇江市海绵城市管理办法》对海绵城市建设的主体责任、规划、建设、运行与维护、监督与管理、法律责任等方面作出了规定,各级政府的主体责任和有关部门职责明确,将海绵城市建设理念融入政府部门日常工作中。

镇江市自 2014 年起先后制定并发布了 25 项与海绵建设直接相关的政策法规，覆盖海绵建设全过程，实现了海绵城市建设有章可循（表 6.4-2）。

镇江海绵城市建设相关政策法规一览表　　　　　　表 6.4-2

序号	适用范畴	文件名称	内容说明
1	政府法规	镇江市海绵城市管理办法(镇江市政府 4 号令)	2017 年 8 月 1 日正式颁布实施，主要对海绵城市建设的主体责任、规划、建设、运行与维护、监督与管理等作出了规定，明确了各级政府的主体责任和有关部门职责，统筹镇江市海绵城市建设
2	规划管控	镇江市海绵城市建设（LID）规划管理办法（试行）	明确海绵城市建设设施的规划基本原则、规划指标、规划指引和其他规定，指引海绵城市建设规划设计工作。将海绵建设要求和指标纳入规划条件中，并通过总平面布置图、综合管线规划方案的审查，加以落实。明确了海绵城市建设相关的河湖水系保护、蓝线和绿线管理等方面的主体责任、主要任务和目标等要求
3		镇江市规划局规划条件编制必备要点暂行规定	
4		镇江市海绵城市建设规划设计方案审查暂行规定	
5		镇江市水利局关于推进海绵城市建设水利工作的实施意见	
6		镇江市城区河湖水系保护管理办法	
7		镇江市城市绿线管理办法	
8		镇江市海绵城市建设蓝线管理办法	
9	建设运维管控	镇江市排水建设工程设计施工图审查和工程验收规定(镇建规〔2015〕1 号)	明确了镇江市建成区范围内的新建、改建、扩建工程项目的施工图设计与审查、建设过程管理、竣工验收与移交以及各类海绵城市设施管养的责任主体和运行维护的要点、措施及维护频次等要求
10		海绵城市建设规划设计方案审查工作制度（镇海绵建指〔2016〕8 号）	
11		镇江市海绵城市建设工程标后管理制度（镇海绵建指〔2016〕8 号）	
12		镇江市海绵城市建设工程施工现场管理规定（镇海绵建指〔2016〕8 号）	
13		镇江市海绵城市竣工验收管理办法（镇海绵建指〔2016〕8 号）	
14		镇江市海绵城市设施运行维护管理暂行办法（镇海绵建指〔2016〕8 号）	

序号	适用范畴	文件名称	内容说明
15	投融资管理	关于印发市本级政府投资项目管理工作导则（试行）的通知（镇重大办发〔2018〕1号）	规范市本级政府投资项目管理工作，在项目立项审批环节落实海绵城市建设要求，加强海绵城市建设，规范海绵城市建设专项资金使用和管理，提高财政资金使用效益，明确PPP绩效考核机制，实现按效果付费
16		镇江市海绵城市建设PPP项目价费管理办法	
17		镇江市海绵城市建设PPP项目绩效考核及付费暂行办法	
18		镇江市海绵城市建设资金保障办法	
19		镇江市海绵城市建设专项资金管理暂行办法	
20		镇江市海绵城市建设PPP项目绩效考核办法（暂行）	
21		镇江市海绵城市PPP项目绩效考核实施细则（暂行）	
22	绩效考核制度	镇江市海绵城市建设试点工作督查考核办法	规范全市域海绵城市管控制度落实到位、工程项目按照目标计划进度推进，提高全社会参与海绵城市建设的积极性、主动性。对全市域范围的各区政府、管委会、各相关主管部门、各政府投资主体、PPP公司28个单位按照管理类、工程类分门别类开展督查、绩效考核
23		关于印发《镇江市海绵城市建设试点工作任务纳入政府年度目标管理考核细则》的通知（镇海绵建指〔2017〕4号）	
24		关于下达《镇江市海绵城市建设试点工作绩效评价任务分解》的通知（镇海绵建指〔2017〕3号）	
25		镇江市海绵城市重点工作目标绩效管理考核办法	
26		镇江市海绵城市建设试点项目奖补办法（试行）	
27	产业发展优惠	关于培育发展海绵产业和海绵经济的指导意见	制订了产业发展的重点任务以及奖补措施，明确了相关单位的职责

6.4.5 技术支撑机制

镇江坚持按照"从实践中来、为实践服务、经实践检验"的出发点制定本地技术规范。

1. 从实践中来

镇江市委托高校、研究单位结合以往工程数据的积累，开展了10余项本地基础研究，包括雨型设计、土壤渗透等专题研究，为各项标准规范的制定打下来坚实的支撑基础。同时，镇江积极总结本地工程实践经验，结合国家和省现有规范基础，制定了《内径4 000mm钢承口式钢筋混凝土顶管管节制作、施工及验收标准（试行）》等技术标准规范。

2.为实践服务

镇江市为规范海绵城市建设的各个环节，出台了《镇江市海绵城市建设导则—城市尺度篇》《镇江市海绵城市建设导则—汇水区尺度篇》《镇江市海绵城市建设导则—自建项目地块尺度篇》等技术导则，有针对性地提出相应的建设策略、技术标准和具体做法，并附镇江的具体案例加以详细说明。此外，制定的《海绵城市建设适用设施标准图集（试行）》《镇江市海绵城市植物设计导则（试行）》等标准，在工程建设中为施工队伍提供了明确的做法参考。

3.经实践检验

镇江的技术标准自颁布以来，较好地指导了本地海绵城市工程的建设。例如向家门公园，按照《镇江市海绵城市植物应用导则》进行绿化种植和养护，各种苗木生长情况良好。此外，在老旧小区改造、水环境治理等海绵项目中，本地的技术规范导则也发挥了科学的技术指导作用（表6.4-3）。

镇江海绵城市建设规范标准一览表

表6.4-3

序号	类别	规范标准名称	主要内容
1	本地规划设计相关的标准规	《镇江市海绵城市建设（LID）规划设计导则（试行）》	明确了海绵城市建设的规划编制、技术方案制定、工程建设管理、模型应用、监测与评估等各方面的技术标准规程，并已应用到全市新、改、扩建工程的实践中
2		《镇江市海绵城市建设施工图设计与审查要点（试行）》	
3		《镇江市海绵城市典型设施技术规程（试行）》	
4		《镇江市海绵城市建设导则——城市尺度篇（试行）》	
5		《镇江市海绵城市建设导则——汇水区尺度篇（试行）》	
6		《镇江市海绵城市建设导则——自建项目地块尺度篇（试行）》	
7		《镇江市海绵城市建设导则——水文及模型应用（试行）》	
8		《镇江市海绵城市建设导则——监测及评估应用（试行）》	
9		《内径4 000mm钢承口式钢筋混凝土顶管管节制作、施工及验收标准（试行）》	
10	本地设施图集	《海绵城市建设适用设施标准图集（试行）》	图集适用于镇江新改扩建的城市道路、建筑小区、绿地广场等场所的海绵设施项目，提供标准规范和标准图
11	本地植物选型导则	《镇江市海绵城市植物设计导则（试行）》	基于对镇江自然条件的长期监测和实践经验积累，制订了海绵城市植物种植的选型要求、种植维护等标准规范做法

6.4.6 产业拓展机制

镇江海绵产业围绕"拓"字做文章，实现了市场拓宽、产业拓展、技术拓新。

1. 拓宽省内外市场

江苏满江春城市规划设计研究有限责任公司除承担镇江本地海绵项目外，利用在镇江海绵实践中积累的经验，在省内拓展了徐州、新沂等地，省外扩展了玉溪、宁波、武汉、台州、珠海等地的项目。镇江市满江春新材料科技有限责任公司生产的雨水罐等设备已销售至河南等地。

2. 拓展相关产业

镇江积极打造海绵城市建设相关的全产业链，实现了上游的规划设计、中游的建设运维、下游的产品设备全部本地化运作的产业格局。

3. 拓新多项技术

镇江海绵城市建设通过试点期的时间，主动加强技术方法的创新和应用，已获得实用新型专利证书。

6.5　奖励情况

2017 年，镇江海绵城市建设 PPP 项目入选国家发展改革委第二批 PPP 项目典型案例。

2019 年，镇江市通过国家海绵城市建设试点绩效评估，镇江市海绵城市建设成效突出，被国家住房和城乡建设部、财政部、水利部确定为海绵城市建设试点优秀城市，荣获全国优秀试点城市称号（图 6.5-1）。

图 6.5-1　中国城镇供水排水协会常务副会长兼秘书长、住建部城建司原副司长章林伟为组长的国家海绵城市试点建设考核组对镇江市海绵城市建设情况进行了验收考核

根据住房和城乡建设部、财政部《城市管网及污水处理补助资金管理办法》"试点期满后，根据绩效评价结果，对每批次综合评价排名靠前及应用 PPP 模式效果突出的，按照定额补助总额的 10% 给予奖励"规定及《财政部关于下达 2019 年城市管网及污水处理补助资金预算的通知》内容，镇江市再获海绵城市建设奖补资金 1.2 亿元。前期，镇江市海绵城市建设试点已获得国家每年 4 亿元，3 年共 12 亿元专项补助资金。镇江市"海绵城市"项目累计获得财政部奖补资金 13.2 亿元。

　　2021 年 4 月，江苏镇江海绵城市建设政府和社会资本合作（PPP）项目（镇江海绵城市项目）在联合国欧经会"更好重建"基础设施奖项评选中跻身五强，并作为最佳"以人为本"（People-first）PPP 项目之一在联合国欧经会第五届国际 PPP 论坛上进行案例展示。

第 7 章
持续发展

7.1 持续性推进的工作

"十三五"期间，镇江生态环境彰显新优势，污染防治攻坚战成果显著，水环境质量位居全省前列，城市建成区黑臭水体基本消除。3年试点，镇江海绵城市建设试点不仅提高了城市的防洪防涝能力、水体环境质量，还提升了城市生态品质和群众的获得感，镇江市对部分老旧小区进行了全面改造，居民直接受益；新增及改造居民区小公园、广场若干；进行棚户区、城中村改造；建设海绵公园、孟家湾湿地公园、征润洲湿地公园等城市公园，市民休闲游憩空间大幅增加。镇江还开展了主体广泛、形式多样、内容丰富的共建共享活动，使海绵城市建设在镇江的知晓度和美誉度得到了有效传播，获评国家海绵城市优秀试点。

镇江以试点区为主要探索实践的平台，先试点再铺开，稳步推进海绵城市建设项目，探索一套海绵城市建设镇江模式。

7.1.1 设置管理机构

镇江市机构编制委员会在镇江市给排水管理处增挂"镇江市海绵城市建设管理办公室"牌子，并成立海绵建设管理科，在市给排水管理处内设机构行业监管服务科挂牌，作为后试点时代的常设管理机构（图 7.1–1）。

图 7.1–1　后试点时代的管理机构

7.1.2 推进海绵城市和城市建设有机融合

7.1.2.1 全域空间统筹海绵城市建设

1. 统筹所有新改扩项目

镇江对所有新、改、扩建和在建项目，一律要求以海绵方案设计统筹排水、景观、道路、建筑等专业设计，由市海绵城市建设指挥部办公室对海绵设计方案进行审核并出具意见，作为施工图设计和审查的依据之一，而海绵设施的施工图审查则由施工图审查部门与各专项施工图同时审查，从建设层面确保了"凡海绵，必落地"。

2. 统筹灰绿蓝设施

镇江市注重绿色生态措施、蓝色水系整治和灰色基础设施、地上设施和地下设施的有机结合，构建低影响开发排放系统、传统雨水管渠排放系统、超标雨水径流排放系统三位一体的雨水基础设施，实现雨水径流的"渗、滞、蓄、净、用、排"，应对极端暴雨和气候变化，恢复城市良性水文循环、保护或修复城市的生态系统。在海绵改造的技术路径中，以"灰绿蓝工具箱"为指引统筹实施，其中，灰色为传统的雨水管网和贮存系统，绿色包括生态草沟、雨水花园、透水铺装、绿地贴等，蓝色则是用于水体净化的措施。

3. 统筹规划建设管控流程

镇江在土地出让、"两证一书"发放、施工图审查、项目招标投标、开工许可、施工监管、竣工验收、项目审计、运行维护等各环节，实现海绵城市规划建设管理流程闭合循环，严格落实相关规划要求，有效避免项目在落地的环节走样。

7.1.2.2 厂网河一体化建设

镇江对现有的河道、管网、闸站、泵站、污水处理厂等实行精准化的运行调度，在不同的需求条件下调整运行工况，实现全流域的污染控制与防洪排涝。镇江市厂网河运行调度范围为建成区"一湖三河"流域范围，包含区域内的19条干流。

1. 多目标协同

镇江厂网河运行调度以实现"水环境质量、排水防涝"最优绩效为根本宗旨，结合试点区的污染削减需求和城区防洪排涝要求，提出实现"晴天污水不下河""初雨污染得到有效控制""应对内涝能力显著提升"的目标，利用"检测—控管—测评"制定最优方案，依靠智慧海绵城市系统发布、指控调度、会商沟通、责任追究、方案优化。

2. 多设施调度

镇江市基于发达国家的雨洪管理经验，结合自身实际与特点，提出以"最优化调度城市层面所有雨洪管理资源，不求所有但求统筹，不同降雨采取不同工况，综合提升全域排水防涝能力"的调度原则，指导调度区域的运行与调度。

"厂网河"一体化运行调度模式彻底打破了区块层级壁垒，"市、区、镇（县）、村（社区）"及"住建、水利、交通等部门"所属设施均实现联合调度运行。"一湖三河"的流域范围内的闸站11座、泵站23个均实行智能管控，已实现173m³/s的雨水抽排和10.6m³/s的污水抽排调度能力，结合不同需求调整运行工况，实现全流域的污染控制与防洪排涝。

3. 多工况模式

镇江市的厂网河一体化调度主要涉及"水质提升模式"与"内涝治理模式"，在不同的降雨条件下通过闸站和泵站的综合调度实现，并运用智慧化管理平台实现最优的智能调度（图7.1-2）。

图 7.1-2　厂网河调度系统整体架构图

4. 开展城镇污水处理提质增效专项行动

2020 年，镇江市政府开展以"三消除""三整治""三提升"为主要内容的城镇污水处理提质增效精准攻坚"333"行动。

"三消除"包括消除城市黑臭水体、消除污水直排口、消除污水管网空白区。

消除城市黑臭水体是指巩固设区市和太湖流域县级城市建成区黑臭水体整治成效，务实"河长制"责任，建立长效管理机制。将整治范围拓展至所有县级城市建成区，对照国家《城市黑臭水体整治工作指南》，全面摸清城市建成区黑臭水体底数，严格按照"控源截污、内源治理、疏浚活水、生态修复、长效管理"的技术路线，大力推进整治工作。

消除污水直排口是指开展城市建成区沿河排口、暗涵内排口、沿河截流干管等的排查，查清雨污管道混接错接、清污混合、污水直排等情况，建立排口电子档案并分类设置明显标志。按照源头治理为主、末端截污为辅的原则，针对不同性质的污水直排口和溯源情况，提出治理对策和管控要求，科学实施污水直排口消除工程，重点解决旱天污水直排，有效管控雨天合流制溢流污染。

消除污水管网空白区是指以城郊接合部、城中村、老旧城区为重点，全面排查县以上城市建成区污水管网覆盖情况，分析评估存在主要问题，划定管网覆盖空白区或薄弱区域。根据排查情况，结合该区域建设改造规划和近远期实施计划，科学确定消除管网空白区的方案对策。优先考虑就近接入市政污水管网，不具备接管条件的，应采用原位或就近增设污水收集处理设施。

"三整治"包括整治工业企业排水、整治"小散乱"排水、消除污水管网空白区。

整治工业企业排水是指推进工业废水处理能力建设，加强化工、印染、电镀等行业废水治理，抓好工业园区（集聚区）废水集中处理工作，加快工业废水与生活污水分开收集、分质处理。

整治"小散乱"排水是指以沿街、沿河为重点，摸清城市农贸市场、小餐饮、夜排档、理发店、洗浴、洗车场、洗衣店、小诊所等"小散乱"排水户和建设工地的排水水量水质、预处理和接管等情况，建立问题清单和任务清单，及时整治到位。

消除污水管网空白区是指全面排查居民小区、公共建筑和单位庭院内部雨污水管网和检查井错混接、总排口接管等情况，摸清每栋楼宇雨污水去向，列出问题清单，明确任务清单，推进实施管网修复改造和建设。

"三提升"包括提升城镇污水处理综合能力、提升新建污水管网质量管控水平、提升污水管网检测修复和养护管理水平。

提升城镇污水处理综合能力是指评估现有污水处理和污泥处理处置设施能力与运行效能，统筹优化污水处理设施布局，适度超前建设污水处理设施，有条件的实施污水处理厂之间的管网联通与污水调度。建立完善"统一规划、统一建设、统一运行、统一监管"的乡镇污水处理"四统一"体制机制，加快乡镇污水收集管网建设，逐步改造生态处理和简易式乡镇生活污水处理设施，实现乡镇污水处理设施全覆盖全运行。

提升新建污水管网质量管控水平是指高标准实施管网工程建设，规范招标投标管理，提高工程勘察设计质量。严把材料和施工质量关，落实建设单位和勘察、设计、监理、施工五方主体责任，建立质量终身责任追究制度和诚信体系，加强失信惩戒。

提升污水管网检测修复和养护管理水平是指按照设施权属及运行维护职责分工，全面排查检测雨污水管网功能性和结构性状况，查清错接、混接和渗漏等问题。根据管网排查检测结果，有计划分片区组织实施管网改造与修复，严格把控管道非开挖修复的材料和施工质量关。建立长效机制和费用保障机制。加强管网养护保障养护经费，积极推行污水管网低水位运行和"厂网一体化"运行维护探索同一污水厂服务片区管网由一个单位实施专业化养护的机制。建立排水管网 GIS 系统，实施动态更新完善，实现管网信息化、账册化管理，运用大数据、物联网、云计算等技术，逐步提升智慧化管理水平。加强市政排水口规划设计与河湖防洪、水资源供给等规划设计的衔接，合理控制河湖水体水位，充分考虑市政排水口与河湖控制水位相衔接，防止河湖水倒灌进入市政排水系统。

7.2 发展趋势与展望

7.2.1 强化海绵城市共建，提升城市功能品质

海绵城市作为新时代镇江的重要城市发展和建设理念，充分体现在城市建设的方方面面，在停车空间改造、节能改造、街巷整治、市政设施完善、绿化提升等项目中均落实了海绵城市理念，共建海绵城市。镇江海绵城市建设坚持针对不同区域的实际情况，通过"海绵+城建""城建+海绵"等形式推动老城区、新城区海绵城市改造。镇江市国民经济和社会发展第十四个五年规划和二〇三五年远景目标的建议中提出，

"十三五"时期，镇江生态环境彰显新优势，污染防治攻坚战成果显著，城乡人居环境明显改善，城市建成区黑臭水体基本消除，获评国家海绵城市优秀试点。

当前和今后一个时期，镇江市也将坚持城市建设和海绵城市共建，加快构建系统完备、高效实用、智能绿色、安全可靠的现代化基础设施体系，提升城市功能品质。加强城市规划设计、建筑风貌管理和文化遗产保护，全面展现历史文化名城风貌。统筹推进大运河文化带建设，加快集中展示带和核心展示园建设，彰显"江河交汇"个性特色。有序推进棚户区、城中村改造，拓展城市绿地和公共休闲空间，推动城市有机更新。持续改善环境质量。严格落实河湖长制、断面长制，加强饮用水水源地保护管理，建成区基本消除劣Ⅴ类水体，基本实现污水管网全覆盖。建设生态美丽河湖，加强区域水利治理，保护优化河湖水系。统筹山水林田湖草系统治理，坚持林地、绿地、湿地、自然保护地"四地"同建，连通生态廊道，构建网络化生态空间格局。

7.2.2 践行生态优先绿色发展，走人水和谐之路

镇江市是全国文明城市，江苏省首批国家级低碳试点城市。2014年习近平总书记视察镇江强调保护生态环境，提高生态文明水平，是转方式、调结构、上台阶的重要内容。镇江市大力实施"生态优先、绿色发展战略"，让绿色低碳成为新时代镇江高质量发展的基底。

镇江的海绵城市建设，将重点围绕"水量"和"水质"的统一协调，处理好水的自然循环和社会循环的关系，践行"绿水青山就是金山银山"理念，将水取之于自然、回归于自然，体现人与自然和谐共生，助力城市的可持续发展。

镇江市国民经济和社会发展第十四个五年规划和二〇三五年远景目标的建议中提出镇江坚持生态优先绿色发展，要持续扩大海绵城市建设成果。牢固树立绿水青山就是金山银山的理念，协同推进经济高质量发展和生态环境高水平保护，加大生态系统保护修复力度，促进资源节约与永续利用，倡导绿色低碳生产生活方式，提供更多优质生态产品，筑牢美丽镇江生态基底，加快形成人与自然和谐发展现代化建设新格局。坚持保护优先、节约优先、效率优先，系统推进发展方式转变，提升生态经济化、经济生态化发展水平。完善排污权、用能权、碳排放权市场化交易制度，探索生态补偿新路径。

7.2.3 共抓长江大保护，推动高质量发展

镇江地处长江和运河"黄金水道"十字交汇处，城市"一湖三河"等主要河湖的各类污染物最终汇入长江，为此，抢抓国家和区域重大战略叠加机遇，在区域融合发展中充分彰显镇江优势和特色。在推进长江经济带高质量发展中展现"镇江作为"。始终把修复长江生态环境摆在压倒性位置，坚决落实长江"十年禁渔"重大任务，持续整治"重化围江""非法码头"等突出问题，综合整治入江排污口，加强船舶污染防治，构建综合治理新体系。加快推进长江沿岸造林绿化和森林资源质量提升，系统打造长

江风光带，绘就山水人城和谐相融新画卷。

落实长江经济带"共抓大保护、不搞大开发"的要求，通过海绵城市建设，实施海绵城市"源头—过程—末端"的系统建设，削减最终进入长江的各类污染物，构筑沿江水污染防治保护带，同时，减轻城市内涝，缓解城市水质恶化的问题，构建城市水生态系统，推动城市高质量发展。